新时代大学计算机通识教育教材

计算机网络技术与应用

第3版

游思晴 岳溥庥 张博 编著

清华大学出版社
北京

内容简介

本书为高等学校非计算机类专业的计算机网络基础课程编写,在介绍计算机网络理论体系的基础上,侧重计算机网络应用知识和技能的讲授。全书共 8 章,在内容组织上分为 3 个模块:第一个模块(第1、2 章)介绍计算机网络基础知识和数据通信基础知识;第二个模块(第 3、4 章)介绍现代计算机网络中的主要硬件——各种联网设备和主要协议——TCP/IP;第三个模块(第 5~8 章)分别介绍局域网及其组建方法、接入网及其配置、互联网原理与应用、主要服务器实现技术,以及网络安全技术。

本书可作为高等院校非计算机专业本科计算机网络课程的教材,也可作为信息管理、电子商务、理工科非计算机专业或高职高专学校计算机专业计算机网络课程的教材,还可作为网络工程技术人员的参考书。

本书封面贴有清华大学出版社防伪标签,无标签者不得销售。
版权所有,侵权必究。举报: 010-62782989,beiqinquan@tup.tsinghua.edu.cn。

图书在版编目(CIP)数据

计算机网络技术与应用/游思晴,岳溥庥,张博编著. —3 版. —北京:清华大学出版社,2023.7
(2024.1重印)
新时代大学计算机通识教育教材
ISBN 978-7-302-61991-8

Ⅰ.①计… Ⅱ.①游… ②岳… ③张… Ⅲ.①计算机网络-高等学校-教材 Ⅳ.①TP393

中国版本图书馆 CIP 数据核字(2022)第 179937 号

责任编辑:袁勤勇
封面设计:常雪影
责任校对:韩天竹
责任印制:杨 艳

出版发行:清华大学出版社
    网 址: https://www.tup.com.cn,https://www.wqxuetang.com
    地 址: 北京清华大学学研大厦 A 座 邮 编: 100084
    社 总 机: 010-83470000 邮 购: 010-62786544
    投稿与读者服务: 010-62776969,c-service@tup.tsinghua.edu.cn
    质量反馈: 010-62772015,zhiliang@tup.tsinghua.edu.cn
    课件下载: https://www.tup.com.cn,010-83470236
印 装 者:三河市铭诚印务有限公司
经 销:全国新华书店
开 本: 185mm×260mm 印 张: 17.25 字 数: 402 千字
版 次: 2010 年 10 月第 1 版 2023 年 7 月第 3 版 印 次: 2024 年 1 月第 2 次印刷
定 价: 58.00 元

产品编号: 091446-01

前　言

本书自 2010 年 10 月出版到 2013 年再版,已经被多所院校采用。经过十多年的教学实践,笔者发现书中个别章节的内容已经落后于计算机网络发展的现状。为了更好地服务广大学生和教师,及时跟踪现代网络技术的发展,笔者决定在第 2 版的基础上进行修订,以使之适应计算机网络教学的需要。

本次修订保留了第 2 版图书的基本结构,主要做了如下修改。

(1) 为了实现全员全程全方位育人,培养德智体美劳全面发展的社会主义建设者和接班人,发挥课堂主阵地的作用,在每章之后新增了拓展阅读的思政内容环节,让学生了解我国计算机网络的飞速发展,增强民族自豪感。

(2) 删除了一些落后的、不常用的应用内容,增加了一些新内容。

(3) 对原书叙述较烦琐的部分进行了精简,删除了部分实验实操内容。

全书共 8 章,其中,第 1、2 章讲授网络基础知识,包括计算机网络概论、网络体系结构、数据通信基础知识;第 3、4 章讲授网络设备与通信协议的基础知识,包括通信介质、连网设备、网络互连设备、无线网络设备、TCP/IP 等;第 5~8 章介绍局域网、接入网、因特网和网络安全技术,包括各种网络技术的基本原理、实现技术、网络安全技术等。

本书具有以下特色。

(1) 结构新颖。本书没有采用七层结构的讲授方法,而是按照网络基本理论,网络硬件和网络软件基础知识,局域网、接入网、因特网的原理与应用,Internet 应用,网络安全的顺序组织教材内容,并将网络层次结构与实现它的硬件、软件巧妙地结合起来。

(2) 内容实用。本书突破了传统教材的局限,注重应用,介绍了许多网络实用知识和网络拓展知识。例如,在介绍完 IP 地址后,拓展了 IP 地址的管理和申请过程;在介绍完域名知识后,拓展了域名注册过程和域名保护的理念。这些知识的拓展进一步增强了教材的实用性。

(3) 与时俱进。本书对近年来发展迅速的无线网络理论和应用,如 5G、IPv6、区块链、云计算、物联网等做了介绍。

(4) 通俗易懂。本书是作者多年讲授计算机网络课程的教学经验结晶,对实际应用中各种网络参数的含义、设置步骤都做了详细的介绍,并运用了大量形象的比喻来说明抽象的网络理论。

(5) 思政教育。本书每章都安排了课程思政相关阅读,该部分与章节内容紧密相扣,一方面拓展学生的知识面,另一方面也进行了爱国主义教育。

本书适合信息管理专业、电子商务专业等偏计算机应用专业使用,也适合各种非计算机类专业(包括理科和文科专业)使用,适用于"计算机网络基础""计算机网络概论""计算机网络技术""计算机网络应用"等课程的教学。本书建议学时为32～48,48学时可以讲授本书的全部内容,32学时可以删掉带*的章节。各学校也可以根据自身的实验室条件另外开设8～20课时的实验课。

由于作者水平有限,书中难免有不足之处,敬请专家和读者指正。

游思晴

2023年3月

目 录

第1章 计算机网络概论 …………………………………………………………… 1

1.1 计算机网络的发展过程 ……………………………………………………… 1
1.1.1 计算机网络的产生与发展 ……………………………………………… 1
1.1.2 现代计算机网络结构 …………………………………………………… 6

1.2 计算机网络简介 ……………………………………………………………… 7
1.2.1 计算机网络的定义 ……………………………………………………… 7
1.2.2 计算机网络的功能 ……………………………………………………… 8
1.2.3 计算机网络的分类 ……………………………………………………… 9

1.3 计算机网络的拓扑结构 ……………………………………………………… 10
1.3.1 网络拓扑结构的定义与意义 …………………………………………… 10
1.3.2 常见的网络拓扑结构 …………………………………………………… 10

1.4 计算机网络发展的热点问题 ………………………………………………… 12
1.4.1 Internet 2 ……………………………………………………………… 12
1.4.2 宽带网络 ………………………………………………………………… 13
1.4.3 无线网络 ………………………………………………………………… 14
1.4.4 物联网 …………………………………………………………………… 15
1.4.5 云计算 …………………………………………………………………… 16
1.4.6 区块链 …………………………………………………………………… 16
1.4.7 元宇宙 …………………………………………………………………… 17

*1.5 网络操作系统 ………………………………………………………………… 17
1.5.1 网络操作系统的基本概念 ……………………………………………… 17
1.5.2 Windows 操作系统 ……………………………………………………… 18
1.5.3 UNIX 操作系统 ………………………………………………………… 20
1.5.4 GNU/Linux 操作系统 …………………………………………………… 21

课程思政：计算机网络在我国的发展 …………………………………………… 21
习题 ………………………………………………………………………………… 23

第2章 网络体系结构与数据通信基础 …………………………………………… 24

2.1 计算机网络的体系结构 ……………………………………………………… 24

        2.1.1 网络协议 ………………………………………………… 24
        2.1.2 网络体系结构 …………………………………………… 25
        2.1.3 OSI 参考模型 …………………………………………… 26
    2.2 数据通信基础知识 ………………………………………………… 29
        2.2.1 信息、数据与信号 ……………………………………… 30
        2.2.2 数据通信系统 …………………………………………… 30
       *2.2.3 数据通信方式 …………………………………………… 31
        2.2.4 数据通信指标 …………………………………………… 34
        2.2.5 数制概述 ………………………………………………… 36
   *2.3 数据编码技术 ……………………………………………………… 38
        2.3.1 数字数据模拟信号编码 ………………………………… 38
        2.3.2 数字数据数字信号编码 ………………………………… 40
        2.3.3 模拟数据数字信号编码 ………………………………… 41
    2.4 差错控制技术 ……………………………………………………… 42
        2.4.1 差错控制的概念 ………………………………………… 42
       *2.4.2 常用检错编码方法 ……………………………………… 43
       *2.4.3 反馈重发方法 …………………………………………… 45
    2.5 数据交换技术 ……………………………………………………… 47
        2.5.1 数据交换的基本概念 …………………………………… 47
       *2.5.2 线路交换 ………………………………………………… 48
       *2.5.3 报文交换 ………………………………………………… 49
       *2.5.4 分组交换 ………………………………………………… 49
    2.6 多路复用技术 ……………………………………………………… 51
        2.6.1 多路复用的基本概念 …………………………………… 51
       *2.6.2 频分多路复用 …………………………………………… 52
       *2.6.3 时分多路复用 …………………………………………… 52
       *2.6.4 波分多路复用 …………………………………………… 53
       *2.6.5 码分多路复用 …………………………………………… 54
    课程思政：2021 年计算机网络发展统计情况 ………………………… 54
    习题 …………………………………………………………………… 55

第 3 章 计算机网络设备 ………………………………………………… 58

    3.1 传输介质 …………………………………………………………… 58
        3.1.1 同轴电缆 ………………………………………………… 58
        3.1.2 双绞线 …………………………………………………… 59
        3.1.3 光纤 ……………………………………………………… 61
        3.1.4 无线传输介质 …………………………………………… 63
    3.2 物理层上的网络设备 ……………………………………………… 67

3.2.1 集线器 ·· 67
 3.2.2 中继器 ·· 70
 3.2.3 调制解调器 ·· 71
3.3 数据链路层上的网络设备 ·· 72
 3.3.1 网卡 ·· 72
 3.3.2 网桥 ·· 74
 3.3.3 二层交换机 ·· 78
3.4 网络层上的网络设备 ·· 82
 3.4.1 路由器 ·· 82
 3.4.2 第三层交换机 ·· 88
3.5 无线网络设备 ·· 89
 3.5.1 无线网卡 ·· 89
 3.5.2 无线网络连接设备 ·· 90
课程思政:"虹云工程" ·· 91
习题 ··· 92

第 4 章 TCP/IP ·· 95

4.1 TCP/IP 的层次模型与各层主要协议 ··· 95
 4.1.1 TCP/IP 的层次结构的划分 ·· 95
 4.1.2 互连层的主要协议 ·· 97
 4.1.3 传输层的主要协议 ··· 101
 4.1.4 应用层的主要协议 ··· 107
4.2 IP 地址 ·· 107
 4.2.1 物理地址与 IP 地址 ··· 107
 4.2.2 IP 地址的组成与分类 ··· 109
 4.2.3 特殊地址与保留地址 ··· 112
 4.2.4 IP 地址的管理与分配 ··· 113
4.3 子网与超网 ·· 114
 4.3.1 子网与子网掩码 ··· 114
 *4.3.2 子网的划分 ··· 118
 *4.3.3 超网与 CIDR 技术 ··· 120
*4.4 IP 路由协议 ·· 125
 4.4.1 IP 路由的相关概念 ··· 125
 4.4.2 RIP ·· 126
 4.4.3 OSPF 协议 ··· 129
4.5 端口与进程通信 ·· 131
 4.5.1 进程通信的基本概念 ··· 131
 4.5.2 端口的概念与常用端口 ·· 132

4.6 IPv6 协议 …… 134
 4.6.1 IPv4 协议的局限性 …… 134
 4.6.2 IPv6 协议对 IPv4 协议的改进 …… 135
 4.6.3 IPv6 地址的表示方法 …… 137
 4.6.4 从 IPv4 协议过渡到 IPv6 协议 …… 138
 *4.6.5 IPsec 协议 …… 140
4.7 TCP/IP 常用命令 …… 141
 4.7.1 IPconfig 命令 …… 141
 4.7.2 Ping 命令 …… 143
 4.7.3 ARP 命令 …… 144
 4.7.4 tracert 命令 …… 145
课程思政：我国 IPv6 技术应用正处于爆发式增长期 …… 145
习题 …… 146

第 5 章 计算机局域网 …… 151

5.1 局域网及其标准 …… 151
 5.1.1 局域网概述 …… 151
 *5.1.2 局域网层次模型 …… 152
 5.1.3 IEEE 802 标准 …… 153
5.2 共享介质以太网的工作原理 …… 154
 5.2.1 传统以太网的组成 …… 154
 5.2.2 共享介质以太网的介质访问控制方法 …… 155
5.3 以太网系列标准 …… 159
 5.3.1 传统以太网标准 …… 160
 5.3.2 快速以太网标准 …… 160
 5.3.3 "吉比特"以太网标准 …… 160
 5.3.4 "10 吉比特"以太网标准 …… 161
5.4 交换式以太网的原理与特点 …… 162
 5.4.1 交换式以太网 …… 162
 5.4.2 交换式以太网的特点 …… 163
5.5 虚拟局域网的原理与应用 …… 163
 5.5.1 虚拟局域网的概念 …… 163
 5.5.2 虚拟局域网的实现技术 …… 166
 *5.5.3 IEEE 802.1q 协议与 Trunk …… 167
5.6 无线网络与移动网络 …… 168
 5.6.1 无线局域网概述 …… 168
 5.6.2 无线局域网标准 …… 168
 5.6.3 无线局域网的模式 …… 170

　　　　5.6.4　无线网络安全 172
　5.7　局域网络基本模型 173
　　　　5.7.1　家庭与办公室网络 173
　　　　5.7.2　校园网 174
　　　　5.7.3　企业网 175
*5.8　其他局域网技术简介 177
　　　　5.8.1　令牌环网 177
　　　　5.8.2　令牌总线网 179
　　　　5.8.3　FDDI 180
　课程思政：软件定义网络 181
　习题 182

第6章　接入网与网络接入技术 185

*6.1　广域网与接入网 185
　　　　6.1.1　公共电话网 185
　　　　6.1.2　DDN 186
　　　　6.1.3　X.25 187
　　　　6.1.4　帧中继 187
　　　　6.1.5　ISDN 188
　　　　6.1.6　接入网 189
　6.2　通过电话网接入 Internet 190
　　　　6.2.1　电话拨号接入及配置 190
　　　　6.2.2　ISDN 接入及配置 193
　　　　6.2.3　ADSL 接入及配置 195
　6.3　局域网＋专线接入及配置 200
　　　　6.3.1　DDN 专线 201
　　　　6.3.2　光纤接入 201
　　　　6.3.3　混合光纤同轴电缆（HFC）接入技术 203
　6.4　无线接入 204
　　　　6.4.1　WiFi 固定式无线接入 205
　　　　6.4.2　移动网络接入 206
　6.5　共享上网技术 207
　　　　6.5.1　网络地址转换技术及其实现 208
　　　　6.5.2　代理服务技术及其实现 210
　　　　6.5.3　宽带路由器 211
　　　　6.5.4　共享移动互联网 212
　　　　6.5.5　Windows 操作系统的 Internet 连接共享 212
　课程思政：我国 5G 技术应用全球领先 213

习题 ·· 214

第 7 章 应用层 ··· 216

7.1 域名系统 ··· 216
- 7.1.1 域名与域名系统 ·· 217
- 7.1.2 域名解析服务 ··· 220
- 7.1.3 DNS 服务器 ·· 222
- 7.1.4 域名注册 ··· 223

7.2 WWW 服务与 HTTP ··· 225
- 7.2.1 HTTP 请求响应模型 ·· 225
- 7.2.2 HTTP 与 TCP 的关系 ··· 226
- 7.2.3 超文本标记语言 ·· 231
- 7.2.4 Web 2.0 ·· 233

7.3 电子邮件服务 ·· 235
- 7.3.1 电子邮件系统 ··· 235
- 7.3.2 电子邮件系统相关协议 ··· 237
- 7.3.3 多用途互联网邮件扩展 ··· 238
- 7.3.4 在网页中收发邮件 ··· 240

课程思政：我国短视频发展现状分析 ··· 240
习题 ·· 240

第 8 章 计算机网络安全 ··· 243

8.1 网络安全概述 ·· 243
- 8.1.1 网络安全的概念 ·· 243
- 8.1.2 网络面临的威胁与应对措施 ··· 244
- 8.1.3 网络安全体系 ··· 245

8.2 数据加密技术及其应用 ·· 246
- 8.2.1 数据加密的概念 ·· 246
- 8.2.2 数据加密方法 ··· 247

8.3 数字证书与身份认证 ··· 248
- 8.3.1 数字摘要 ··· 248
- 8.3.2 数字签名技术 ··· 249
- 8.3.3 数字证书 ··· 250
- 8.3.4 身份认证 ··· 251

8.4 防火墙技术及其应用 ··· 253
- 8.4.1 防火墙的概念 ··· 253
- 8.4.2 数据包过滤型防火墙 ··· 254

    8.4.3 应用级网关 ·· 255

    8.4.4 防火墙的实现 ·· 257

 *8.5 虚拟专网技术 ··· 258

 课程思政：我国网络安全发展现状 ··· 260

 习题 ·· 261

参考文献 ·· 263

第 1 章　计算机网络概论

计算机网络应用已经渗透到社会的各个角落，给人们的工作方式和生活方式都带来了深刻的变化，对当代社会的发展产生着深远的影响。本章主要介绍计算机网络基础知识，包括计算机网络的发展过程，计算机网络的定义、功能与分类，计算机网络的拓扑结构以及计算机网络发展中的热点问题等。通过对本章的学习，读者将对网络有一个初步的认识。

1.1　计算机网络的发展过程

计算机网络技术是计算机技术和通信技术的结合，是计算机技术和通信技术发展到一定程度的产物，是人类进行科学探索并让科学服务于人类自身需求的必然结果。

1.1.1　计算机网络的产生与发展

计算机网络的发展经历了以下过程。

1. 主机-终端远程通信形成计算机通信网

1946 年，世界上第一台电子计算机问世，它属于电子管计算机。1948 年，美国又开发出了晶体管计算机。当时世界上的计算机都是大中型计算机，部署在计算中心的机房中，数量很少，价格昂贵，即使在美国那样的发达国家也只有在少数的几个计算中心才有。为了能让更多的人使用计算机，人们设计了批处理（batch processing）系统，该系统可以事先将用户程序和数据装入穿孔纸带，由计算机按照一定的顺序读取，使用户所要执行的程序和数据能够一并得到批量处理。所以此时用户可以事先将程序和数据装入穿孔纸带，送到计算中心的机房由专门的操作人员在主机上运行。

随后，科学工作者不断研究如何让计算机拥有远程通信能力，研究通过通信线路直接将远端的输入输出设备连接到主机上。1954 年出现了一种被称为收发器（transceiver）的计算机终端，人们使用这种终端首次实现了将穿孔纸带上的程序和数据通过电话线路发送到远端计算中心的计算机主机上。此后，电传打字也可作为远程终端与计算机相连，用户可以在远端的电传打字机上输入自己的程序，而计算中心计算机计算出来的结果也可以传到远端的电传打字机上并打印出来。这样，远程终端和通信系统诞生了。

20 世纪 60 年代继批处理系统之后出现了分时系统(time-sharing system),它是指多个终端与同一个计算机主机连接,允许多个用户同时使用一台主机上的系统,多个程序以分时的方式共享主机硬件和软件资源。分时系统出现以来,计算机的利用率、交互操作性能均产生了重大变革。历经批处理系统、远程终端、分时系统下的多终端,计算机的使用越来越广泛,如图 1-1 所示。

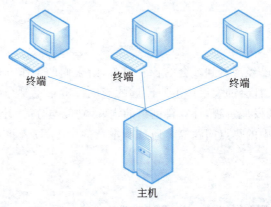

图 1-1　主机终端系统

这一阶段的典型例子有两个,一个是 1951 年美国军方研制的半自动地面防空系统(SAGE),该系统通过分布于不同地点的雷达观测站将所收集到的信号送给中心计算机,由计算机程序辅助指挥员决策。第二个例子是 1963 年 IBM 公司研制的全美航空订票系统(SABRAI),该系统通过设置在全美各地的 2000 多个终端将订票信息送给航空公司的主机,由主机统一处理订票信息。

在具有远程通信能力的单机系统中,由于主机除了完成数据处理功能外还要承担通信处理任务,负担比较重。为了减轻主机负担,20 世纪 60 年代人们研制了通信控制处理机(CCP),其专门负责通信处理;另外为了降低租用通信线路的费用,人们在终端集中的地方设置集中器,让多个终端共同利用一条高速通信线路,从而形成具有远程通信功能的多机系统,如图 1-2 所示。

图 1-2　具有通信功能的单主机系统

这一阶段计算机网络的主要特征是主机-远程终端互联,其解决了主机与远程终端互连的问题,实现了远程用户共享一个主机资源的目标,但是并没有实现在不同的主机之间共享资源。从共享资源的角度看,这一阶段实际上并不属于计算机网络。

2. 主机-主机互联催生计算机网络

20世纪60年代中期,随着通信技术的进步以及用户对共享资源的需求,主机-主机互联型的网络出现了,这种网络是先铺设一个通信网,然后将需要共享资源的主机都连接在通信网上,这样终端用户不仅可以使用本地主机资源,而且也可以共享其他主机上的资源,真正实现了不同主机之间的资源共享,如图1-3所示。

图1-3 主机-主机互联的网络

在这个阶段,人们提出了采用分层设计网络的思想和分层、网络体系结构的概念,出现了分组交换技术,形成了通信子网和资源子网的概念。计算机网络要完成两大任务,即数据处理和通信处理,人们把完成通信处理任务的那些硬件软件的集合叫通信子网,通信子网主要由传输介质、各种通信处理设备组成;同时,人们把完成数据处理任务的硬件软件的集合称为资源子网,资源子网主要由主机、主机上的各种外设以及主机上的资源和各种终端组成。通信子网与资源子网这两个概念的出现简化了网络的设计,对网络技术的发展起到极大的推动作用,这种设计思想一直沿用至今。

该阶段的典型代表是20世纪60年代后期美国国防部高级情报局出于军事科研的目的而研发的ARPAnet。在ARPAnet中采用了通信子网和资源子网分层设计的思想,并在通信子网中采用了分组交换技术。该网络最早连接了加利福尼亚大学洛杉矶分校、加利福尼亚大学圣巴巴拉分校、犹他州州立大学、斯坦福大学的4台主机,到1990年退出运营时,已经连接了全世界十几万台主机,该网络从技术上奠定了现代计算机网络的基础,该网络也是Internet的前身。

这一阶段的主要特征是主机与主机之间实现了互联,终端用户可以共享不同主机上的资源,真正实现了资源共享。

3. OSI参考模型促进网络标准化

到20世纪60年代末70年代初,许多公司都致力于网络技术的研究,世界上出现了许多计算机网络,每种网络都有自己的网络体系结构,每种网络产品都采用自己的标准。例如,IBM公司提出了SNA网络体系结构,DEC公司提出了DNA网络体系结构等。由于各公司采用的网络体系结构不同、标准不同,所以就导致彼此的产品不能相互兼容,网络不能够相互通信,用户的利益也得不到保障。因此,统一网络标准已经成为一个十分迫切的任务。

1977年,在国际标准化组织(International Organization for Standardization,ISO)的主持下,人们开发了一个网络体系结构,其被称为开放系统互联参考模型,简称OSI参考模型。OSI参考模型在现有网络的基础上提出了不基于具体机型、操作系统或公司的网络体系结构,规定了网络应具有的层次结构以及各层的任务,并对各层协议做了说明。OSI参考模型力图将全世界的网络统一到一个标准上来,但是由于其制定的模型过于复杂,最终没有得到企业界的支持。

4. TCP/IP成为网络互联标准

1974年,IP(Internet Protocol)和TCP(transmission control protocol,传输控制协议)问世,其被合称为TCP/IP,研制人是温顿·瑟夫(Vinton G. Cerf,如图1-4所示)和罗伯特·卡恩(Robert E. Kahn,如图1-5所示)。这两个协议定义了一种在计算机网络间传送报文(文件或命令)的方法,最早被用于ARPAnet。随后,美国国防部决定向全世界无条件地免费提供TCP/IP,即向全世界公开TCP/IP的核心技术。

图1-4　温顿·瑟夫

图1-5　罗伯特·卡恩

到20世纪80年代,世界上既有使用TCP/IP的美国军方ARPAnet,也有很多使用其他通信协议的网络。为了将这些网络连接起来,美国人温顿·瑟夫提出一个想法:在每个网络内部各自使用自己的通信协议,在和其他网络通信时使用TCP/IP。这个设想最终受到企业界的支持,并导致了互联网的诞生和大发展,确立了TCP/IP在网络互联方面不可动摇的地位。

2004年,温顿·瑟夫和罗伯特·卡恩一起被授予图灵奖,以表彰其在互联网领域的卓越贡献。

5. 局域网的兴起形成分布式计算模式

20世纪70年代中后期,世界上出现了微型机。微型机是个人计算机,一个主机只连接一个终端,这极大地方便了用户的使用。低廉的造价使得微型机迅速普及,随后在企业、政府机关出现了大量的微型机。出于工作的需要,人们希望能够将企业或学校内部的计算机互联成网,彼此共享一些资源,于是出现了局域网。

局域网的发展也推动了计算模式的变革,早期的计算机网络以主机为中心,数据处理主要由主机完成,网络控制和管理也都被集中在主机上,这种模式被称为集中计算模式。随着微型机功能的增强,数据处理任务和管理工作可以在不同的微型机上完成,这又形成了分布式计算模式。

1980年2月,电气与电子工程师协会(Institute of Electrical and Electronics Engineers,IEEE)制定了局域网的标准,该标准被接纳为国际标准。

6. Internet 实现世界范围内的网络互联

20世纪80年代以后,Internet 成为最受人瞩目和发展最快的网络技术。Internet 是由世界上大大小小的网络互联而成的,在 Internet 主干网上连接了各国家和地区的主干网,国家和地区的区域网又连接了企业、学校、政府的网络。

Internet 起源于 ARPAnet,ARPAnet 是20世纪60年代后期由美国国防部出于军事科研的目的开发研制的,最早只连接4台主机;1986年,美国国家科学基金会(NSF)为了让全国的科学家能够共享计算机中心的资源,决定利用 Internet 的通信能力连接美国的6个超级计算机中心和各个大学,但是由于通信速率太低,所以 NSF 决定采用 ARPAnet 的技术重新组建一个网络,这个网络叫 NSFnet;1994年,美国政府宣布放弃对 NSFnet 的监管,同时将其正式更名为 Internet。

在 Internet 的发展过程中,不断有其他国家的计算机网络加入,先是加拿大,然后是欧洲、日本,我国也于1989年接入 Internet。目前,Internet 已经覆盖了全球大部分地区,而且不断有新成员加入其中。

Internet 出现后,其所拥有的网络数、上网人数和计算机数量、站点数量都出现了跳跃式的增长。1981年上网计算机数量约为200台,1989年为8万多台,1992年为72万多台。截至2003年,Internet 已有100多万个网络接入,超过1亿台计算机联网,网上用户约10亿。到2009年底,仅中国网络用户就已经达到3.97亿人,普及率为29.7%,在美国、日本等发达国家,Internet 的普及率已达到75%左右,全球仅网络站点数已经达到2亿多个。

丰富的资源、便捷的通信方式使得 Internet 的应用从最早的通信和共享信息资源迅速向各行各业、各个领域扩展,现在 Internet 已经成为人们工作和生活离不开的工具和帮手,是人们获取信息的主要渠道,是人们相互沟通交流的重要手段,是进行商务活动的重要平台,也是娱乐消遣的重要场所。

7. WWW 技术的出现使 Internet 迅速普及

在20世纪90年代之前,计算机网络的使用仅限于专业技术人员,使用网络需要掌握许多命令,很不方便。

1989年10月,蒂姆·伯纳斯-李(Tim Berners-Lee,如图1-6所示)从牛津大学物理系毕业后在日内瓦附近的欧洲核子研究中心(CERN)工作了6个月。期间他写了一个叫作"内部问询"(Enquire Within)的计算机程序,试图把大量的数据资料按照内容的关联度组织起来,以方便用户查找资料和相关文件,实现他的按内容组织和访问文件的思想。他把这种技术叫作"全球网"(World Wide Web,简称 WWW 或 Web,中文翻译为"万维网")。到了1990年12月,他完成了世界上第一个万维网的服务器程序和浏览器的编码工作,万维网正式诞生了。

图1-6 蒂姆·伯纳斯-李

到了1991年,万维网已在CERN内部被广泛使用。同时,伯纳斯-李在Internet上公开了万维网的全部技术资料和软件源码,供国际社会免费使用。

伯纳斯-李主要发明了两个软件技术。一个是万维网服务器软件,它用在远程计算机上,负责处理HTTP,把用户所需要的文件传出来;另一个软件是客户端的HTML浏览器,它被安装在本地计算机上,负责向万维网服务器发出HTTP请求,将所链接到的万维网服务器传回来的文件在本地显示出来。人们今天用到的浏览器都是伯纳斯-李所开发浏览器的后代。

伯纳斯-李提出了4个基本概念和机理,即超文本(hypertext)概念,通用资源定位(Universal Resource Locator,URL)概念,超文本传输协议(Hypertext Transfer Protocal,HTTP)以及超文本标识语言(Hypertext Markup Language,HTML)。

WWW技术的发明将互联网上浩如烟海的各类信息组织在一起,通过浏览器的图形化界面呈现给用户,大大降低了信息交流和共享的技术门槛,使互联网不再是专业人员的专用工具,令普通百姓也可以方便地使用这个平台,方便地进行信息交流。

1.1.2 现代计算机网络结构

早期的计算机网络资源子网由主机、终端、信息资源组成,而通信子网主要由通信控制处理机和通信线路组成。随着微型机的普及和局域网的大量使用,现在的计算机网络资源子网以局域网和微型机以及信息资源为主,主机-终端型的用户在不断减少,通信子网则由路由器、交换机和通信线路组成。

由于现在的计算机几乎都要连入网络,企业、学校、政府等机构的计算机要先连成局域网,然后再接入Internet,个人家庭的计算机也要通过某种接入方式接入Internet,因此从宏观上看,全世界的计算机都通过Internet连在一起,组成一个覆盖全球的"大网",以大写字母I开头的Internet(互联网,或因特网)则是一个专用名词,它指当前全球最大的、开放的、由众多网络相互连接而成的特定互联网,它采用TCP/IP协议族作为通信的规则。

互联网服务提供商(Internet Service Provider,ISP)指的是面向公众提供信息服务的经营者,其主要提供接入服务(即帮助用户接入 Internet),另外,ISP 也拥有或维护链路资源,提供互联网数据中心(Internet Data Center,IDC)资源。IDC 一般有完善的设备(包括高速互联网接入带宽、高性能局域网络、安全可靠的机房环境等)、专业化的管理、完善的应用服务平台。在这个平台基础上,ISP 为 IDC 客户提供互联网基础平台服务(服务器托管、虚拟主机、邮件缓存、虚拟邮件等)以及各种增值服务(场地的租用服务、域名系统服务、负载均衡系统、数据库系统、数据备份服务等)。根据提供服务的覆盖面积大小以及所拥有的的 IP 地址数目的不同,ISP 也分为不同的层次,即主干 ISP、地区 ISP 和本地 ISP。

主干 ISP 由几个专门的公司创建和维持,服务面积最大(一般都能够覆盖全国范围),并且还拥有高速主干网(如 10Gb/s 或更高),比如中国电信、中国联通、中国移动等。地区 ISP 是一些较小的 ISP,有一些地区 ISP 网络也可直接与主干 ISP 相连。这些地区 ISP 通过一个或多个主干 ISP 连接起来,位于等级中的第二层,数据速率也低一些。本地 ISP 给用户提供直接的服务(这些用户有时也称为终端用户,强调是末端的用户)。本地 ISP 可以是一个仅仅提供互联网服务的公司,也可以是一个拥有网络并向自己的雇员提供服务的企业,或者是一个运行自己网络的非营利机构(如学院或大学)。这些 ISP 的基本结构如图 1-7 所示。

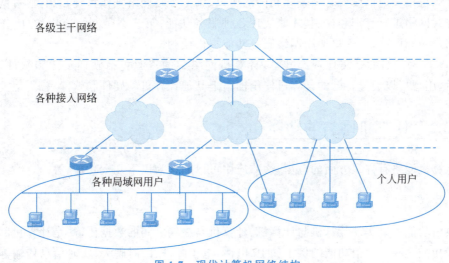

图 1-7　现代计算机网络结构

1.2　计算机网络简介

1.2.1　计算机网络的定义

根据计算机网络发展的不同阶段,或者是从不同的角度,人们对计算机网络提出了不同的定义,这些定义反映了当时的计算机网络技术发展水平以及人们对网络的认知程度。其中资源共享的观点能够比较准确地描述计算机网络的特征,被广泛地接受和使用。从资源共享的观点出发可以将计算机网络定义为"以能够相互共享资源的方式互联起来的自治计算机系统的集合",但是这个定义侧重应用,没有指出网络的结构,因此不够全面。本书采用以下定义:"计算机网络是将地理位置不同的两台以上的、具有独立功能的计算机通过通信设备和通信介质连接起来,以功能完善的网络软件实现资源共享的计算机系统。"

这个定义从 4 个方面描述了计算机网络。

(1) 网络中必须有两台以上的计算机,地理位置不限,机型不限。所谓独立功能是指这个计算机自己可以独立工作,有数据处理能力,而非必须依赖于网络才能工作。这一点很关键,强调现代计算机网络是功能独立的计算机之间的的互联,按照这样的观点,早期的主机-终端型的网络以及无盘工作站连接而成的网络并不属于现代计算机网络。

(2) 计算机之间要通过通信介质和通信设备互联。通信介质包括双绞线、光纤、同轴电缆、无线介质等;通信设备包括路由器、交换机、网桥、集线器等,只有互联才能够将一台计算机上的信号传输到另一台计算机上。

(3) 网络通信依托于网络软件,网络软件主要有 3 类:第一类是网络协议软件,是联网的计算机以及通信设备必须遵守相同的协议;第二类是网络操作系统,只有通过网络操作系统对网络进行管理和控制,才能实现各种服务功能;第三类是网络应用软件,作用是帮助用户访问网络,为用户使用网络服务功能提供便利。

(4) 联网的目的是实现资源共享,计算机网络中的资源包括硬件资源和软件资源。联网后,用户可以通过自己的计算机使用网络上其他计算机的硬件和软件资源。

1.2.2 计算机网络的功能

计算机网络有许多方面的应用,这些应用可以归并为以下几大功能。

1. 通信

通信功能可以实现计算机与计算机、计算机与终端之间的数据传输,是计算机网络最基本的功能之一。通信功能的例子如 IP 电话、电子邮件、即时聊天、实时信息传输等。

2. 资源共享

网络上的资源包括硬件资源和软件资源,硬件资源的共享如共享打印机、共享硬盘、共享主机数据处理能力等,软件资源的共享包括共享网上信息、传输共享文件、通过网络使用共享软件、共享公共数据库中的数据等。

3. 协同处理

协同处理就是利用网络技术把许多小型机或微机连接成一个或多个具有高性能的计算机系统,使多台相连的计算机各自承担同一工作任务的不同部分,以并行方式处理复杂问题。分布式计算、网格计算、云计算都是计算机协同处理方面的应用。

4. 提高计算机的可靠性和可用性

在计算机网络中,每台计算机都可以依赖计算机网络互为后备机,一旦某台计算机出现故障,其他计算机可以马上承担起故障计算机所担负的任务,从而使计算机系统的可靠性大大提高。当计算机网络上某台计算机负载过重时,计算机网络能够进行智能判断,并将新的任务转交给网络中比较空闲的计算机去完成,这样就可以均衡负载,提高每台计算机的可用性。

1.2.3 计算机网络的分类

从不同的角度来看,计算机网络有不同的分类方法。

1. 按网络覆盖的范围划分

按照网络的覆盖范围,可将网络分为局域网、广域网和城域网等3类。

1) 局域网(LAN)

局域网用于将有限范围内(如一个办公室、一幢大楼、一个校园、一个企业园区)的各种计算机、终端及外部设备连接成网络,彼此高效地共享资源,例如,共享文件和打印机。

局域网有以下技术特点。

(1) 覆盖范围有限,一般覆盖几千米。

(2) 结构简单、容易实现。

(3) 速度快,其数据传输速率可以达到10Mb/s～10Gb/s。

(4) 私有性,局域网都由企业或学校自己出资建设,供单位内部使用。

2) 广域网(WAN)

广域网覆盖的地理范围一般在几十千米以上,覆盖一个地区、一个国家或者更大范围,它可以将分布在不同地区的计算机系统连接起来,达到资源共享的目的。广域网一般是公用网络,采用网状拓扑结构,用户以租用专线的方法来使用。

当然,局域网与广域网不仅仅在覆盖范围上不同,更重要的是二者使用的网络技术也是完全不同的。广域网主要采用分组交换技术,而局域网则采用广播或帧交换技术。

3) 城域网(MAN)

城域网是介于局域网和广域网之间的网络,其覆盖范围在几十千米内,用于将一个城市、一个地区的企业、机关、学校的局域网连接起来,实现一个区域内的资源共享。城域网主要采用局域网技术。

2. 按照网络的用途划分

按照网络的用途,可将其分为主干网、接入网和用户网络3类。

1) 主干网

主干网是一种大型的传输网络,它用于连接小型传输网络,是数据传输的"高速公路",如连接国家与国家之间的网络、连接省与省之间的网络。中国有四大主干网,分别是中国公用计算机互联网(ChinaNET)、中国教育科研网(CERNET)、中国科学技术网(CSTNET)、中国金桥信息网(ChinaGBN)。

局域网也有主干网,它是企业内部网络的"高速公路"。

2) 接入网

所谓接入网是指主干网络到用户终端之间的所有设备。其长度一般为几百米到几千米,因而被形象地称为"最后一公里"。由于主干网一般采用光纤结构,传输速度快,因此,速度较慢的接入网便成为了整个网络系统的瓶颈。接入网的接入方式包括电话线接入(拨号接入、ISDN、ADSL 等)、光纤接入、光纤同轴电缆(有线电视电缆)混合接入和无线接入等几种方式。

3) 用户网络

用户网络是用户最终使用的网络和终端设备,如家庭网络、企事业单位的局域网、用户终端设备等。

1.3 计算机网络的拓扑结构

1.3.1 网络拓扑结构的定义与意义

拓扑是从图论演变而来的概念,是一种研究与大小、形状无关的点、线、面特点的方法。网络拓扑是抛开网络中的具体设备,把网络中的计算机、各种通信设备抽象为"点",把网络中的通信介质抽象为"线"而形成的概念,从拓扑学的观点去看计算机网络,就形成了由"点"和"线"组成的几何图形,从而抽象出网络系统的具体结构。这种采用拓扑学方法描述各个结点之间的连接方式的图形被称为网络的拓扑结构图。网络的基本拓扑结构有总线结构、环形结构、星形结构、树形结构、网状结构等。在实际构造网络时,多数网络拓扑是这些基本拓扑形状的结合。

不同网络拓扑结构下的具体网络的工作原理不同,网络性能也不一样。

1.3.2 常见的网络拓扑结构

1. 总线结构

总线结构是将网上设备均连接在一条总线上,任何两台计算机之间不再单独建立连接的网络结构,如图 1-8 所示。

总线结构的工作方式是:网上计算机共享总线,任意时刻只有一台计算机用广播方式发送信息,其他计算机处于接收状态。因此要通过某种仲裁机制决定谁可以发送信息,这种机制叫介质访问控制方法。

总线结构的优点是结构简单、易于安装、易于扩充,其缺点是总线任务重,容易产生瓶颈问题,总线本身发生故障时网络将瘫痪。总线结构常在早期的以太网中使用,随着双绞线技术的成熟,总线网络逐步被淘汰。

2. 环形结构

环形结构是将网上计算机连接成一个封闭的环,如图 1-9 所示。

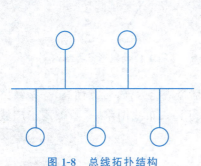

图 1-8　总线拓扑结构　　　　　图 1-9　环形拓扑结构

环形网络的工作方式是:网上计算机共享通信介质,任意时刻只有一台计算机发送信息,信号沿环单向传递经过每一台计算机,每台计算机都会收到信息,如果信息中的目的地址与本机地址相同就接收信息,然后再向下一站传输,否则将直接传给下一站。

环形网络的特点是两台计算机间有唯一通路,没有路径选择问题,信息流控制简单;缺点是不便于扩充,一台计算机出现故障会影响全网。令牌环网、FDDI 等网络都是环形结构。

3. 星形结构

星形网络是将多台计算机连在一个中心结点(如集线器)上,如图 1-10 所示。星形结构的网络在工作时计算机之间的通信必须通过中心结点,具体工作方式根据中心结点设备的工作方式不同而各异,如果中心结点采用集线器,则其工作方式与总线网络相同,任意时刻只能由一个结点发送数据,其他结点处于接收状态;如果采用交换机,则可以实现多点同时发送和接收数据。星形结构的优点是结构简单、便于管理、扩展容易、检查容易、可隔离故障;其缺点是网络性能依赖中心结点,一旦中心结点出现故障就会导致全网瘫痪。另外,星形结构下每个结点都需要用一条专用线路与中心结点连接,线路利用率低,连线费用大,随着双绞线技术的成熟,星形结构被广泛应用于家庭网络、办公室网络等小型局域网。

4. 树形结构

树形结构是星形结构的扩展,具有星形结构连接简单、易于扩充、易于进行故障隔离的特点,如图 1-11 所示。许多校园网、企业网都采用树形结构。

5. 网状结构

网状结构是一种不规则的连接结构,该结构下一个结点通常与其他结点之间有两条

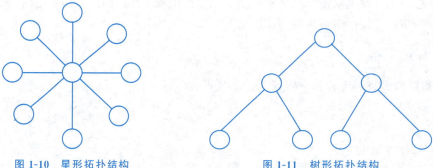

图 1-10　星形拓扑结构　　　　图 1-11　树形拓扑结构

以上的通路,如图 1-12 所示。网状结构的特点是容错能力强,可靠性高,一条线路故障后仍然可以经其他线路连接目的结点,但其建设费用高、布线困难,一般被用于广域网或大型局域网的主干网。

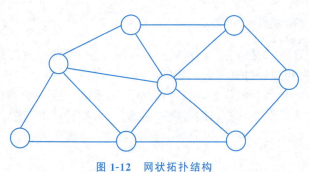

图 1-12　网状拓扑结构

1.4　计算机网络发展的热点问题

1.4.1　Internet 2

1. Internet 2 的发展

Internet 2 最早是由美国 120 多所大学、协会、公司和政府机构共同努力建设的网络,它的目的是满足高等教育与科研的需要,开发下一代互联网高级网络应用项目。

我国在 1999 年 11 月由国家自然基金委员会正式立项,由清华大学、中科院计算机网络信息中心等单位联合建设了"中国高速互联研究试验网络"。2004 年 3 月 19 日,CERNET 2 试验网正式开通。作为目前世界上规模最大的采用纯 IPv6 技术构建的下一代互联网主干网,CERNET 2 试验网的开通标志着我国下一代互联网建设全面启动,为下一代互联网技术提供了广阔的试验环境,成为我国研究下一代互联网技术、开发基于下一代互联网的重大应用、推动下一代互联网产业发展的关键性基础设施。

2. Internet 2 的优势

第二代互联网以 IPv6 为基础,可以实现"户对户"连接的网络,其将在远程教育、远程医疗、虚拟实验室、分布式计算、分布式视频的传送、大气环境的检测、先进制造、军事上防止大规模突发事件的发生等领域得到广泛应用。与现在的 Internet 相比,Internet 2 有以下优势。

1) 地址空间更大

IPv4 地址已经快用光,而 Internet 2 采用 IPv6 协议,其地址空间远超 IPv4(达 2^{128} 个),比现在的地址空间(仅 2^{32} 个)要大很多倍。

2) 速度更快

Internet 2 的网络数据传输要比现在的速度快千万倍。人们希望下一代互联网的端到端通信速度不要低于 100Mb/s。

3) 更安全

Internet 2 将从根本上去考虑互联网的安全问题。

4) 解决实时问题。

由于第一代互联网主要是传输数据的,没有考虑要传输今天的电话,也没有想到要传输电视信号,未来的互联网不仅应能够传输数据,也能传输电话、电视信号,即所有媒体都可以在这上面传送,这就需要互联网能够提供比较好的实时控制,使得各种不同的信号在互联网上传送时都能够保质保量。

5) 更方便

第一代互联网的设计主要针对固定的用户,需用户通过固定的计算机来使用互联网,但是今天的移动通信已经非常发达,为了支持这种应用,需要让互联网支持移动的功能,使未来互联网使用起来更方便。

1.4.2 宽带网络

1. 宽带网的概念

随着计算机技术和通信技术的发展,信息传输的手段发生了极大的变化。人们对各种业务的需求也越来越高,要求业务的种类越来越多样化,如语音、数据、图像等各种业务的发展,使得多媒体业务的需求迅速上升。为了满足上述业务的需求,人们要求网络建设不断向宽带化、智能化、综合化方向发展。

宽带网络可分为宽带骨干网和宽带接入网两个部分。

1) 骨干网

骨干网又被称为核心交换网,目前主要采用以 SDH 为基础的大容量光纤通信系统,能实现大容量、长距离的数据流传输。

2) 接入网

接入网是指从交换局到用户终端的网络,其作用是将各种用户接入到业务结点。宽带接入是相对于传统拨号接入而言的,传统拨号接入速率只有56kb/s甚至更低,无法满足宽带数字传输的要求,目前,宽带接入网技术可根据所使用的传输介质的不同分为光纤接入、铜线接入、光纤同轴电缆混合接入和无线接入等类型。

2. 宽带网的应用

1) 网络视频点播

视频点播可以使待在家里的用户只需通过网络传输介质就可通过计算机或其他特殊装置(如机顶盒),根据自己的喜好选择感兴趣的视频节目进行欣赏。与传统的电视相比,视频点播业务具有"想看什么就看什么,想什么时候看就什么时候看"的优点。

2) 网络可视电话

宽带网络的出现使得网络可视电话真正成为可能。网络可视电话可将远隔万里的亲人、朋友联系在一起,不仅可让他们听到声音,还可使其看到对方的图像,且费用要比长途电话便宜得多。人们有理由相信,随着网络技术的进一步发展,网络可视电话还会得到更广泛的应用。

3) 视频会议

网络视频会议系统是一种基于网络的多媒体通信系统,其支持多人视频会议、视频通信、多人语音、屏幕共享、动态PPT演讲、文字交流、短信留言、电子白板、多人桌面共享、文件传输等功能。网络视频会议软件对硬件的要求非常低,普通的个人计算机结合麦克风和摄像头就可以了。

除上述应用之外,宽带网络还可以提供网上游戏、网上炒股、远程控制等多种应用。

1.4.3 无线网络

随着移动通信和无线通信技术的发展,使用笔记本计算机(laptop)和个人数字助理(personal digital assistant,PDA)等便携式计算机的用户越来越多,人们经常要在室外或路途中接听电话、发送传真、发送电子邮件、阅读网上信息以及登录远程服务器等。因此,无线网络的应用需求将越来越多。

1. 无线局域网

无线网的实现有多种不同的方法。一种是无线局域网,其以微波、红外、激光等无线电波为传输介质,使用户的便携式计算机通过无线局域网进行通信。该技术目前发展速度很快,其数据传输速度已经从过去的2Mb/s发展到几十Mb/s,IEEE 802.11协议规定了各种无线局域网的标准。

2. 无线接入网

为了解决无线接入问题,IEEE 802委员会决定成立一个专门的工作组,负责研究宽带无线网络标准。2002年该工作组公布了宽带无线网络IEEE 802.16标准,该标准又被称为无线城域网(Wireless MAN,WMAN)标准。按IEEE 802.16标准建立的无线网络可以覆盖一个城市或城市的部分区域,它需要在一些建筑物上建立基站,基站之间采用全双工、宽带通信方式工作,可以提供 2～155Mb/s 的带宽。

无线接入技术可以分为移动接入和固定接入两大类。移动无线接入网包括移动电话网、无线寻呼网、集群电话网、卫星移动通信网和个人通信网等,是当今通信行业中最活跃的领域之一;固定无线接入是指从交换结点到固定用户终端采用无线接入方式,它实际上是有线接入方式的延伸。

无线网是当前国内外研究的热点,其特点可以是使用户在任何时间、任何地点接入计算机网络,而这一特性使其具有广阔的应用前景。当前已经出现了许多基于无线网的产品,如个人通信系统(personal communication system,PCS)电话、无线数据终端、便携式可视电话、个人数字助理等。

1.4.4 物联网

1. 物联网的概念

"物联网概念"是在"互联网概念"的基础上,将其用户端延伸和扩展到物品与物品之间进行信息交换和通信的一种网络概念,其定义是通过射频识别(radio frequency identification,RFID)、红外感应器、全球定位系统、激光扫描器等信息传感设备,按约定的协议把物品与互联网相连接,进行信息交换和通信,以实现智能化识别、定位、跟踪、监控和管理的一种网络。

物联网把新一代 IT 技术充分运用在各行各业之中。具体地说,在生活领域中,把感应器嵌入和装入小到手表、服装、家电,大到汽车、楼房,在国民经济领域中把感应器嵌入企业生产设备、电网、铁路、桥梁、隧道、公路、建筑、供水系统、大坝、油气管道等各种物体中,然后将"物联网"与现有的互联网整合起来,实现人类社会与物理系统的整合。有了物联网,人们可以在世界任何一个地方即时获取万物的信息,并通过能力超级强大的中心计算机群对网络内的人员、终端、设备和基础设施实施实时的管理和控制。

2. 物联网的应用

物联网的用途广泛,其应用遍及智能交通、环境保护、政府工作、公共安全、平安家居、智能消防、工业监测、老人护理、个人健康、花卉栽培、水系监测、食品溯源、敌情侦查和情报搜集等多个领域。

例如,乘坐汽车、火车长途旅行时只要设置好目的地便可随意睡觉、看电影,车载系统会通过路面接收到的信号进行智能行驶;当装载超重时,汽车会自动"告诉"驾驶员超载了,并且显示出超载多少,空间还有多少剩余,"告诉"驾驶员轻重货怎样搭配;当搬运人员野蛮卸货时,一只货物包装可能会"大叫""你扔疼我了";公文包会"提醒"主人忘带了什么东西;衣服会"告诉"洗衣机对颜色和水温的要求;不住在医院,只要通过一个小小的仪器,医生就能 24 小时监控病人的体温、血压、脉搏;下班了,只要用手机发出一个指令,家里的电饭煲就会自动加热做饭,空调开始运行。

毫无疑问，如果"物联网"时代来临，人们的日常生活将发生翻天覆地的变化。

1.4.5　云计算

继个人计算机、互联网的出现之后，云计算被看作第三次 IT 浪潮，未来的云计算将成为一项基础设施，它将给人们的生活、生产方式和商业模式带来根本性的改变，云计算目前已经成为全社会关注的热点。

云计算（cloud computing）是一种基于互联网的计算方式，通过这种方式可以将软硬件资源和信息按需求提供给用户计算机和其他设备。云计算是分布式计算、并行计算、效用计算、网络存储、虚拟化、负载均衡等传统计算机和网络技术发展融合的产物。

云计算由一系列可以动态升级的虚拟化资源组成，这些资源被所有云计算的用户共享并且可以被方便地通过网络访问，用户无须掌握云计算的技术，只需要按照个人或者团体的需要租赁云计算的资源即可使用。

云计算又分为公有云、私有云和混合云。

公有云由一些大型企业和机构拥有并运营，是其他组织或个人能够快速访问并负担得起的计算资源。利用公共云服务，用户无需购买硬件、软件或支持基础架构，因为这些资源都由供应商拥有和管理。

私有云由单一企业拥有并运营，用于控制各种业务线和下属机构定制和使用虚拟化资源和自动化服务的方式。私有云的存在是为了充分利用云的效率，同时提供更多的控制资源，并避免多租户现象的发生。

混合云融合了公有云和私有云，是近年来云计算的主要模式和发展方向。二者相比，私有云的安全性是超越公有云的，而公有云的计算资源之丰富又是私有云完全无法企及的。在这种各有优劣的情况下，混合云成为了兼顾二者优点的、更为完善的解决方案，它既拥有堪比私有云的安全性，能够将重要数据保存在本地数据中心，同时又像公有云那样具备丰富的计算资源，能够更高效快捷地完成工作，比单一的私有云或是公有云都更具优势。

1.4.6　区块链

从技术层面来看，区块链涉及数学、密码学、互联网和计算机编程等诸多科学技术问题。从应用视角来看，简单来说，区块链是一个分布式的共享账本和数据库，具有去中心化、开放性、独立性、安全性、匿名性等特点。

（1）去中心化。区块链技术不依赖额外的第三方管理机构或硬件设施，没有中心管制，除了自成一体的区块链本身，通过分布式核算和存储，各个结点实现了信息自我验证、传递和管理。去中心化是区块链最突出最本质的特征。

（2）开放性。区块链技术基础是开源的，除了交易各方的私有信息被加密外，区块链的数据对所有人开放，任何人都可以通过公开的接口查询区块链数据和开发相关应用，因此整个系统信息高度透明。

（3）独立性。基于协商一致的规范和协议（如比特币采用的哈希算法等各种数学算法），整个区块链系统不依赖其他第三方，所有结点均能够在系统内自动安全地验证和交换数据，不需要任何人为的干预。

（4）安全性。任何人只要不能掌控全部数据结点的51%，就无法肆意操控和修改网络数据，这使区块链本身变得相对安全，避免了主观人为的数据变更。

（5）匿名性。除非有法律规范要求，单从技术上来讲，各区块结点的身份信息不需要公开或得到验证，信息传递可以匿名进行。

这些特点保证了区块链的"诚实"与"透明"，为区块链创造信任奠定了基础。而区块链丰富的应用场景基本上都基于其能够解决信息不对称问题，实现多个主体之间的协作信任与一致行动而实现的。

1.4.7　元宇宙

元宇宙（metaverse）是整合多种新技术而产生的新型虚实相融的互联网应用和社会形态，它基于扩展现实技术提供的沉浸式体验，基于数字孪生技术生成现实世界的镜像，基于区块链技术搭建经济体系，将虚拟世界与现实世界在经济系统、社交系统、身份系统密切融合，并且允许每个用户进行内容生产和世界编辑。

元宇宙的概念可以从时空性、真实性、独立性和连接性4个方面去交叉定义。

从时空性来看，元宇宙是一个空间维度上虚拟而时间维度上真实的数字世界；从真实性来看，元宇宙中既有现实世界的数字化复制物，也有虚拟世界的创造物；从独立性来看，元宇宙是一个与外部真实世界既紧密相连，又高度独立的平行空间；从连接性来看，元宇宙是一个把网络、硬件终端和用户囊括进来的一个永续的、广覆盖的虚拟现实系统。

准确地说，元宇宙是扩展现实（extended reality，XR）、区块链、云计算、数字孪生等新技术的概念具化。元宇宙拥有五大特征与属性，即社会与空间属性，科技赋能的超越延伸，人、机与人工智能共创，真实感与现实映射性，交易与流通。

*1.5　网络操作系统

1.5.1　网络操作系统的基本概念

操作系统（operating system，OS）是管理计算机硬件与软件资源的计算机软件系统。在计算机中，操作系统是最基本也是最为重要的基础性系统软件。

自1946年世界上第一台电子计算机问世以来，以早期的批处理、分时运算等系统资源管理技术为基础，人们为传统的计算机操作系统附加了网络功能，使之在满足独力完成科学计算的同时能够管理网络连接、用户账户、远程的软硬件资源，并为远程用户提供登录网络、访问数据文件、运行软件应用、使用硬件设备等服务，以上过程最终发展出了网络操作系统(network operating system,NOS)这一概念。

网络操作系统与传统单机操作系统的区别在于其能够很好地支持网络适配器、网络协议、网络应用、网络用户管理、网络安全防护等基于联网的功能。随着网络分层模型的标准化、局域网中服务器/工作站模式在企业中的广泛应用、互联网及 TCP/IP 的高速发展,计算机系统的网络功能日益完善,至 20 世纪 70 年代末,相当多的计算机(主要是中型计算机、小型计算机、微型计算机、工作站)都已经联网化并采用了各式各样的网络操作系统。

20 世纪 80 年代初,IBM 推出了面向个人用户的个人计算机(personal computer,PC)。但早期 PC 使用的是微软公司为其开发的 DOS(Disk Operating System,DOS,即 MS-DOS)操作系统。该系统并不具备联网功能,更遑论基于网络的用户管理与资源管理能力。然而随着计算机技术的不断发展,越来越多的个人用户迫切需要个人计算机像传统的工作站一样具备强大的联网能力,于是微软公司在 1984 年发布的 MS-DOS 3.0 中首次预置了有限的局域网功能,使个人计算机在软件上能够支持联网的硬件设备,具备了有限的联网能力。MS-DOS 3.0 的发布代表着真正面向个人计算机的网络操作系统开始萌发。

1.5.2　Windows 操作系统

众所周知,Windows 起初并不是一种操作系统,其最初仅仅是 MS-DOS 操作系统上的一个软件程序,能够为用户提供了所见即所得的图形化界面,相比基于命令行的操作界面,Windows 为用户提供的图形交互界面相对而言更加友好,也更为便捷。

1992 年,微软公司发布了基于 MS-DOS 5.0 的 Windows 3.0,该软件的大获成功使得微软公司在次年进一步发行了首个真正意义上支持完整网络功能的"个人网络操作系统"——Windows for Workgroup 3.1,其具备了较为完整的联网功能,同时还支持包括工作组管理、网络用户管理、多用户的应用程序激活与调度,并能与其他多种网络操作系统所构建的局域网兼容,即便 Windows for Workgroup 3.1 及其后续的 Windows for Workgroup 3.11、Windows 3.2 仍然需要依附于 MS-DOS,但其已经与一款真正的网络操作系统极为趋近了。

两年后的 1995 年,微软公司发布了具有划时代意义的 Windows 95 操作系统,相比前代版本的 Windows 软件,Windows 95 真正脱离了 MS-DOS,是一款完全独立的操作系统,也是微软公司第一款完全基于图形界面的操作系统。在 Windows 95 中,微软公司除了在用户交互界面中首次引入了"开始"菜单,做出极大的创新之外,针对网络功能方面也引入了 NetWare 目录服务、个人 Web 服务器等功能。

1996 年,微软公司推出了 Windows 95 OSR2(OEM service release,设备制造商服务发行版)中首次捆绑安装了 IE(Internet Explorer)浏览器,以之作为 Windows 的核心组件,使 Windows 系统能够更好地为个人网络用户服务。

同年微软公司还推出了基于 Windows for Workgroup 3.11 改进而来的纯 32 位服务器操作系统 Windows NT 4.0,以和 Windows 95 相同的操作界面、更加高效和更具安全性的网络技术支持为用户提供高性能网络服务,这也是微软公司第一款真正的网络操作系统。

Windows 95 的后继者是 1998 年发布的 Windows 98,在网络技术飞速发展的时代,新的 Windows 98 操作系统除了完善 Windows 95 已有的功能外,还支持更多规格的网络适配器、网络协议和网络应用,支持在网络配置界面设置当前系统在网络中所使用的设备、协议、登录角色,如图 1-13 所示。

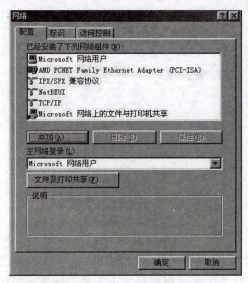

图 1-13　Windows 98 的网络配置界面

虽然在系统账户管理、服务器应用方面与 Windows NT 4.0 相比略有不足以外,但 Windows 98 已经相当接近于一个完整的网络操作系统,之后(1999 年)更新的发行版 Windows 98 SE(second edition,第二版)以及 2000 年发布的 Windows ME(Millennium Edition,千禧版)除了在用户界面上更加完善之外,分别集成了 IE 5.0 和 IE 5.5,使之在访问互联网方面更具优势。当然,这两款系统的发布同时也为混合 16 位和 32 位编码的个人 Windows 操作系统(即 Windows 9X,包括 Windows 95、Windows 98、Windows ME 这 3 款操作系统及其各发行版)画上了一个句号。

在 Windows ME 发布的 2000 年同年,微软公司还发布了 Windows NT 4.0 的更新版本——Windows 2000,从此开启了 Windows NT 系列全面取代 Windows 9X 的新时代,之后至今的历代 Windows 操作系统都具备了非常完整的网络操作系统特性,也正是从 Windows 2000 开始,网络操作系统被普及到了千家万户。

随后的 Windows XP、Windows Server 2003、Windows Vista、Windows Server 2008、Windows 7、Windows Server 2008 R2、Windows 8、Windows Server 2012、Windows 8.1、Windows Server 2012 R2、Windows 10、Windows Server 2016、Windows Server 2019、Windows 11、Windows Server 2022,一代又一代 Windows NT 内核的网络操作系统不断迭代更新,维持着对越来越先进的网络适配器、网络协议、网络应用的支持,提供着越来越完善的网络权限、网络账户管理等基于网络的服务功能。在拥有权限的情况下,用户可以

方便地通过 Windows 操作系统来管理企业中的 Windows 服务器群、借助服务器安装的 AD(Active Directory)管理企业众多的运行 Windows 专业版的计算机,管理这些计算机上的软件部署、软件配置、系统策略,如图 1-14 所示。

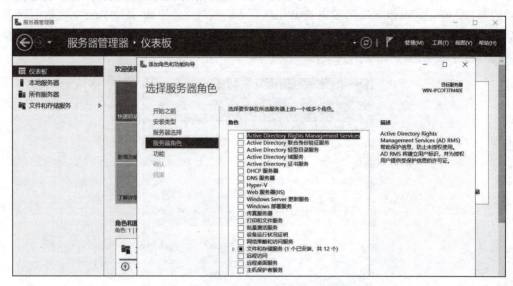

图 1-14　Windows Server 2019 的服务器管理器

　　历代 Windows 网络操作系统的推广及应用极大地降低了企业用户维护数以千计网络设备时的软件维护成本,并为企业用户提供了丰富的网络应用。例如,Windows NT 4.0 的文件和打印共享、映射远程磁盘分区等功能为企业局域网带来很多便利,伴随其 Option Pack 发布的 IIS(Internet Information Server)为用户提供了 WWW 服务器、ASP(active server pages,活动服务器页面,一种 Web 应用开发技术)运行环境,在当时的 Web 应用开发领域,尤其是针对企业 MIS(management information system,管理信息系统)的 Web 应用中占有重要地位;Windows Server 2003 改进的活动目录和组策略替代了 Windows NT 4.0 的域,大幅度简化了企业部署 Windows 操作系统和定制系统功能模块的过程,Windows Server 2003 还有很多细分发行版本(如 Web 版、标准版、企业版、数据中心版),这些发行版为不同类型的企业用户提供了个性化的服务;Windows Server 2008 R2 的 Hyper-V 是微软的一款虚拟化产品,也是为云计算技术中提供的虚拟主机方案之一,该技术类似 VMware ESXi,能够在单台服务器中虚拟若干个子系统并为这些系统灵活地分配硬件资源,为多用户、多应用提供网络服务;Windows Server 2012 R2 更是在软件虚拟化等方面取得了长足进步,能够以类似 VMware Horizon 的方式为云用户提供更加强大的虚拟桌面功能。

1.5.3　UNIX 操作系统

　　UNIX 操作系统是一款典型的网络操作系统,自诞生以来就被赋予了网络管理的重任。1970 年,美国电报电话公司(AT&T)的贝尔(Bell)实验室研制出了一种新的计算机操作系统,这就是 UNIX。UNIX 是一种分时操作系统,被主要用在大型机、超级小型机、精简指令集计算机(reduced instruction set computer,RISC)和高档微机上。

在整个 20 世纪 70 年代,UNIX 得到了广泛的普及和发展,许多生产厂家以 UNIX 作为其工作站产品的首选操作系统。至 20 世纪 90 年代中期,作为一种成熟、可靠、功能强大的操作系统平台,UNIX 以其对 TCP/IP 协议集的完善支持和所拥有的大量 Internet 应用著称,这一特性使得它在互联网高速发展、扩张时期成为很多系统工程师的首选。目前,常用的 UNIX 系统发行版主要有 Oracle Solaris、HP-UX、FreeBSD 等。另外,苹果公司的 macOS、iOS 也是由 UNIX 衍生而来的操作系统。

1.5.4　GNU/Linux 操作系统

Linux 全称 GNU/Linux,是一种典型的类 UNIX 操作系统,其内核由利努斯·贝内迪克特·托瓦尔兹(Linus Benedict Torvalds)于 1991 年 10 月首次发布,它主要受到 UNIX 思想的启发,并在 x86 计算机上编译实现了操作系统的内核部分。

Linux 是一个继承了 UNIX"以网络为核心"设计思想的多用户、多任务、支持多线程和多 CPU 的操作系统,由于其与 UNIX 一样都基于可移植操作系统接口(Portable Operating System Interface,POSIX,IEEE 定义的一系列标准化应用程序接口)而开发,所以众多的 UNIX 工具软件都能被方便地移植到 Linux。

由于 Linux 是开源的操作系统,所以任何人都可以获取其源代码,对其进行修改、编译乃至发行。在互联网中流传着无数 Linux 发行版,如社区主导开发的 Debian、Arch Linux,商业机构开发的 Red Hat Enterprise Linux、SUSE Linux、Oracle Linux 等。国产操作系统,如麒麟、统信、Deepin 等都与 Linux 有很多渊源。另外,安卓操作系统、鸿蒙操作系统也与 Linux 有着千丝万缕的联系。

课程思政:计算机网络在我国的发展

我国最早着手建设专用计算机广域网的是铁道部。铁道部在 1980 年即开始进行计算机联网实验。1989 年 11 月我国第一个公用分组交换网 CNPAC 建成运行。在 20 世纪 80 年代后期,公安、银行、军队以及其他一些部门也相继建立了各自的专用计算机广域网。这对迅速传递重要的数据信息起着重要的作用。另一方面,从 20 世纪 80 年代起,国内的许多单位相继组建了大量的局域网。局域网的价格便宜,其所有权和使用权都属于本单位,因此便于开发、管理和维护。我国局域网的发展很快,对各行各业的管理现代化和办公自动化起到了积极的作用。

这里应当特别提到的是 1994 年 4 月 20 日,我国用 64kb/s 专线正式连入国际互联网。从此,我国被正式承认为接入互联网的国家。同年 5 月中国科学院高能物理研究所设立了我国的第一个万维网服务器。同年 9 月中国公用计算机互联网 CHINANET 正式启动。到目前为止，我国陆续建造了基于互联网技术并能够和互联网互联的多个全国范围的公用计算机网络，其中规模最大的就是下面这五个。

（1）中国电信互联网 CHINANET（也就是原来的中国公用计算机互联网）。

（2）中国联通互联网 UNINET。

（3）中国移动互联网 CMNET。

（4）中国教育和科研计算机网 CERNET。

（5）中国科学技术网 CSTNET。

1996 年张朝阳创立了爱特信公司，两年后爱特信公司推出"搜狐"产品，公司更名为搜狐公司(sohu.com)。1997 年丁磊创立了网易公司(NetEase)，推出了中国第一家中文全文搜索引擎，并开发出超大容量免费邮箱（如 163 和 126 等）。1998 年王志东创立新浪网站(sina.com)，新浪的微博是全球使用最多的微博之一。1998 年马化腾、张志东创立了腾讯公司(Tencent)，1999 年腾讯推出了 PC 上的 QQ，现在已成为一款集话音、短信、文章、音乐、图片和视频于一体的网络沟通交流工具。2011 年腾讯推出了专门供智能手机使用的即时通信软件"微信"(WebChat)，安装微信的智能手机已从简单的社交工具演变成一个具有支付能力的综合智能终端。2000 年，李彦宏和徐勇创建了百度网站，百度现在已成为全球最大的中文搜索引擎。1999 年马云创建了阿里巴巴网站(Alibaba.com)，这是一个企业对企业的网上贸易市场平台，后续阿里系推出了淘宝、天猫、第三方支付平台支付宝(Alipay.com)等。1999 年 11 月李国庆创立的当当网主要经营网上图书，后来逐步发展为综合性网上商城。1998 年 6 月刘强东成立京东公司，2007 年 6 月京东多媒体网正式更名为京东商城。

据 CNNIC 的中国互联网络发展状况统计报告，截至 2020 年 6 月，我国网民规模达 9.40 亿、手机网民规模达 9.32 亿、农村网民规模为 2.85 亿。我国网民使用手机上网的比例达 99.2%、使用电视上网的比例为 28.6%、使用个人计算机上网、笔记本计算机上网、平板电脑上网的比例分别为 37.3%、31.8% 和 27.5%，移动互联网发展极为迅速，上网形式也日渐丰富多样。我国即时通信用户规模达 9.31 亿、搜索引擎用户规模达 7.66 亿、网络购物用户规模达 7.49 亿、网络支付用户规模达 8.05 亿、网络视频（含短视频）用户规模达 8.88 亿、网络直播用户规模达 5.62 亿、在线教育用户规模达 3.81 亿、在线医疗用户规模达 2.76 亿、远程办公用户规模达 1.99 亿。党的十八大以来，在习近平总书记关于网络强国的重要思想引领下，我国的互联网基础建设、互联网应用和互联网政务发展等均取得了历史性成就，为我国精准有效应对"新冠"肺炎疫情、保障人民生产生活起到了关键作用。新冠肺炎疫情期间，国家互联网基础资源管理机构快速反应、积极应对，全力保障互联网基础资源系统平稳运行。国家政务服务平台建设了"防疫健康信息码"，汇聚并支撑各地共享"健康码"数据 6.23 亿条，累计服务达 6 亿人次，支撑全国绝大部分地区"健康码"实现"一码通行"，助力疫情精准防控。网络新闻与社交平台、搜索引擎等互联网应用形成有效联动，团结鼓舞全国人民，共同打好抗疫人民战争。

习题

一、选择题

1. 下列设备属于资源子网的是（　　）。
   A. 计算机软件　　B. 网桥　　C. 交换机　　D. 路由器
2. Internet 最早起源于（　　）。
   A. ARPAnet　　B. 以太网　　C. NSFnet　　D. 环状网
3. 覆盖一座大楼内的计算机网络系统属于（　　）。
   A. 局域网　　B. 城域网　　C. 网际网　　D. 广域网
4. 将多台计算机连在一个中心结点（如集线器）上，所有的计算机之间通信必须通过中心结点，这种结构的网络属于（　　）拓扑结构。
   A. 星形结构　　B. 网状结构　　C. 总线结构　　D. 树形结构
5. 计算机网络中可共享的资源包括（　　）。
   A. 硬件、软件、数据和通信信道　　B. 主机、外设和通信信道
   C. 硬件、软件和数据　　D. 主机、外设、数据和通信信道

二、填空题

1. 计算机网络技术是_____技术和_____技术的结合。
2. 从资源共享的角度来定义，计算机网络指的是利用_____将不同地理位置的多个独立的_____连接起来以实现资源共享的系统。
3. 从逻辑功能上讲，计算机网络可以分成_____和_____两部分。
4. _____网络从技术上奠定了现代计算机网络的基础，该网络也是 Internet 的前身。

三、简答题

1. 简述计算机网络的定义并解释其含义。
2. 简述计算机网络的发展过程及其每个阶段的特点。
3. 局域网、城域网与广域网的主要特征分别是什么？
4. 计算机网络的功能主要有哪些？请根据自己的兴趣和需求，举出几种应用实例。
5. 网络拓扑结构有哪些类型？各有什么特点？
6. 目前有哪些流行的网络操作系统？

第 2 章　网络体系结构与数据通信基础

计算机网络是一个复杂的系统,为了使复杂的系统容易实现,人们采用了分层设计的思想,从而创造了网络体系结构的概念。计算机网络要完成两大任务,一是处理数据,二是实现通信,通信是联网的基础,数据处理是联网的目的。本章学习网络协议和网络体系结构的基本概念,学习数据通信的基础知识,通过本章学习,读者可以了解计算机网络的简单工作原理,了解各种通信技术的简单原理。

2.1　计算机网络的体系结构

为了方便网络产品的开发,使网络软件、硬件的生产有标准可以遵循,使网络产品具有通用性,各大计算机软硬件公司分别制定了自己的网络标准。由于计算机网络是一个复杂的系统,网络上的两台计算机通信时要完成很多工作,为了使复杂的工作变得简单化,方便网络产品的制造,计算机网络中采用了分层的设计方法,即将网络通信过程中完成的功能分解到不同的层次上,每个层次都制定相应的标准,这种分层标准的集合叫网络体系结构。本节将介绍网络体系结构相关知识。

2.1.1　网络协议

在计算机网络中,有各种各样的计算机系统,有大型机、中型机、小型机和微型机,计算机上运行的软件也各不相同,网络中还有各种各样的通信设备,总之,网络中的各种设备存在很大差异。要把这些有差异的设备连接在一个网络中,彼此必要相互通信,而且要求接收方能够正确地理解发送方所发送信息的含义,因此就需要制定网络中各种计算机和通信设备通信时共同遵守的规则或约定,这种规则或约定就是网络协议。

网络协议作为一种规则一般要约定 3 个方面的内容,我们称之为网络协议三要素,即语义、语义和时序。

(1) 语义。指在数据传输中所需要加入的控制信息。在网络通信中,传输的内容不仅仅是数据本身,为了控制数据准确无误地送达接收端,还要加入许多控制信息,如地址信息、差错控制信息、同步信息等,那么,在一个协议中,究竟需要加入哪些控制信息?接收方收到这些信息后作何应答？这是语义要约定的内容。

以高级数据链路控制（high-level data link control，HDLC）协议为例，data 是要传输的数据，为了保证数据正确送达目的端，还要加入地址信息（address）、差错控制信息（FCSS）和同步信息（flag）等，如图 2-1 所示。

图 2-1　HDLC 协议的格式

（2）语法。指传输数据的格式，网络通信中传输的既有数据又有控制信息，那么，这些数据和控制信息需要被组装成什么样的格式？这是语法要约定的内容。例如，HDLC 协议的格式也如图 2-1 所示。

（3）时序。指数据传输的次序或步骤，约定数据传输时先做什么，后做什么。例如，在 HDLC 协议中约定在通信之前要先建立一个连接，并约定通信方式，然后传输数据，数据传输完毕再终止连接。

2.1.2　网络体系结构

如前所述，网络通信过程非常复杂，涉及计算机技术和通信技术的多个方面，这些复杂的通信功能靠一个或两个协议实现是不可能的。为了使复杂问题简单化，人们采用了将复杂问题分解为简单问题的方法，将网络完成的任务分解成一个个小的子任务，然后针对每个子任务分别制定相应的协议，在网络术语中这样一种分解任务的方法叫分层。

网络分层后，各层之间是有密切联系的，下层要为上层提供服务，上层的任务必须建立在下层服务的基础之上。层与层之间要设置接口，用于相邻层之间的通信。

分层结构并不是网络的独创，是人们解决一切复杂问题的普遍方法。以学习为例，要让学生学习高等数学，但学习高等数学需要有数学基础，不能直接给幼儿园的小朋友讲授高等数学。为了让学生能够学会高等数学，需要将学习分成小学阶段、中学阶段和大学阶段，小学又可分成一到六年级，一年级解决加减运算问题，二年级解决乘除运算等，低年级的知识为高年级服务，高年级的学习要建立在掌握好低年级知识的基础之上。

人们把网络的这种分层结构以及各层协议的集合称为网络体系结构。网络体系结构对网络应该实现的功能进行了精确定义，对数据在网络中的传输过程做了全面的描述，通信双方必须具有相同的网络体系结构才能够进行通信。当然，网络体系结构只是对网络各层功能的描述，是抽象的，要实现这些功能还需要开发具体的软件和硬件。从实际情况看，低层协议主要靠硬件实现，高层协议主要靠软件实现。

下面将以便于理解的邮政系统为例，说明网络体系结构的概念。

现代邮政系统也是一个复杂的系统，一封信从发信人手中最终送到收信人手中要通过邮政网络经过复杂的传输过程，需要许多人共同努力、协同工作才能实现。为了将复杂的问题简单化，需要将邮政系统分层，让参与信件传递的每一个人都分担一定的明确工作。邮政系统的网络体系结构如图 2-2 所示。通信者这一层要完成的任务是负责写信和理解信件的内容,正确地书写信封并投递到信箱,而信封的格式约定、投递的地点等就是这一层的协议;邮递员这一层的主要任务是将用户发送的邮件送到邮局,或将邮局的邮件送到接收者的信箱,取信送信的地点和需要履行的手续可以看成是这层协议的内容;邮局这一层的任务是负责检查邮件的差错(地址错误、邮资不足等),对邮件分拣、打包等,检错依据的标准、分拣依据的规则以及操作流程等可以看成是这一层的协议内容;最后是运输部门的运输活动,其任务就是根据目的地址运送邮件。

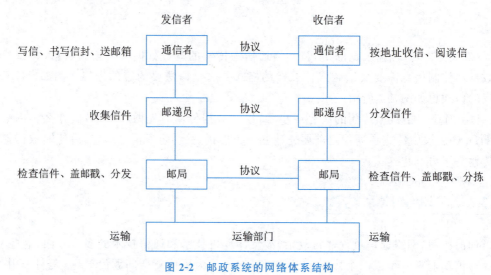

图 2-2　邮政系统的网络体系结构

2.1.3　OSI 参考模型

1. OSI 参考模型

网络技术经过近 20 年的发展,各大计算机厂商都意识到网络标准的重要性,到了 20 世纪 70 年代,各大计算机厂商都制定了自己的网络体系结构。1974 年,IBM 公司宣布了它研制的网络体系结构 SNA;不久后,DEC 公司也宣布了自己的网络体系结构 DNA,其他公司也相继研制了自己的网络体系结构。网络体系结构不同意味着网络标准的不同,在一个网络中只能使用一个厂商的网络产品,不同厂商的网络产品之间不能相互兼容,使用不同厂商的产品组建的网络不能互相连通,从用户角度来看,一旦用户购买了某个公司的网络产品组建网络,那么他以后只能依赖于这个公司,自身的利益无法得到保障。如果这样的局面不能得到改变,在这个世界上就会出现很多信息网络的孤岛,这既不符合全球用户的需求,也不利于网络技术自身的发展。

在这种背景下,国际标准化组织(ISO)于 1977 年成立一个专门的机构(SC16 委员会)研究如何将网络标准统一起来,使不同体系结构的计算机网络之间能够实现互联。这个委员会在现有网络体系结构的基础上,制定了开放系统互联参考模型(简称 OSI 参考模型)。这里开放系统的含义是:如果你的系统是符合 OSI 标准的,那么你的系统就是开放的,你的系统就可以与其他开放的系统实现互联。OSI 只是一个概念性的框架,不是一个具体的标准,它只是描述了开放系统的层次结构,对各层功能做了精确的定义,但是它没有涉及各层协议实现的技术细节。

OSI 参考模型将网络分成 7 个层次,如图 2-3 所示。

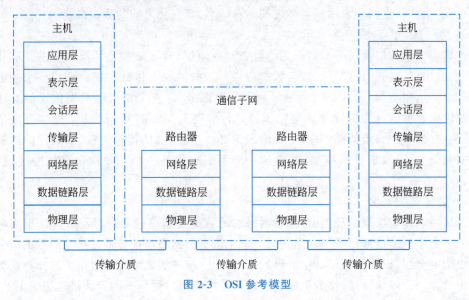

图 2-3　OSI 参考模型

在这个 7 层模型中,低 3 层(1~3 层)面向通信子网,主要解决通信问题,负责网络中的数据传输,与通信设备有关;高 3 层(5~7 层)面向资源子网,主要解决数据处理问题,负责使接收方理解发送方发送数据的含义,与通信设备无关;传输层(第 4 层)是通信子网与资源子网的接口层,用于保证数据正确送达。

在计算机网络中只有主机既要进行通信处理又要进行数据处理,需要有 7 层结构,对通信网和通信设备而言,由于它们的作用是正确地传输信号,不需要对信号进行理解,所以,只需要有低 3 层(1~3 层)结构就可以了。

2. 各层的作用

1) 第 7 层:应用层

应用层是 OSI 模型中最靠近用户的一层,它通过用户应用程序接口为用户应用程序提供服务,使用户通过网络应用程序将对网络的服务请求送到网络中来,应用层识别并证实目的通信方的可用性,使协同工作的应用程序之间能够同步,建立传输错误纠正和数据完整性控制机制。

2) 第 6 层:表示层

表示层为应用层提供服务,其可保证一个系统应用层发出的信息能被另一个系统的应用层读出。如果发送方和接收方数据表示格式不一致,表示层将使用一种通用的数据表示格式在多种数据表示格式之间进行转换。数据加密与解密、压缩与解压等也属于表示层的功能。

3) 第 5 层：会话层

会话层为表示层提供服务，在传输连接的基础上具体实施通信双方应用程序的会话，其包括会话建立、会话管理和终止的机制。这种会话是由两个或多个表示层实体之间的对话构成，会话层也同步表示层实体之间的对话，管理它们之间的数据交换。

4) 第 4 层：传输层

传输层为会话层提供可靠数据传输服务。应用层、表示层和会话层关心的是应用程序，而传输层以下的 4 层则将处理与数据传输相关的问题。传输层把会话层传来的数据分段并组装成数据流，为数据的传输提供可靠的服务，并对上层屏蔽数据传输的具体细节。网络中数据的可靠传输是如何完成的是传输层最关心的问题。为了提供可靠的服务，传输层提供建立、维护端到端（一个主机到另一个主机）的传输连接、端到端的传输差错校验与恢复，以及信息流控制（防止从一个系统到另外一个系统的数据传输过载）等机制。

5) 第 3 层：网络层

网络层为传输层提供分组（分组是网络层的数据传输单位）传输服务，保证报文分组能够从一个主机通过通信子网送达到另一个主机上。网络层把传输层送来的数据流分割成一个个的分组，根据分组要送达的目的主机地址（网络层地址），通过路由选择算法为每个分组选择一个最佳路径，使分组能够沿着这条路径通过通信子网到达接收端的主机，并处理网络中可能出现的拥塞（由于通信量大而引起的网络拥堵、死锁等）问题。

6) 第 2 层：数据链路层

数据链路层在物理层连接的基础上，为网络层提供通信子网中两个相邻的通信结点间的可靠的帧（帧是数据链路层的传输单位）传输服务。物理层负责在相邻结点间传输数据，数据链路层要对传输的数据以帧为单位检查错误，如果出现错误则要求发送端重发。数据链路层还要根据物理地址寻找下一个通信结点，另外数据链路层还要处理相邻结点间的流量控制（由于发送端发送速度快接收端来不及接收）问题。

7) 第 1 层：物理层

物理层为数据链路层提供数据传输服务，确保数据在通信子网中从一个结点传输到另一个结点上，为了确保数据传输，其要求在相邻结点间应该具有相同的传输介质接口。物理层协议主要定义传输介质接口电气的、机械的、过程的和功能的特性，包括接口的形状、传输信号电压的高低、数据传输速率、最大传输距离、引脚的功能、动作的次序等。

3. 数据在 OSI 参考模型中的流动过程

数据在 OSI 参考模型中的传输过程如图 2-4 所示。假设主机 A 通过网络与主机 B 通信，在发送端（包括①③⑤端）数据从高层依次向低层传输，每经过一层都根据该层协议加入相应的控制信息，说明该层数据如何传输，在接收端（包括②④⑥端），数据从低层向高层传输，每经过一层，都执行该层的通信约定（协议），然后去掉控制信息。数据在网络中的传输过程好比是一个用户 A 给另一个用户 B 写了一封信，在通过网络传输时，发送端每经过一层就套上一层信封，在接收端，每经过一层就拆掉一层信封，信封的作用是控制信息的传输，确保最终用户 B 能够收到用户 A 发送的信息。

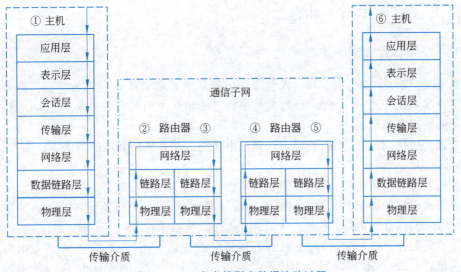

图 2-4　OSI 参考模型中数据流动过程

4. 对 OSI 参考模型的评价

OSI 参考模型是各国通信组织、各企业博弈的结果,在制定 OSI 参考模型时,要兼顾现有网络拥有者的利益,因此,OSI 是妥协的产物。这个模型推出后,受到广泛的批评,人们批评它层次分得太多,有的层次任务过重,有的层次几乎无事可做。该模型事实上也没有受到企业界的支持,但是,这个模型对网络功能和网络中的数据流程做了完整精确的描述,因此在理论上具有指导意义。

真正将不同网络互联起来的是 TCP/IP 体系结构,该体系结构是一个具体的标准,它不仅规定了网络划分的层次,而且使每层都有具体的协议标准,加之 TCP/IP 采用了技术开放的策略,受到企业界的广泛支持,经过几十年的发展,TCP/IP 已经成为事实上的工业标准。

2.2　数据通信基础知识

通信是人与人之间通过某种媒体进行的信息交流与传递。从广义上说,无论采用何种方法、使用何种媒质,只要将信息从一地传送到另一地,均可称之为通信,而数据通信是通信技术和计算机技术相结合而产生的一种新的通信方式。要在两地计算机间传输信息必须有传输信道,根据传输媒体的不同,有有线数据通信与无线数据通信之分。但它们都是通过传输信道将数据终端与计算机连接起来,从而使不同地点的计算机实现软硬件和信息资源的共享。本节将介绍数据通信基础知识。

2.2.1 信息、数据与信号

1. 信息、数据、信号及其关系

信息是信息论中的一个术语,人们常常把消息中有意义的内容称为信息。信息是人们对客观事物的变化和特征的反映,又是事物之间相互作用和联系的表征,是人类认识客观事物的前提和基础。

在计算机中,数据是指能够输入计算机中并能为计算机所处理的数字、文字、字符、声音、图片、图像、活动影像等。

数据与信息关系密切,信息要靠数据来承载,生活中数字、文字、声音、图片、活动影像都可以用来表示各种信息,反过来说,孤立的数据没有意义,而一组有相互关系的数据可以表达特定的信息。例如,39是一个普通的数据,单独地说39没有任何意义,但当将它与其他特定数据联系起来的时候,就会表达特定的信息。例如,人的体温39℃给出的信息是发烧,天气的气温是39℃给出的信息是热,在满分为100的考试中39分给出的信息是成绩不好、不及格等。数据通信的目的是交换信息,而数据是信息的载体,因此数据通信就是交换数据、交换信息。

在数据通信中,要表示信息、传播信息必须用物理量表示数据,人们把表示数据的物理量叫信号,例如,在计算机中人们用电压的高低表示二进制数1和0。只有把数据表示成信号,才能够对数据或信息进行处理和传输。

2. 模拟信号与数字信号

用于表示数据的信号有两种类型,一种是模拟信号,一种是数字信号。模拟信号是随时间连续变化的、用随时间连续变化的物理量表示的实际数据,例如,在电话网中用于传输语音的信号。数字信号是随时间离散的、跳变的,例如,在计算机中用两种不同的电平去表示数字0和1,再用不同的0、1比特序列组合表示不同的数据。

模拟信号和数字信号的波形如图2-5所示。

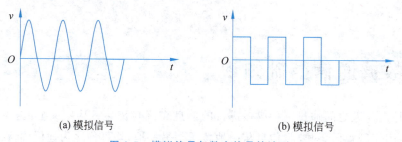

(a) 模拟信号　　　　　　　　　　(b) 模拟信号

图2-5　模拟信号与数字信号的波形

2.2.2 数据通信系统

数据通信是指在不同计算机之间传送表示字母、数字、符号的二进制0、1比特序列的模拟或数字信号的过程。按照在传输介质上传输的信号类型,可将通信系统分为模拟通信系统与数字通信系统两种,如图 2-6 所示。

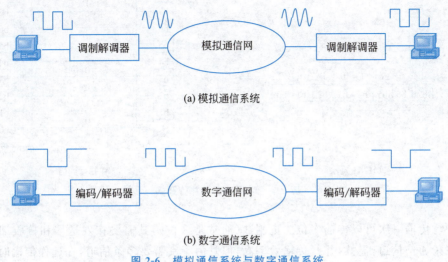

图 2-6 模拟通信系统与数字通信系统

1. 模拟通信系统

如果通信子网只允许传输模拟信号,这样的通信系统就是模拟通信系统。由于现代计算机都用数字信号表示数据,所以如果用模拟通信系统传输则需要在发送端将数字信号转换成模拟信号,在接收端再将模拟信号转换成数字信号。实现模拟信号与数字信号变换的设备叫调制解调器,将模拟信号转换成数字信号的过程叫调制,将数字信号转换成模拟信号的过程叫解调。模拟通信系统如图 2-6(a)所示。

2. 数字通信系统

如果通信子网允许传输数字信号,这样的通信系统就是数字通信系统。尽管计算机中的信号也是数字信号,但是为了改善通信质量,在发送端需要对计算机中传输的原始数字信号进行变换,这个过程称为编码,在接收端需要进行反变换,这个过程称为解码。数字通信系统如图 2-6(b)所示。

*2.2.3 数据通信方式

1. 串行通信与并行通信

按照数据通信时瞬间数据传输的位数可以将其分为两种类型:串行传输与并行传输。串行传输时一次传输一位二进制数,在发送端和接收端之间只需要一条通信信道,但是由于计算机内部采用的是并行传输方式,所以在发送端要将并行传输的字符按照由低位到高位的顺序依次发送,在接收端再将收到的二进制序列转换成字符。串行通信如图 2-7(a)所示。

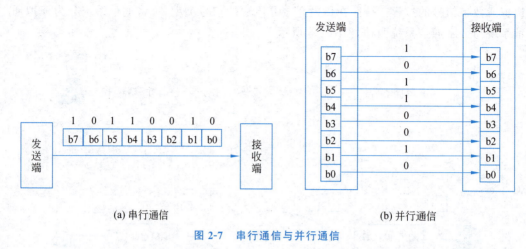

(a) 串行通信　　　　　　　　　　　(b) 并行通信

图 2-7　串行通信与并行通信

并行传输一次可以传输多位二进制数(通常是8位),其需要在发送端和接收端之间建立多条通信信道,显然,并行传输效率高,但是由于其需要多条信道,在远程传输时造价高,所以实际应用中不如串行通信方式普遍。并行通信如图2-7(b)所示。

2. 数据通信的交互方式

数据通信的交互方式有三种,即单工、半双工和全双工。

1) 单工数据通信

在单工模式下,两个通信结点在同一时刻只能在一个方向进行数据传输,一端为发送方,只能发送数据,另一端为接收方,只能接收数据,但是双方可以传输一些控制信息。单工通信的典型例子如无线寻呼机(BP机),无线寻呼系统是一种没有话音的单向广播式通信系统,它会将主叫用户发送的信息传输到被叫寻呼机上,但被叫用户不能利用寻呼机发送信息。单工通信如图2-8(a)所示。

2) 半双工数据通信

半双工数据通信允许数据在两个方向上传输,但是,在某一时刻,只允许数据在一个方向上传输,一端发送数据时另一端只能处于接收状态,它实际上是一种由开关控制的单工通信。半双工设备既有发送器,也有接收器,典型例子如步话机,该设备在任何时刻都只能由一方说话,通信方向由开关控制。半双工通信如图2-8(b)所示。

3) 全双工数据通信

全双工数据通信允许数据同时在两个方向上传输,因此,它是两个单工通信方式的结合。全双工设备既有发送器,也有接收器,两台设备可以同时在两个方向上传送数据,其典型例子是电话,通信双方可同时说话。全双工通信如图2-8(c)所示。

3. 同步问题

在数据通信中,要想让接收方能够正确地识别发送方发送的数据,就要求通信双方的设备在时间基准上保持一致,这就是同步问题。说得直白一些,所谓同步就是让接收方知

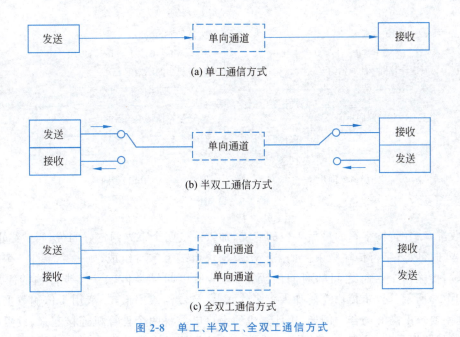

图 2-8 单工、半双工、全双工通信方式

道发送方发送的数据从什么时刻开始到什么时刻结束的技术。

在日常生活中人们也常常遇到"同步"问题,例如,当人们用电话进行交流时,通信双方往往用"喂"或"您好"开头,实际上"喂"或"您好"不仅仅是习惯的口头语或问候语,从通信角度讲,其有两个含义,一个是确认通话对象已经准备好(同步),准备开始讲话(传输数据),另一个含义是确定通话对象的身份。当讲话结束时,双方往往用"再见"等作为结束语,这里的"您好""再见"就是人们电话通话时的同步信息。

在数据通信中,传输的是二进制的数据,在传输过程中需要解决两个层次上的同步问题,一个是如何让接收方识别出数据从何时开始,到何时结束,一个比特电平持续多长时间,这叫位同步;另一层次是让接收方识别出传输的数据块的开始和结束,这叫字符同步。

1) 位同步

实现位同步的方法有两种,即外同步法和自带同步法。

外同步法是在发送正常数据的同时另发一路同步时钟信号,如图2-9(a)所示,用同步时钟信号去调整和校正接收方的时间基准与时钟频率,这种方法叫外同步法。外同步法原理简单,但需要增加一条数据信道,导致设备复杂、成本提高。

自带同步法是在发送数据的同时,通过编码技术让传输的数据中嵌入同步信息,这种方法也叫自同步法,如图 2-9(b)所示。自同步法不需要增加数据信道,容易实现,在数据通信中已得到广泛使用,在 2.3.2 节中介绍的曼彻斯特编码和差分曼彻斯特编码都是自带同步的编码方案。

2) 字符同步

实现字符同步的方法也有两种,即异步传输和同步传输。

异步传输是以字符为单位的数据传输,一个字符通常包括 4~8 位,在传输字符的第 1 位前,加入一个事先约定好的位,叫起始位,它用来告知接收方传输开始了,让接收方做

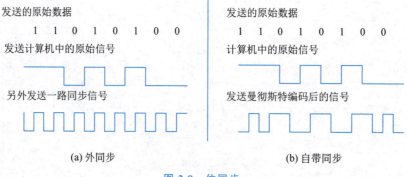

(a) 外同步　　　　　　　　　　(b) 自带同步

图 2-9　位同步

好接收准备；在传输字符的最后 1 位的后面，加入一或两个事先约定好的位，叫做终止位，用于告知接收方字符传输结束。如果一个数据块由多个字符组成，则一个字符一个字符的传输，传输两个字符之间的时间间隔不固定，所以叫异步传输。异步传输的原理如图 2-10(a)所示。异步传输需要加入较多的冗余位，传输效率低，一般用于传输数据量不大、速率要求不高的场合。例如，用计算机的串口电缆将两个计算机连接起来，设置好一次传输的数据位数，约定好起始位、终止位及校验位的通信方式就属于异步传输。

同步传输是多个字符组成一个数据块一起传输，在数据块的开头和结尾分别加上用于同步控制的专用字符，如 SYN 或特定的位串如 01111110，每个数据块内不再加附加位，接收方根据同步字符确定数据块的开始和结束。同步传输冗余位少，传输效率高，在高速数据传输中已得到广泛使用。同步传输如图 2-10(b)所示。

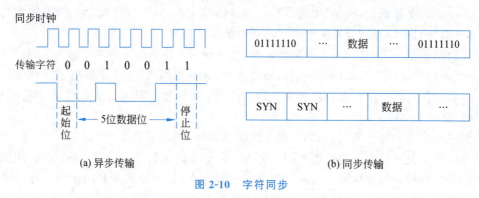

(a) 异步传输　　　　　　　　　　(b) 同步传输

图 2-10　字符同步

2.2.4　数据通信指标

衡量通信系统的性能指标主要有数据传输速率、带宽、信道容量、误码率等。

1. 数据传输速率

数据传输速率是描述数据传输系统的重要技术指标之一，它定义为每秒传输的位数。

$$R = 1/T \text{(b/s)}$$

式中，R 为数据传输速率，T 为脉冲宽度(一个 bit 的持续时间)。

例如，在信道上发送一个 bit 的时间是 0.104ms，则传输速率为 9600b/s。

常用的数据传输速率单位有：kb/s、Mb/s、Gb/s 与 Tb/s。

其中：$1\text{kb/s} = 1 \times 10^3 \text{b/s}$

$1\text{Mb/s} = 1 \times 10^6 \text{b/s}$

$1\text{Gb/s} = 1 \times 10^9 \text{b/s}$

$1\text{Tb/s} = 1 \times 10^{12} \text{b/s}$

2. 码元速率 C

码元速率又称调制速率、信号传输速率、波特率、传码率等，是指调制或信号变换过程中，每秒波形转换次数或每秒传输波形(信号)的个数，它的定义如下。

$$C = 1/t \text{(baud)}$$

式中，C 为码元速率，t 为传输一个码元所需时间，单位为波特(baud)。

码元可以被看成是一个数字脉冲，数据传输时，一个码元携带的信息量可以是不同的。如果用一个码元代表一位二进制数，则其有两种状态，此时可以认为一个码元可取 2 个离散值(0,1)，这种调制叫作两相调制；如果让一个码元携带多位二进制数信息，则其叫作多项调制。例如，让一个码元携带两位二进制数信息，两位二进制数有 4 种组合(00，01，10，11)，所以一个码元有 4 种状态，或可取 4 个离散值，如果让一个码元携带 3 位二进制数信息，那么 3 位二进制数就有 8 种组合(000,001,……,111)，所以一个码元就有 8 种状态，可以取 8 个离散值。

3. 码元速率与数据传输速率的关系

码元速率 C 与数据传输速率 R 之间的关系可作如下表示。

$$R = C * \log_2 M \text{(b/s)}$$

式中，M 为码元所取的离散值的个数，一个码元取 0、1 两个离散值时($M=2$)时，$R=C$，这时数据传输速率与码元速率相等；一个码元可以取 00、01、10、11 四个离散值时，$M=4$，$R=2C$，数据传输速率是码元速率的两倍。照此类推，若码元速率不变，当一个码元可取的离散值增加时，数据传输速率可以成倍地提高，但是随着 M 值的提高，信道噪声也会增加，这同时又会抑制传输速率的增加，所以 M 值要受到限制。

4. 信道的带宽

带宽是信道允许传送的信号的最高频率与最低频率之差，其单位为赫兹(Hz)，但是在许多场合人们把带宽的单位也看成是 b/s(bit/s)，可以这样理解：每传输一位数据需要耗用一个 Hz 的带宽。

带宽用于衡量一个信道的数据传输能力，其与数据传输速率呈正比，在其他条件不变的情况下，带宽越大，数据传输速率越高。正因为如此，人们有时对速率和带宽不加区分，将带宽看成是速率的代名词。带宽还可以表达信道允许通过的信号的频率范围，当信号中有效的频谱分布范围超过信道带宽时，将产生失真。

5. 信道的最大数据传输率（信道容量）

信道容量是理想情况下（即没有传输损耗，没有噪声干扰的情况下）信道的最大数据传输速率。奈奎斯特（Nyquist）在研究了信道带宽对传输速率的影响后提出了奈奎斯特定理。

$$C = 2B(\text{baud})$$

式中，B 为信道带宽，C 为码元速率。

换算成数据传输速率如下。

$$R_{\max} = 2B\log_2 M$$

奈奎斯特定理为估算已知带宽信道的最高数据传输速率提供了依据。例如，普通电话线路的带宽约为 3.1kHz，当 $M=2$ 时，根据上式计算的信道最大数据传输速率如下。

$$R_{\max} = 2 \times 3100 \times \log_2 2 = 6200(\text{b/s})$$

6. 非理想信道与香农（Shannon）公式

理想信道是不存在的，实际的信道上总会存在损耗、延迟和噪声，香农在研究了噪声对信道数据传输能力的影响后提出了在考虑噪声干扰的情况下数据传输速率的计算公式，即香农公式。

$$R = B\log_2(1 + S/N)$$

式中，R 为数据传输速率；B 为信道带宽；S/N 为信号功率与噪声功率之比，简称信噪比。

在实际应用中，信噪比可以测量得出，其单位为分贝（dB），S/N 与 dB 的换算关系如下。

$$1\text{dB} = 10\log_{10} S/N$$

所以在应用香农公式时，常常需要根据测得的 dB 求出信噪比，再根据香农公式计算数据传输速率。

例如，已知信道带宽为 3.1kHz，信噪比为 30dB，则数据传输速率按以下步骤求出。

（1）先计算 S/N。

根据 $30(\text{dB}) = 10\log_{10} S/N$，可得：$S/N = 1000$。

（2）再代入香农公式：$R = 3100 \times \log_2(1 + 1000)$，约得 31kb/s，即该信道的数据传输速率不会大于 31kb/s。

7. 误码率

误码率用于衡量信道出错率，其定义如下。

$$P_e = N_e/N$$

式中，P_e 代表误码率；N_e 代表传输过程中出现错误的位数；N 代表传输总的位数。

2.2.5 数制概述

数制也被称为"计数制"，是用一组固定的符号和统一的规则来表示数值的方法。任何一个数制都包含两个基本要素,即基数和位权。所谓基数是指数制所使用数码的个数,例如,二进制数为2,十进制数为10。所谓位权是指数制中某一位上的1所表示的数值大小,例如,十进制的数字123,其中1的位权是100。

除了基本要素外,构成数制的要素还包括数码和计数规则。所谓数码是指数制中表示基本数值大小的不同数字符号,以计算机运算时使用的二进制为例,其基数为2,数码则包括0和1两种。计数规则顾名思义是数制计数所使用的规则,例如,十进制数的计数规则就是"逢十进一"。

很多人在学习计算机和数制时都会有个疑问,既然在计算机中使用的是二进制,那为什么还要使用八进制、十进制和十六进制呢?其实计算机本身只能使用二进制进行计算,之所以还需要其他几种数制,完全是因为人类习惯于使用这些数制来解决问题,或是出于精简信息的需求所致。前者如很多计算器程序那样,用户输入十进制数字,计算机将之转换为二进制数进行计算,然后再将结果转换为十进制数显示出来,以迎合人类的使用习惯;后者如计算机在输入和输出如IPv6地址之类的数据时,需要将由128位二进制数字组成的IPv6地址值压缩为十六进制的32位数字,以此精简信息。

常用的二进制、八进制、十进制和十六进制等数制的基本特点如表2-1所示。在该表中,"表示方式"的作用是通过特殊的符号标记来区分不同的数制,例如,"1B"或"1_2"指二进制的1(等于十进制数字1),"$3A_{16}$"指十六进制的3A(等于十进制数字58)。

表2-1 4种数制的基本特点比较

数　　制	基数(数码个数)	数　　码	表　示　方　式
二进制	2	0、1	数后面加B或下标2
八进制	8	0、1、2、3、4、5、6、7	数后面加O、Q或下标8
十进制	10	0、1、2、3、4、5、6、7、8、9	数后面加D或下标10,也可以不加
十六进制	16	0、1、2、3、4、5、6、7、8、9、A、B、C、D、E、F	数后面加H或下标16

计算机网络技术课程经常会涉及不同数制之间的换算,掌握这些数制之间的换算方法对计算机相关技术人员而言十分重要,了解不同数制数字之间的对应关系也是如此,如表2-2所示。

表2-2 不同数制数字之间的对应关系

二进制数	对应的十进制数	对应的八进制数	对应的十六进制数
0000	0	0	0
0001	1	1	1
0010	2	2	2
0011	3	3	3
0100	4	4	4
0101	5	5	5

续表

二进制数	对应的十进制数	对应的八进制数	对应的十六进制数
0110	6	6	6
0111	7	7	7
1000	8	10	8
1001	9	11	9
1010	10	12	A
1011	11	13	B
1100	12	14	C
1101	13	15	D
1110	14	16	E
1111	15	17	F

*2.3 数据编码技术

在 2.2.2 节已经讲到数据通信系统有两种，一种是模拟通信系统，一种是数字通信系统。在现代计算机中主要用数字信号表示数据，计算机中的数字信号在模拟通信系统中传输时，在发送端需要进行数字信号到模拟信号的变换，即为调制；在接收端需要将模拟信号变换成数字信号，即为解调。计算机中的数字信号在数字通信系统中传输时，为了改善传输特性、减少直流分量，在发送端也需要对信号进行变换，即为编码，在接收端要进行反变换，即为解码。在数据通信中，有时也需要在数字系统中传输用模拟信号表示的数据，这就需要将模拟数据用数字信号加以表示，也需要编码和解码。总之，在数据通信中，不管传输何种类型的数据，也不管在那种通信系统中进行传输，都需要对信号进行变换和反变换，即都需要编码和解码。

2.3.1 数字数据模拟信号编码

数字数据在模拟信道上传输时需要将原来用数字信号表示的数据用模拟信号来表示，这项技术叫调制技术，实现信号变换的设备叫调制解调器。调制解调器可以产生连续的、频率恒定的正（余）弦信号，其被称为载波信号。可以用不同形态的载波信号表示数字 0 和 1，调制解调器的简单原理如图 2-11 所示。

图 2-11 调制解调器简单原理

载波信号可以表示为 $u(t)=A_m\sin(\omega_t+\varphi_0)$,由于正(余)弦信号有振幅、频率、初始相位三要素,所以有 3 种调制方式,即幅移键控、频移键控和相移键控。下面分别介绍这 3 种调制方法。

1. 幅移键控(ASK)

幅移键控简称调幅,即用载波信号的不同幅度表示数据的 0 和 1。例如,用幅度为 0 表示 0,幅度为 A_m 表示 1,当调制解调器收到一个幅度为 0 的脉冲时,没有输出,当调制解调器收到一个 1 的脉冲时,输出载波信号,如图 2-12(a)所示。幅移键控由于传输特性不好,所以很少被单独使用。

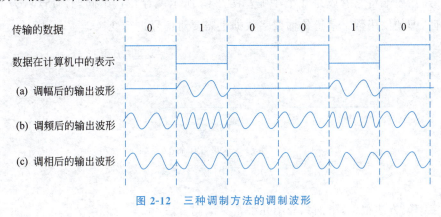

图 2-12 三种调制方法的调制波形

2. 频移键控(FSK)

频移键控简称调频,即用载波信号的不同频率表示数据的 0 和 1,例如,用角频率 ω_1 表示数据 0,ω_2 表示数据 1,当调制解调器收到一个幅度为 0 的脉冲时,输出 $A_m\sin(\omega_{1t}+\varphi_0)$,当调制解调器收到一个 1 的脉冲时,输出 $A_m\sin(\omega_{2t}+\varphi_0)$,如图 2-12(b)所示。

3. 相移键控(PSK)

相移键控简称调相,即用载波信号的不同初始相位表示数据的 0 和 1。例如,用初始相位为 0 表示数据 0,初始相位为 π 表示数据 1,当调制解调器收到一个幅度为 0 的脉冲时,输出 $A_m\sin(\omega_t)$,当调制解调器收到一个 1 的脉冲时,输出 $A_m\sin(\omega_t+\pi)$,如图 2-12(c)所示。

相位调制还可分为绝对相位调制和相对相位调制,或分为两项调制和多项调制等。在实际应用中,可以将多种调制方法组合使用。例如,将调幅与调频组合使用,先按频率调制,再从每个频率的载波信号中取两个幅度的波形。

利用传统电话网传输数字信号就需要调制解调技术,传统的电话通信信道是为传输语音信号设计的,只适用于传输音频范围(300Hz~3400Hz)的模拟信号,无法直接传输计算机的数字信号,因为数字信号频率范围分布远高于电话网的信道带宽,这时,必须在发送端和接收端加装调制解调器。

2.3.2 数字数据数字信号编码

计算机中用两种电压脉冲分别表示 1 和 0。例如,人们可以规定用正电压表示 1,用负电压表示 0,当然也可以作相反的规定。但在通信系统中直接传输这些表示 1 和 0 的电压信号会带来两方面的问题,一是直流分量过大,特别是当传输连续的多个 1 或多个 0 时,会出现信号幅度在几个时钟周期保持不变的情况,带来较大的直流分量;另一个问题是同步问题,假设规定正电压代表 1,负电压代表 0,那么,当发送端发送了一段时间的正电压信号,接收端将它看成是几个 1 呢?图 2-13 所示就存在这个问题。所以,为了改善传输特性,即使使用数字信道传输数字数据也需要对信号进行变换。

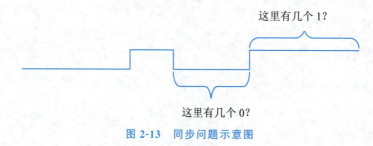

图 2-13 同步问题示意图

数字编码方法很多,下面只介绍几种常见编码方法。

1. 非归零码 NRZ

非归零码编码规则:将计算机中传来的数据用一个正电压表示 1(或 0),用 0 电压表示 0(或 1)。NRZ 编码简单,但是仅仅根据 NRZ 码无法判断一位的开始与结束,即收发双方不能保持同步。为保证收发双方的同步,必须在发送 NRZ 码的同时用另一个信道传送同步信号,如图 2-14 所示。另外,如果信号中 1 与 0 不是交替出现时,其将存在较大直流分量。

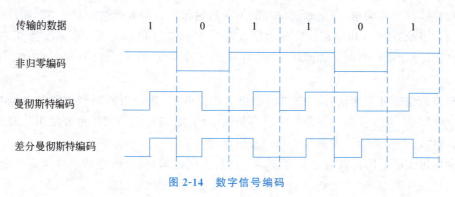

图 2-14 数字信号编码

2. 曼彻斯特编码

曼彻斯特编码的规则：每比特的周期 T 的中间产生跳变，这个跳变即起到同步作用，同时，用跳变方向代表数据 0 或 1。例如，规定由低向高的跳变代表 1，由高向低的跳变代表 0（当然，也可以做相反的规定）。为了便于记忆，也可以采用另外一种叙述方法：将每比特的周期 T 分为前 $T/2$ 与后 $T/2$ 两部分，前 $T/2$ 用该比特的反码，后 $T/2$ 用该比特的原码。曼彻斯特编码如图 2-14 所示。

曼彻斯特编码的特点如下。

(1) 每个比特的中间有一次电平跳变，两次电平跳变的时间间隔可以是 $T/2$ 或 T。

(2) 利用电平跳变可以产生收发双方的同步信号，故发送曼彻斯特编码信号时无须另发同步信号。曼彻斯特编码信号又称作"自含时钟编码"信号，即在 2.2.3 节中讲到的自同步方法。

(3) 一个比特需要用两种信号状态来表示，在码元速率不变的情况下，会降低数据传输速率。

3. 差分曼彻斯特编码

差分曼彻斯特编码规则：每比特的周期 T 的中间产生跳变，这个跳变仅起同步作用，每比特所代表的值根据其开始边界是否发生跳变来决定。当要传输的比特是 1 时，在该比特到来的瞬间，编码后的波形不产生跳变；当要传输的比特是 0 时，在该比特到来的瞬间，编码后的波形产生跳变。如图 2-14 所示。差分曼彻斯特编码具有曼彻斯特编码的特点，也属于自带同步的编码方案。

2.3.3 模拟数据数字信号编码

PCM(pulse code modulation)也称为脉冲编码调制，是一种把模拟信号转换为数字信号的过程，采用 PCM 编码方案需要经过采样、量化、编码 3 个子过程。下面首先介绍采样定理，然后介绍脉冲调制过程。

1. 采样定理

一个连续变化的模拟信号，假设其最高频率或带宽为 f_{max}，若对它以周期 T 进行采样，则采样频率为 $f=1/T$，若能满足 $f \geqslant 2f_{max}$ 那么采样后的离散序列就能无失真地恢复原始的模拟信号。

2. PCM 编码过程

PCM 编码包括采样、量化和编码 3 个步骤。

采样：每隔一定的时间对连续模拟信号采样，连续模拟信号就成为离散的信号。根据采样定理，采样频率必须满足 $f \geqslant 2f_{max}$；但 f 也不能太大，若 f 太大，虽然容易满足采样定理，信号还原失真率低，但却会大大增加编码后的信息量，而且对降低失真率的效果也不显著。

量化：是一个分级过程，把采样所得的脉冲信号根据幅度做 N 等分，N 常常是 2 的若干次幂，如 128 或 256，然后让每一个采样值都近似等于一个标称值（四舍五入取整）。

编码：用一组二进制数组合来表示采样序列量化后的量化幅度。如果有 N 个量化级，那么，就应当用 $\log_2 N$ 位二进制数来表示。例如，如量化级 $N=8$，则需要 3 位 2 进制数。目前，在语音数字化脉冲调制系统中，采样频率为 8000 次/s，通常分为 256 个量化级，那么每个量化值需要用 8 位二进制数表示，因此 PCM 的编码速率为 64kb/s。脉冲编码调制过程如图 2-15 所示。

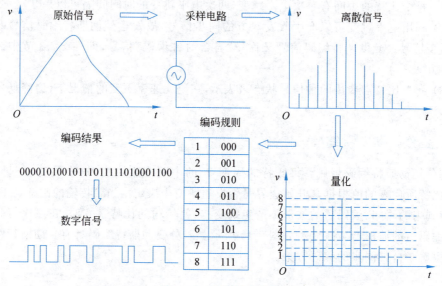

图 2-15 脉冲编码调制

2.4 差错控制技术

差错是数据通信中接收端收到的数据与发送端发送的数据不一致的现象，在数据通信中，差错是不可避免的。一个实用的通信系统必须对通信过程中出现的差错进行检测和恢复，把差错限制在可以接受的范围内。本节讨论差错产生的原因和差错控制的方法。

2.4.1 差错控制的概念

1. 差错产生的原因

通信线路上总有噪声存在，在数据通信过程中，噪声电压与有用信号叠加，就会使正常传输的有用信号波形产生畸变，最后使接收端不能正确地判断收到的数据是 1 还是 0，于是就产生了差错。

噪声可以分为两类,即热噪声和冲击噪声。热噪声是由通信线路的固有特性引起的,它常常会引起随机性的错误,即某位出错是随机的,与其他位没有必然的联系;冲击噪声是外部电磁干扰造成的,会引起突发性的错误,即连续多位出现错误。

2. 差错控制的方法

由于差错是无法消除的,所以要消除通信中的差错只能是在接收端检查出可能存在的差错,然后予以纠正。常用的纠错方法有前向纠错和反馈重发。所谓前向纠错是接收端在检查出差错后,直接纠正出错的数据,这对检错提出较高的要求,即要求能够检测出究竟哪一位数据出现了错误;反馈重发是指接收端只负责检查收到的数据块中是否存在错误,只要出现错误就要求发送端重发一遍,直到正确为止。由于前向纠错的检错过程复杂,耗费较大,所以在实际通信系统中较少使用;而反馈重发由于检错过程比较简单,虽然有重发环节,但是由于通信系统中出错毕竟是小概率事件,所以综合来说效率较高,得到广泛应用。

3. 检错方法

这样看来,差错控制问题的关键就是如何检出差错。而检出数据传输中的差错只靠传输的数据本身是不行的,必须在原始数据的基础上增加一些冗余位,这些冗余位叫检错码,检错码是运用某种算法对传输的数据进行运算得到的,其基本原理是:在发送端运用某种算法对传输的数据进行运算得到冗余码;然后将冗余码加在传输的数据后面一起发送,在接收端用同样的算法对收到的数据部分进行相同的运算,也得到一个冗余码;最后,对两个冗余码进行比较,如果结果相同就没有错误,否则,就判定出现了错误。

常用的检错方法有奇偶检验、循环冗余校验、海明码等。

*2.4.2 常用检错编码方法

1. 奇偶校验

奇偶校验的工作原理是在原始数据字节的最高位或最低位增加一个附加位,使结果中 1 的个数为奇数(奇校验)或偶数(偶校验)。增加的位称为奇偶校验位。

例如,原始数据=1100010(数据中有三个 1),若采用偶校验,校验位 1,增加校验位后的传输的数据为 11100010(数据中有四个 1)。若接收方收到的字节中 1 的个数不是偶数个,就可以认为传输中发生了错误。

奇偶校验只能检测出奇数位错,对偶数位错则无能为力。所以,奇偶校验只能用在数据通信量不大、通信系统质量较高和对检错要求不高的场合。例如,在两个计算机通过串口连接通信时,就可以约定是否要做奇偶校验。

奇偶校验码又分为垂直奇(偶)校验、水平奇(偶)校验与水平垂直奇(偶)校验(在两个方向上校验)。

2. 循环冗余校验

循环冗余编码是一种通过多项式除法检测错误的方法。其核心思想是将待传输的数据看成多项式的系数，如传输数据为10011，其对应的多项式可表示为 $F(x)=x^4+x+1$。收发双方约定一个生成多项式 $G(x)$，发送方用传输的数据所对应的多项式与 $G(x)$ 按照某种算法进行运算，求出循环冗余码，然后在数据位串的末尾加上这个冗余码传输，可以证明，带冗余码的位串多项式能被 $G(x)$ 整除。接收端收到数据后用 $G(x)$ 去除收到的数据对应的生成多项式，如果余数为零，说明没有差错，否则，就出现了差错。

循环冗余码计算和验证的过程如下。

(1) 将要发送的数据序列当作一个多项式 $F(x)$。

(2) 选择一个生成多项式 $G(x)$，设 $G(x)$ 中的最高幂次为 k。

(3) 用 x^k 乘 $F(x)$。

(4) 使用模2除法，用 $G(x)$ 去除 $F(x)*x^k$，得 $P(x)+R(x)/G(x)$，余数多项式 $R(x)$ 对应的二进制数位串即为所求的循环冗余码。

(5) 将冗余码加在 $F(x)$ 的后面：$F(x)*x^k+R(x)$，发送。

(6) 在接收端收到 $F(x)'$。

(7) 接收端用 $G(x)$ 去除 $F(x)'$，得余数多项式 $R(x)'$。

(8) 若 $R(x)'=0$，则无错。

在实际运算中，由于用多项式运算不方便，而多项式与二进制数有一一对应的关系，所以，可以将多项式转化为二进制数进行运算，步骤如下。

(1) 给定一个要发送的二进制序列，设为 M，其对应的多项式为 $F(x)$。

(2) 选择一个生成多项式 $G(x)$，设 $G(x)$ 中 x 的最高幂次为 k，求出其对应的二进制数序列，设为 N。

(3) 将 M 左移 k 位，即在 M 的右侧补 k 个 0，得到新的二进制序列 M'。

(4) 使用模2除法用 N 去除 M'，求其余数二进制数序列，设为 R，R 即为循环冗余码，该码一定为 k 位，不足 k 位则在左侧补 0。

(5) 将 M' 与 R 相加后发送。

(6) 设接收端收到二进制序列为 M''。

(7) 接收端用 N 去除 M''。

(8) 若余数为零，无错。

上述过程中的"模2算法"又叫异或运算，其基本法则是：1+1=0 不进位，0-1=1 不借位，其余和常规运算一样。在做模2除法时，只要被除数位数与除数相等，商就上 1，不用考虑谁大谁小的问题，若被除数的位数小于除数的位数，商就上 0。

例如，要发送的数据为 101，选择的生成多项式为 $g(x)=X^4+X^3+X^2+1$，求CRC 码。

解：(1) 发送的数据为 101。

(2) $G(x)=X^4+X^3+X^2+1$，$k=4$，对应的二进制序列为 11101。

(3) 将 101 左移 4 位，得 1010000。

(4) 做模 2 除法。

```
           111
11101 ) 1010000
        11101
         10010
         11101
          11110
          11101
           0011  ← k 位冗余码
```

(5) 将左移四位的数据 1010000 与循环冗余码 0011 相加后得：1010011；即实际发送 1010011。

假设接收端恰好收到的是 1010011（没有错误），用同样的多项式对收到的数据进行模 2 除法运算：

```
           111
11101 ) 1010011
        11101
         10011
         11101
          11101
          11101
              0  ← 位冗余码 0
```

可见运算结果是循环冗余码为 0。
CRC 检验码检查错误的能力很强，可以检查下列错误。
(1) 全部单个错。
(2) 全部离散的二位错。
(3) 全部奇数个错误。
(4) 全部长度小于或等于 k 位的突发性错误。
(5) 能以 $[1-(1/2)^{k-1}]$ 的概率检查出长度为 $(k+1)$ 位的突发错。

不是任何多项式都可作为生成多项式，生成多项式有国际标准，作为国际标准的 $G(x)$ 如下：

$$\text{CRC}-12 = X^{12}+X^{11}+X^3+X^2+X+1$$
$$\text{CRC}-16 = X^{16}+X^{15}+X^2+1$$
$$\text{CRC}-\text{CCITT} = X^{16}+X^{12}+X^5+1$$
$$\text{CRC}-32 = X^{32}+X^{26}+X^{23}+X^{22}+X^{16}+X^{12}+X^{11}+X^{10}+X^8+X^7+X^5+X^4+X^2+X+1$$

*2.4.3 反馈重发方法

当接收端检测出错误后，要将出错信息告知发送端，由发送端重发出错的比特串，反馈重发的方法有停止等待法和连续发送法，连续发送法中又分拉回方式和选择重发方式。

1. 停止等待法

停止等待法下,发送方在发送完一个数据帧(数据链路层传输单位,由多个比特组成)后,将发送的数据帧保存在通信装置的缓冲区(缓冲区是通信装置的存储区域,一个缓冲区可以存放一个数据帧)中,然后停止发送;接收端收到一个帧后,在接收缓冲区检查有没有错误,如果有错就丢弃,同时向发送端发送出错信息NAK;发送方收到NAK信息后,将发送缓冲区中的帧重发一遍;如果接收正确就将该帧送至主机,同时向发送端发送确认信息ACK,发送端收到ACK信息后,将缓冲区中的帧删除,然后发送下一帧。停止等待法的工作原理如图2-16所示。

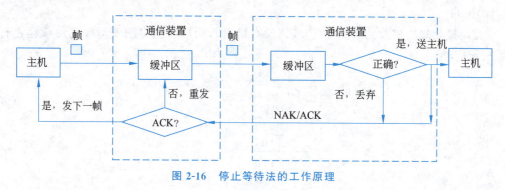

图2-16 停止等待法的工作原理

停止等待法控制简单,但通信效率低。

2. 连续发送法

连续发送法是指发送端不需要等待接收端的确认信息就可以连续发送多个数据帧,当然,连续发送帧的个数还是要受到限制的,它取决于发送缓冲区的大小。

连续发送法又分为两种类型,一种叫拉回方式,一种叫选择重发方式。

1) 拉回方式

发送方向接收方连续发送数据帧,发送出去的数据帧在缓冲区中暂存;接收方对收到的数据帧逐帧进行检验,如果一帧没有错误,就将其送至主机,然后发送确认信息ACK;发送端收到确认信息后,在缓冲区中清除已经正确发送的帧,腾出缓冲区;发送端主机可以继续发送后面的帧;如果接收端检查某帧有错,就将该帧及其以后到达的帧丢弃,同时向发送端发出某帧错误信息NAK;发送端收到某帧错误信息后,就从该帧开始连同该帧后面的帧都重发一遍。

例如,发送端连续发送了编号为0~5的数据帧,接收端检查3号帧出错,则接收端会将3、4、5号帧都丢弃,告知发送端从3号帧开始重发,如图2-17所示。

2) 选择重发方式

在选择重发方式下,如果接收端检查某帧有错,就只将该帧丢弃,其后面的帧仍继续接收到缓冲区中,同时向发送端发出某帧错误信息NAK;发送端收到某帧错误信息后,仅将该编号的帧重发一遍。

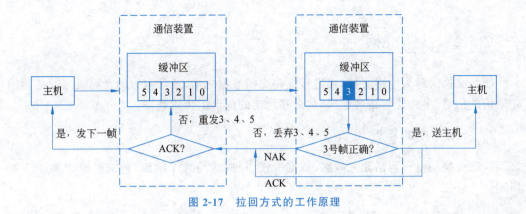

图 2-17　拉回方式的工作原理

例如,发送端连续发送了编号为 0~5 的数据帧,接收端检查 3 号帧出错,则接收端仅将 3 号帧丢弃,4、5 号帧将被继续接收,发送端收到出错信息后,只重发 3 号帧,如图 2-18 所示。

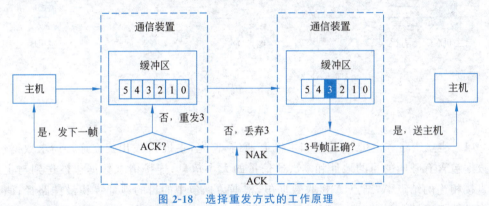

图 2-18　选择重发方式的工作原理

2.5　数据交换技术

2.5.1　数据交换的基本概念

数据交换是广域网中的通信技术。在远程通信中,数据要经过通信子网中的多个结点一站一站地传输才能送到接收端,那么,数据是用什么方式通过通信子网的呢?是怎样在通信子网中一站一站地传输的?这就是数据交换问题。人们把这样一种在结点间转发的通信方式叫交换,数据交换有以下几种交换方式,如图 2-19 所示。

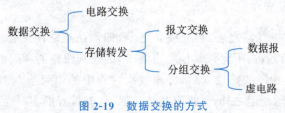

图 2-19　数据交换的方式

*2.5.2 线路交换

线路交换又称为电路交换,在进行线路交换数据之前,通信双方的计算机之间必须约定通信的信道,事先建立物理连接,然后在约定的信道上传输数据。

1. 线路交换的原理

线路交换的过程包括建立线路、数据传输、释放线路3个阶段,其交换原理如图2-20所示。

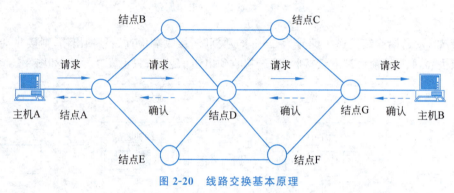

图 2-20 线路交换基本原理

(1)建立线路。主机 A 若要和主机 B 通信,首先,主机 A 发出建立连接请求数据包,该数据包含有呼叫的目的地址和本次通信量的大小信息;连接请求数据包被送到与主机 A 直接相连的结点 A,结点 A 接收数据包,根据数据包中的目的地址寻找最佳路径;假设下一站选择了结点 D,结点 D 和结点 A 一样为本次通信选择下一结点 G;最后连接请求被送到主机 B。如果主机 B 同意连接,就向结点 G 发回确认信息;结点 G 向结点 D 确认;结点 D 向结点 A 确认;结点 A 向主机 A 确认,这样一个连接就建立起来了。线路一旦被分配,在未释放之前,即使该线路上并没有数据传输,其他站点也将无法使用。

(2)数据传输。在已经建立物理线路的基础上,主机 A 和主机 B 之间就可以进行数据传输了。在数据传输过程中,中间结点不对数据进行处理,没有纠错和缓存功能,数据既可以从主机 A 传往主机 B,也可以以相反的方向传输。

(3)释放线路。当数据传输完毕,就需要执行释放线路的动作。该动作可以由通信双方中任一方发起,释放线路请求数据包通过中间结点送往对方,最后释放整条线路资源。

2. 线路交换的特点

(1)独占性。建立线路之后、释放线路之前,即使站点之间无任何数据可以传输,整条线路也为本次通信独占,不允许其他站点共享,因此其线路的利用率较低。

(2)实时性好。由于线路建立后,传输数据过程中的中间结点不需要对数据做任何处理,除了少量的传输延迟之外,不再有其他延迟,具有较好的实时性。

(3)不能缓存数据,不能进行差错检验。
(4)适合大量数据传输、交互式会话类的通信。
公共电话网是典型的线路交换网络。

*2.5.3 报文交换

1. 报文交换原理

报文交换如图 2-21 所示,以主机 A 向主机 B 发送报文为例,说明报文交换的原理。主机 A 将发送的数据和源地址、目的地址以及其他控制信息组装成报文,然后发送到通信子网中的结点 A;结点 A 先接收报文并存储,然后对报文进行检错纠错,根据报文中的目的地址选择一条最佳路径,如果所选路径空闲就将报文发送出去,如果所选路径忙(别的通信在使用)就存储;其他结点(如图 2-21 中的 B、D、F、G)等也按照接收报文、缓存报文、对报文纠错、选择最佳路径然后发送报文的顺序对报文进行处理和传输。

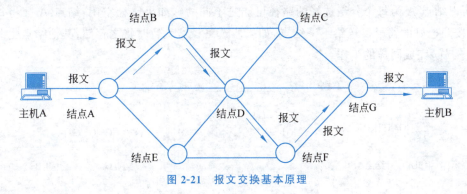

图 2-21 报文交换基本原理

2. 报文交换的特点

(1)发送数据前不需要建立专线连接。
(2)不独占线路,多个用户的数据可以通过存储和排队共享一条线路,线路利用率高。
(3)有差错检测功能,可避免出错数据无谓传输。
(4)有存储转发功能,可以对不同速率的线路进行转换。
(5)不能支持实时通信和交互式的通信。

*2.5.4 分组交换

1. 分组交换的概念

所谓分组交换是在报文交换的基础上,将报文分成更小的单位——分组,然后以分组为单位进行传输。以邮寄一本书为例,报文交换好比是将一本书装在一个大信封里,写上地址信息进行邮寄;而分组交换好比是将这本书拆成一页的纸,每页纸装在一个信封中邮寄。从表面上看,这有些繁琐,但实际上在网络通信中这样做可以带来很多好处。首先分组交换更利于检错纠错,在报文交换中,如果接收端发现报文中有错误,哪怕是很小的错误,都需要发送端将报文重发一遍,而分组交换更加灵活,如果接收端发现哪个分组出现错误,只需要发送端重传那个分组就行了;其次,由于与报文相比分组很小,故其对中间结点缓冲区要求也很低。

分组交换分为数据报和虚电路两种方式。

2. 数据报交换方式

数据报交换方式如图 2-22 所示,以主机 A 向主机 B 发送报文分组为例说明数据报的原理。主机 A 先将报文分成一个个的分组,每个分组都独立携带地址信息和其他控制信息,将分组按顺序依次发送到通信子网中的结点 A;结点 A 依次接收分组并存储,检查每个分组中的错误,并为每个分组单独选择路径(由于通信子网的工作状态是不断变化的,所以结点 A 为每个分组选择的路径可能是不同的),如果路径空闲,结点 A 会将每个分组按照选好的路径发送给下一结点,如果所选路径忙就暂时将之存储;其他结点也和结点 A 一样,完成同样的工作。

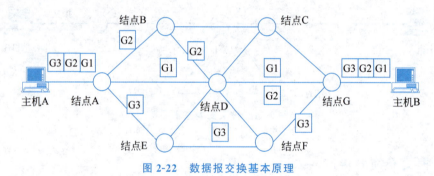

图 2-22 数据报交换基本原理

数据报方式的特点如下。

(1) 不需要建立专线连接,线路利用率高。

(2) 每个分组独立携带源地址和目的地址信息。

(3) 每个分组可以经过不同的路径通过通信子网,到达的顺序可能不同于发送的顺序,可能出现分组丢失、重复现象。

(4) 数据延迟较大,适合于突发性通信,不适合会话式的通信。

3. 虚电路交换方式

虚电路交换如图 6-23 所示,以主机 A 向主机 B 发送报文分组为例说明虚电路交换的原理。首先,主机 A 向主机 B 发送一个请求连接的分组,该分组携带源地址和目的地址信息,连接建立的过程与线路交换类似。假设这条虚电路由主机 A→结点 A→结点 D→结点 G→主机 B 组成。但是虚电路交换方式并不独占通信线路,而是为所有的分组"约定"一条到达目的端的通路。当有数据传输时,这条"电路"就存在;当没有数据传输时,这条路径中的信道就为其他数据传输服务,"电路"就消失。这就是虚电路中"虚"的含义。虚电路建立好后,主机 A 将报文分组,每个分组都携带一个虚电路号和除地址信息之外的其他控制信息,然后将分组依次发送到虚电路上,沿虚电路传输。虚电路中的每个结点都要对每个分组进行检错纠错、存储转发,但是不需要再为分组选择路径,最终,分组将按发送顺序到达主机 B。

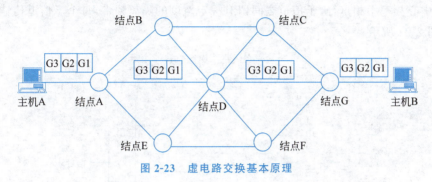

图 2-23 虚电路交换基本原理

虚电路交换方式的特点如下所示。
(1) 在传输数据之前需要建立一个逻辑连接,这个连接不独占,线路利用率高。
(2) 数据分组不需要携带地址信息。
(3) 所有分组沿一条虚电路传输,不会出现乱序、重复、分组丢失等现象。
(4) 分组经过虚电路上的结点时,只做差错检验,不需要再选择路径。
(5) 通信子网中每个结点都可以与任何结点建立多条虚电路。

2.6 多路复用技术

2.6.1 多路复用的基本概念

在数据通信中,两个结点间的通信线路都有一定的带宽,如果在一条线路上只传输一路信号那么通信线路利用率就太低了。为了提高线路利用率,可以考虑让多个数据源合用一条传输线路,这样的技术叫多路复用技术。从电信的角度看,多路复用技术就是把多路用户信息用单一的传输设备在单一的传输线路上进行传输的技术。多路复用技术应用非常广泛,例如,现在几乎每个家庭都有电话,每两个电话用户都用一条专线连接显然是不可能的,这时就需要使用多路复用技术,将多个用户绕路复用在一条通信线路上,然后进行远程传输。这样就极大地节省了传输线路,从而提高了线路利用率。

多路复用的一般形式有频分多路复用(FDM)、时分多路复用(TDM)、波分多路复用(WDM)和码分多路复用(CDM)。

*2.6.2 频分多路复用

频分多路复用是在模拟信道中使用的多路复用技术。模拟信号传输时,信号占用的带宽是有限的,如果一条线路只传输一路信号,就会浪费传输介质的传输能力。频分多路复用就是将传输介质的带宽划分成若干较窄的频带,每一个窄频带构成一个子信道,各子信道的中心频率不相重合,子信道之间留有一定宽度的隔离频带,每个子信道传输一路信号,如图2-24所示。

图2-24 频分多路复用

如果将传输介质(信号的通路)比喻为公路(车的通路),在一条路面很宽(信道带宽很大)的公路上,行驶车体很窄的车(信号的频率范围很窄),如果只有一条车道,那么任意时刻只能跑一辆汽车,公路的利用率就太低了。为了充分利用公路的交通能力,可以在一条公路上划分若干车道,每条车道都可以跑一辆汽车,这样就可以让多台汽车并行行驶,从而提高公路的利用率。

频分多路复用的原理是:频分多路复用设备以某种调制方式(ASK、FSL、PSK)将信号调制到不同频率的载波上,然后通过带通滤波器将载波送到信道上传输,接收方把接收到的信号送入带通滤波器,分离出各路载波信号,这些载波信号经过解调,最后借助带通滤波器将原始信号恢复出来。

频分多路技术广泛被应用于电话、无线电广播系统和有线电视系统中。

*2.6.3 时分多路复用

在数字通信系统中,由于数字信号的频率分布范围广,传输时需要独占信道的带宽,而且其对信道带宽有要求,所以,使用频分多路复用就不行了。时分多路复用是一种分时占用信道的方法,在传输时把时间先分成周期,再将每个周期分成小的时间片,每一时间片由复用的一个信号占用,每个瞬间都只有一个信号占用信道,而不像频分多路复用那样,在同一时间发送多路信号,如图2-25(a)所示。

时分多路技术可以用在宽带系统中,当然也可以用在频分复用下的某个子通道上,时分复用又可分为两种复用方式:同步时分复用和统计时分复用。

在同步时分多路复用中,每个周期内一个信源都只能占用一个时间片,不同周期的相同时间片组成一个子信道,某信源要发送数据必须等属于该信源所占用子信道的时间片到来,当某个子信道的时间片到来时,即便该信源没有信息要传送,其他信源也不能占用,这就意味着这一部分带宽被浪费了。

在统计时分多路复用中,某信源所占用的时间片不是固定的,而是按照信源传输的数据量大小来分配,传输数据量大的信源可以多占用时间片,所以这是一种"见缝插针"的方法,所有信源发来的数据在一起排队,只要有空闲时间片到来就按照排序顺序插入数据。

同步时分复用控制简单,但信道利用率低;统计时分复用正相反,控制复杂,但信道利用率高。同步时分复用和统计时分复用的原理如图 2-25(b)和图 2-25(c)所示。

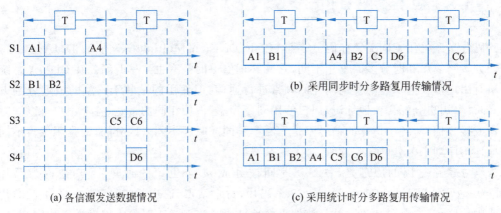

图 2-25 时分多路复用

*2.6.4 波分多路复用

波分多路复用是指在同一根光纤中同时让两个或两个以上不同波长的光信号通过不同光信道各自传输信息(由于波长不同,所以各路光信号互不干扰),最后再用解复用器将不同波长的光信号分解出来,这项技术叫波分复用技术,简称 WDM。随着光纤技术的使用,基于光信号传输的复用技术逐渐得到重视。

波分复用是光的频分多路复用。波分多路复用并不是什么新的概念,只要每个信道有各自的频率范围且互不重叠,它们就能以多路复用的方式通过共享光纤进行远距离传输。

波分多路复用的工作原理是:波分多路复用是在光学系统中利用衍射光栅来实现多路不同频率光波信号的合成与分解的。在图 2-26 中,两束光波的波长分别为 λ_1 和 λ_2,利用波分复用设备(棱镜或光栅)将不同信道的信号调制成不同波长的光,并复用到光纤信道上。在接收方,需要采用光波分离设备(棱镜或光栅)重新分离成两束不同波长的光波。随着光学技术的发展,未来可在一根光纤上复用更多的光载波信号。

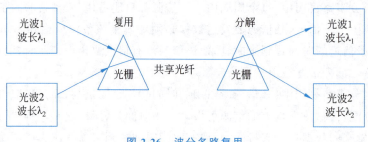

图 2-26　波分多路复用

*2.6.5　码分多路复用

码分多路复用 CDM 又称码分多址（Code Division Multiple Access，CDMA），CDM 与频分多路复用和时分多路复用不同，它既共享信道的频率也共享时间。在 CDMA 系统中所有用户可在同一时间使用同样的频带进行通信，但使用的是基于码型的信道分割方法，即每个用户分配一个地址码，用户使用同一频率，占用相同的带宽，各个用户可以同时发送或接收信号，各个用户的信号不是靠频率不同或时序不同来区分的，而是用各自不同的地址码序列来区分的。

码分多路复用的原理是：每 bit 时间被分成 m 个更短的时间片，其被称为码片（chip），通常情况下每比特有 64 或 128 个码片，每个站点（通道）被指定唯一的 m 位的代码或码片序列，这个码片序列就是该站点的地址码。当发送 1 时站点就发送码片序列，发送 0 时就发送码片序列的反码。当两个或多个站点同时发送时，各路数据在信道中被线性相加。为了从信道中分离出各路信号，其要求各个站点的码片序列是相互正交的，即假如用 S 和 T 分别表示两个不同的码片序列，用 $!S$ 和 $!T$ 表示各自码片序列的反码，那么应该有 $S·T=0, S·!T=0, S·S=1, S·!S=-1$。当某个站点想要接受站点 X 发送的数据时，首先必须知道 X 的码片序列（设为 S）；假如从信道中收到的矢量和为 P，那么通过计算 $S·P$ 的值就可以提取出 X 发送的数据：$S·P=0$ 说明 X 没有发送数据；$S·P=1$ 说明 X 发送了 1；$S·P=-1$ 说明 X 发送了 0。

码分多路复用技术主要用于无线通信系统，特别是移动通信系统，它不仅可以提高通信的话音质量、数据传输的可靠性及减少干扰对通信的影响，而且增大了通信系统的容量；笔记本计算机、PDA 等移动性计算机设备的联网通信就是使用了这种技术。

课程思政：2021 年计算机网络发展统计情况

2021 年 1 月中国互联网络信息中心 CNNIC（http://www.cnnic.net.cn/）发布的第四十六次《中国互联网络发展状况统计报告》显示：

截至 2020 年 12 月，我国网民规模达 9.89 亿，互联网普及率达 70.4%。

截至 2020 年 12 月，我国手机网民规模达 9.86 亿，网民使用手机上网的比例达 99.7%。

截至2020年12月,我国农村网民规模达3.09亿,占网民整体数量的31.3%;城镇网民规模达6.80亿,占网民整体数量的68.7%。

截至2020年12月,我国网民使用手机上网的比例达99.7%;使用电视上网的比例为24.0%;使用台式计算机上网、笔记本计算机上网、平板电脑上网的网民比例分别为32.8%、28.2%和22.9%。

截至2020年12月,我国IPv6地址数量为57634块/32,较2019年底增长13.3%。

截至2020年12月,我国域名总数为4198万个。其中,".CN"域名数量为1897万个,占我国域名总数的45.2%。

截至2020年12月,我国即时通信用户规模达9.81亿,占网民整体数量的99.2%;手机即时通信用户规模达9.78亿,占手机网民总数的99.3%。

截至2020年12月,我国网络新闻用户规模达7.43亿,占网民整体数量的75.1%;手机网络新闻用户规模达7.41亿,占手机网民总数的75.2%。

截至2020年12月,我国网络购物用户规模达7.82亿,占网民整体数量的79.1%;手机网络购物用户规模达7.81亿,占手机网民总数的79.2%。

截至2020年12月,我国网络支付用户规模达8.54亿,占网民整体数量的86.4%;手机网络支付用户规模达8.53亿占手机网民总数的86.5%。

截至2020年12月,我国网络视频(含短视频)用户规模达9.27亿,占网民整体数量的93.7%;其中,短视频用户规模达8.73亿,占网民整体数量的88.3%。

截至2020年12月,我国在线政务服务用户规模达8.43亿,占网民整体数量的85.3%。

习题

一、选择题

1. 在OSI参考模型中,网络层、数据链路层和物理层传输的数据单元分别是( )。
    A. 报文、帧、bit   B. 分组、报文、bit
    C. 分组、帧、bit   D. 信元、帧、bit
2. 路由选择功能是在OSI模型的( )上实现的。
    A. 物理层   B. 数据链路层
    C. 网络层   D. 传输层
3. 在同一时刻,通信双方可以同时发送数据的信道通信方式为( )。
    A. 半双工通信   B. 单工通信   C. 数据报   D. 全双工通信
4. 在数据通信中,使收发双方在时间基准上保持一致的技术是( )。
    A. 交换技术   B. 同步技术   C. 编码技术   D. 传输技术
5. 码元速率是1200baud,每个码元有8种离散值,则数据传输速率是( )。
    A. 1200b/s   B. 3600b/s   C. 4800b/s   D. 9600b/s

6. 一个通信信道,允许通过的信号最高频率是 4000Hz,采用脉冲编码调制技术,采样频率不得小于(   )。
　　A. 2000 次/s　　　B. 4000 次/s　　　C. 8000 次/s　　　D. 16000 次/s
7. 通过改变载波信号的频率来表示数字信号 0、1 的方法叫(   )。
　　A. 移幅键控　　　B. 移频键控　　　C. 绝对调相　　　D. 相对调相
8. CRC-16 标准规定的生成多项式为,$G(x) = X^{16} + X^{15} + X^2 + 1$,产生的校验码是(   )。
　　A. 4 位　　　　　B. 16 位　　　　　C. 15 位　　　　　D. 2 位
9. 通信子网采用什么数据交换方式时需要在通信双方之间建立逻辑连接(   )。
　　A. 线路交换　　　B. 虚电路　　　　C. 数据报　　　　D. 无线连接
10. 以下关于数据报工作方式的描述中,(   )是错的。
　　A. 同一报文的不同分组可以由不同的路径通过通信子网
　　B. 在每次发送数据前都要在发送方和接收方之间建立连接
　　C. 同一报文的不同分组到达目的结点时可能会出现乱序、丢失现象
　　D. 每个分组在传输过程中都必须带有源地址和目的地址

二、填空题

1. 网络协议由 3 个要素组成,分别是_____、_____和_____。
2. 网络体系结构是_____结构、相邻层间的_____和同等层间的_____的集合。
3. 通信系统分为_____通信系统与_____通信系统两种。
4. 数据通信交互方式有 3 种,即_____、_____和_____。
5. 数字信号在模拟信道上传输必须经过调制,3 种调制方式为_____、_____和_____。
6. 信道带宽指的是_____,信道容量指的是_____。
7. 数据交换方式有_____、_____和_____。
8. 多路复用方式有_____多路复用、_____多路复用、_____多路复用和码分多路复用。

三、计算题

1. 采用 8 种相位,每种相位各有 4 种幅度的 PAM 调制方法,问在 2400baud 的信号传输速率下,能达到的数据传输率是多少?
2. 对于带宽为 4000Hz 通信信道,如果采用 16 种不同的物理状态来表示数据,信道的信噪比 S/N 为 30dB,按照奈奎斯特定理,信道的最大传输速率是多少?按照香农公式,信道的最大传输速率是多少?
3. 采用 PCM 在数字信道上传输模拟信号,已知某信号需要考虑的最高频率 $Fm = 3000Hz$,采用 256 个量化等级,问信道的数据传输速率需要多大?
4. 画出 10001010 的曼彻斯特编码和差分曼彻斯特编码。

5. 已知一个二进制 bit 序列的曼彻斯特编码如下所示,求这个 bit 序列。

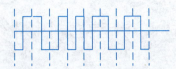

6. 要发送的数据 bit 序列为 1010001101,CRC 校验生成多项式为 $G(X)=X^5+X^4+X^2+1$,试计算 CRC 校验码。

7. 某数据通信系统采用 CRC 校验方式,生成多项式为 x^4+x^3+1,目的结点收到的二进制比特序列是 110111001(含 CRC 校验码),问传输过程中是否出现了差错?

四、简答题

1. 解释网络协议及其要素的含义,用生活中的例子说明协议及其要素的含义。
2. 什么是网络体系结构?试说明分层、协议、接口的作用。
3. 简述 OSI 参考模型中各层的主要作用。
4. 简述 OSI 参考模型中数据的流动过程。
5. 说明 OSI 参考模型中哪些层次用于实现通信功能,并描述其具体任务。
6. 说明数据、信息和信号的关系。
7. 什么是同步?数据通信有哪些同步方式?
8. 简述幅移键控、频移键控、相移键控中是如何用将数字信号转换成模拟信号的。
9. 举例说明拉回重发方式与选择重发方式的原理。
10. 简述 FDM 和 TDM 的原理。

第 3 章　计算机网络设备

在计算机网络中,联网的计算机要通过传输介质和网络设备才能连接起来,这些传输介质和网络设备负责信号的传输、差错的纠正、流量的控制、网络的互联、路径的选择等,确保发送端主机的数据能够正确地到达目的端主机。本章讨论通信子网中的网络设备和传输介质,介绍它们的特性和工作原理。

3.1　传输介质

传输介质是计算机网络最基础的通信设施,是连接网络上各结点的物理通道。计算机网络中的传输介质可以分为两类:有线介质和无线介质。有线介质包括同轴电缆、双绞线和光纤,无线介质包括无线电波、微波、红外线等。

3.1.1　同轴电缆

1. 同轴电缆的结构与分类

同轴电缆的结构如图 3-1(a)所示,它由内导体、绝缘层、屏蔽层和外保护层组成。使用同轴电缆联网时需要使用专用的连接器件,图 3-1(b)是细同轴电缆使用的 BNC 头和 T 型头。

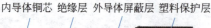
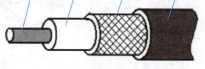

(a) 同轴电缆的结构　　　　　　　　　(b) 同轴电缆的连接器件

图 3-1　同轴电缆及其连接器件

同轴电缆主要有以下型号。

(1) RG-8 或 RG-11,匹配阻抗为 50Ω,用于 10Base-5 以太网,又叫粗缆网。

(2) RG-58A/U,匹配阻抗为 50Ω,用于 10Base-2 以太网,又叫细缆网。

(3) RG-59/U,匹配阻抗为 75Ω,用于 ARCnet(早期一种令牌总线网络)和有线电视网。

(4) RG-62A/U,匹配阻抗为 93Ω,用于 ARCnet。

同轴电缆又分为基带同轴电缆和宽带同轴电缆,基带同轴电缆的屏蔽层由网状铜丝织成,其匹配阻抗为 50Ω,适合传输数字信号;宽带同轴电缆的屏蔽层由铝箔缠绕而成,其匹配阻抗为 75Ω 或 93Ω,主要用于传输模拟信号。

在局域网络中最常使用的是匹配阻抗为 50Ω 的基带同轴电缆,其数据传输率为 10Mb/s。

2. 同轴电缆主要特性

根据同轴电缆的直径可以将 50Ω 的基带同轴电缆分为粗缆(RG-8 和 RG-11)和细缆(RG-58)两种。粗缆的有效传输距离较长,在使用中继器的情况下,其最大传输距离可达 2500m(单段最远 500m,最多 5 段)。由于粗缆在安装时不需要切断,因此可以根据需要灵活调整计算机的入网位置。但粗缆网络必须安装收发器和收发器电缆,安装难度也大,所以总体造价高。细缆有效传输距离较短,在使用中继器的情况下,其最大传输距离仅为 925m(单段最远 185m)。细缆安装比较简单、造价低,但由于安装过程中要切断电缆,两头还需要装上基本网络连接(BNC)头,然后接在 T 型连接器两端,所以当接头多时容易产生接触不良的隐患,这是目前运行中的细缆以太网最常见的故障之一。

同轴电缆有较强的抗干扰能力,为了保证同轴电缆具有良好的电气特性,其电缆屏蔽层必须接地,同时两头要有 50Ω 的终端适配器来削弱信号反射作用。

用粗缆和细缆连接的网络都是总线拓扑结构,即一根线缆上接多台计算机。这种拓扑结构适用于机器密集的环境,但是当任一连接点发生故障时,故障就会影响串接在整根电缆上的所有机器,故障的诊断和修复都很麻烦,所以,它正逐步被双绞线或光缆所替代。

3.1.2 双绞线

1. 双绞线的结构与分类

双绞线是由两根绞合的绝缘铜线外部包裹橡胶外皮而制成,有两对线型和四对线型,两对线型的接插头为 RJ-11,四对线型的接插头为 RJ-45,如图 3-2 所示。

(a) 双绞线　　　　　　　　　　(b) RJ-45接头

图 3-2　双绞线和 **RJ-45** 接头

双绞线电缆包括屏蔽双绞线 STP 和非屏蔽双绞线 UTP 两类。屏蔽双绞线因为有屏蔽层,所以造价高,安装复杂,只在特殊情况(电磁干扰严重或需要防止信号向外辐射)下使用,非屏蔽双绞线 UTP 无金属屏蔽材料,只有一层绝缘胶皮包裹,价格相对便宜,安装维护也容易,得到了广泛使用。

按照传输特性可以将双绞线分为 7 类。

(1) 1 类线:主要用于传输语音(一类标准主要用于 20 世纪 80 年代初之前的电话线缆),不用于数据传输。

(2) 2 类线:用于语音传输和最高传输速率 4Mb/s 的数据传输,早期用于 4Mb/s 的令牌环网。

(3) 3 类线:该类电缆的带宽为 16MHz,用于语音传输及最高传输速率为 10Mb/s 的数据传输,主要用于 10 兆以太网(10BASE-T)。

(4) 4 类线:该类电缆的带宽为 20MHz,用于语音传输和最高传输速率达 16Mb/s 的数据传输,主要用于 16 兆令牌环局域网和 10 兆以太网。

(5) 5 类线:该类电缆增加了绕线密度,外套一种高质量的绝缘材料,带宽可达 100MHz,用于语音传输和最高传输速率为 100Mb/s 的数据传输,主要用于百兆以太网(100BASE-T)以及 10BASE-T 网络,是最常用的电缆。

(6) 超 5 类线:超 5 类具有衰减小、串扰少的特点,并且具有更高的抗衰减与串扰的比值(ACR)和信噪比、更小的时延误差,性能比之 5 类线得到很大提高。超 5 类线带宽可达 200~300MHz,主要用于千兆以太网(1000BASE-T)。

(7) 6 类线:该类电缆的带宽可达 350~600MHz,能提供 2 倍于超五类的带宽。6 类线的传输性能远远高于超 5 类标准,最适用于传输速率高于 1Gb/s 的应用。

双绞线电缆主要用于星形网络拓扑结构,即以集线器或网络交换机为中心,各网络工作站均用一根双绞线与之相连,这种拓扑结构非常适合结构化综合布线,可靠性较高,任何一个连线发生故障都不会影响网络中的其他计算机,故障的诊断与修复也比较容易。

2. 双绞线的主要特性

(1) 传输距离一般不超过 100m,传输速度随双绞线类型而异。
(2) 价格低,重量轻,易弯曲,安装维护容易。
(3) 可以将串扰减至最小或加以消除,屏蔽双绞线的抗外界干扰能力强。
(4) 具有阻燃性。
(5) 适用于结构化综合布线。

3. 双绞线的接线方式

常用的 5 类双绞线有 4 对线,8 种颜色,分别是橙色、橙白色、绿色、绿白色、蓝色、蓝白色、棕色、棕白色,每种颜色的线都与对应的相间色线扭绕在一起。从传输特性上看,8 条线没有区别,连接计算机网络时只需要 4 根线就可以了,那么究竟用哪 4 根线?如何连接?电子工业协会(Electronic Industries Alliance,EIA)(后与其他组织合并形成电信工业协会(Telecommunications Industry Association,TIA))作出了规定,这就是 EIA/TIA568A 和 EIA/TIA568B 标准,简称 T568A 或 T568B 标准。这两个标准规定,联网时使用橙色、橙白色、绿色、绿白色这两对线,将它们连接在 RJ-45 接头的 1、2、3、6 四个线槽上,其他四根线可以在结构化布线时用于连接电话等设备。具体接线线序如表 3-1 和表 3-2 所示。

表 3-1　EIA/TIA568A 接线标准

RJ-45 线槽	1	2	3	4	5	6	7	8
色彩标记	绿白	绿	橙白	蓝	蓝白	橙	棕白	棕

表 3-2　EIA/TIA568B 接线标准

RJ-45 线槽	1	2	3	4	5	6	7	8
色彩标记	橙白	橙	绿白	蓝	蓝白	绿	棕白	棕

在连接双绞线时也可以根据需要选择将其制作成直连线(或直通线、正接线)和交叉线(或反接线)。直连线是指双绞线两端接线线序一致,都用 T568A 或都用 T568B 标准,由于习惯的关系,多数直连线用 T568B 标准;交叉线是指双绞线两端分别使用不同的接线标准,一端用 T568A 标准,另一端用 T568B 标准。

两种接线方法分别用于不同的场合。直连线用于连接不同类型的设备,不同类型的设备其内部接线线序是不同的,如图 3-3(a)所示,例如,计算机网卡与交换机或集线器连接,交换机与路由器连接,集线器普通口与集线器级联口(Uplink 口)的连接等;交叉线用于连接相同类型的设备,相同类型的设备内部接线线序相同,如图 3-3(b)所示,例如,两个计算机通过网卡连接,两个集线器或两个交换机之间用普通口连接,集线器普通口与交换机普通口的连接等。实际上,不管是哪种接线都是为了保证一端的发送端(1 橙白、2 橙)连接另一端的接收端(3 绿白、6 绿)。当两个不同类型的设备相连时,由于设备内部线序不一致,用直连线恰好可以实现一端的发送线槽与另一端的接收线槽的相连;当两个相同类型的设备相连时,由于其内部线序一致,所以用交叉线恰好可以实现一端的发送线槽与另一端的接收线槽相连。

现在,新型网络设备都有自动识别发送端和接收端的功能,所以交叉线的使用越来越少。

3.1.3　光纤

光纤是网络传输介质中传输性能最好的一种,大型网络系统的主干网几乎都用光纤作为传输介质,光纤是发展最为迅速的、最有前途的传输介质。

1. 光纤的结构

光纤的横截面为圆形,由纤芯、包层两部分构成。二者由两种光学性能不同的介质构成,其中,纤芯为光通路,而包层则由多层反射玻璃纤维构成,用来将光线反射到纤芯上。实用的光缆外部还须用加固纤维(尼龙丝或钢丝)和 PVC 保护外皮,用以提供必要的抗拉

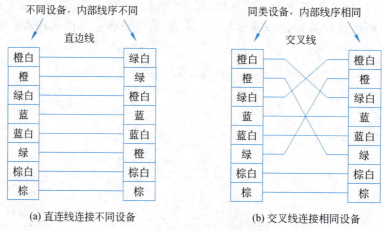

图 3-3 直连线与交叉线的使用

强度,以防止光纤受外界温度、弯曲、外拉等影响而折断。光纤的结构如图 3-4 所示。

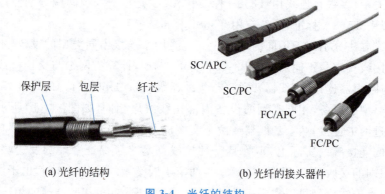

图 3-4 光纤的结构

2. 光纤的传输原理

光纤传输系统的结构如图 3-5 所示。在光信号传输时,发送端先通过发光二极管将电信号转换为光信号,传输至接收端后,接收端使用光电二极管将光信号转换成电信号。

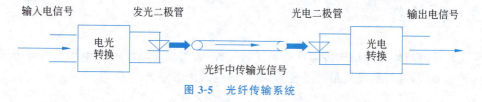

图 3-5 光纤传输系统

光纤分为单模光纤(single-mode fiber,SMF)和多模光纤(multi-mode fiber,MMF)两种类型。

单模光纤内径<10μm,只传输单一频率的光,光信号沿轴路径直线传输,速率高,可

达百 Gb/s。单模光纤用红外激光管作光源(ILD),传输距离远,可达数十千米、成本高,如图 3-6(a)所示。

多模光纤纤芯直径为 50～62.5μm,可以传输多种频率的光,光信号在光纤壁之间呈波浪式反射,多频率(多色光)共存,其使用发光二极管作光源(LED),传输距离近,约 2km,损耗大,成本低,如图 3-6(b)所示。

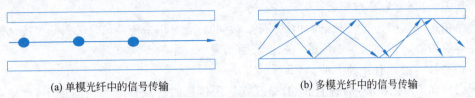

(a) 单模光纤中的信号传输　　(b) 多模光纤中的信号传输

图 3-6　光信号传输过程

3. 光纤的主要特性

(1) 信道带宽大,传输速度快,可达 1000Mb/s 以上。

(2) 传输距离远,就单段光纤的传输距离而言,单模光纤可达几十千米,多模光纤可达几千米。

(3) 抗干扰能力强,传输质量高。这是由于光纤中传输的是光信号,所以不受外部电磁场干扰所致。

(4) 信号串扰小,保密性好。

(5) 尺寸小、重量轻,便于敷设和运输。

(6) 制造所用材料是塑料和玻璃,来源丰富,节能环保。

(7) 无辐射,难以窃听。

(8) 线缆适应性强,寿命长。

3.1.4　无线传输介质

无线传输就是利用大气层和外层空间传输电磁波信号,地球上的大气层为大部分无线传输提供了物理通道,就是常说的无线传输介质。无线传输所使用的电磁波频段很广,目前主要的有无线电波、微波和红外线等。

1. 无线电波

无线电波是指频率范围为 10kHz～1GHz 电磁波谱。这一频率范围被分为短波波段、超高频波段和甚高频波段,无线电波主要用于无线电广播、电视节目以及手提电话通信,也可用于传输计算机数据。

在多数国家,无线电波分为管制和非管制两个部分,其中,非管制频段是开放的,任何人都可以随意使用,而管制部分在使用时必须经过专门的部门批准,这种部门在美国是联邦通信委员会(FCC),在中国是国家无线电管理委员会。

无线通信有两种方式,即单频通信和扩频通信。

所谓单频通信是指信号的载波频率单一,其载波的可用频率范围遍及整个无线电频率。与有线传输相比,单频通信传输速率低、有效传输距离近,若要提高传输率和传输距离,就需要特别高的发射功率,而大型发射塔、发射天线、大功率收发器等将使单频通信价格非常昂贵。另外,单频通信信号在开放的空间传输,很容易与其他电磁波混杂,抗干扰能力很差,且非常容易被窃听。

所谓扩频通信是扩展频谱通信的简称。它的特点是用来传输信息的射频带宽远大于信息本身带宽。扩频通信系统的出现被誉为是通信技术的一次重大突破。

扩频技术通常有 4 种类型,如下所示。

(1) 直接序列扩频,简称直扩(DS)。直扩所传送的信息符号经伪随机序列(或称伪噪声码)编码后对载波进行调制,经伪随机序列调制后的速率远大于要传送信息的速率,调制后的信号频谱宽度也将远大于所传送信息的频谱宽度。

(2) 载波频率跳变扩频,简称跳频(FH)。跳频载荷信息的载波信号频率受伪随机序列的控制,会快速地在给定的频段中跳变,此跳变的频带宽度远大于所传送信息的频谱宽度。

(3) 跳时(TH)。跳时通信会将时间轴分成周期性的时帧,每帧内分成许多时间片,在一帧内哪个时间片发送信号由伪码控制,由于时间片宽度远小于信号持续时间,所以其能实现信号频谱的扩展。

(4) 混合扩频。混合扩频是以上几种不同的扩频方式混合应用,例如,直扩和跳频的结合(DS/FH),跳频和跳时的结合(FH/TH),以及直扩、跳频与跳时的结合(DS/FH/TH)等。

扩频通信的特点主要有以下几点。

(1) 抗干扰性能好。它具有极强的抗人为宽带干扰、窄带瞄准式干扰、中继转发式干扰的能力。

(2) 隐蔽性强、干扰小。因信号在很宽的频带上被扩展处理,所以其单位带宽上的功率很小,即信号功率谱密度很低,信号很容易被淹没在白噪声之中,别人难于发现其存在,再加之扩频编码还需解密,所以他人就更难拾取有用信号。

(3) 易于实现码分多址。扩频通信占用宽带频谱资源通信,改善了其自身的抗干扰能力,那么其是否浪费了频谱资源呢? 其实正相反,其实际上提高了频带的利用率。正是由于扩频通信要用扩频编码进行扩频调制发送,而信号接收需要用相同的扩频编码之间的相关解扩方法才能得到,所以这就给频率复用和多址通信提供了基础。在实际使用中可以充分利用不同码型的扩频编码之间的相关特性,分配给不同用户不同的扩频编码,就可以区别不同用户的信号,众多用户只要配对使用自己的扩频编码,就可以互不干扰地同时使用同一频率通信,从而实现频率复用,使拥挤的频谱得到充分利用。

2. 微波

微波是频率范围在 3GHz~300GHz 的电磁波。微波通信主要采用扩频通信方式。微波扩频通信技术特点是利用伪随机码对输入信息进行扩展频谱编码处理,然后在某个载频上进行调制以便传输。我国微波通信常用的微波频段为 L、S、C、X 诸频段。

数字微波系统按接入方式可分为点对点、点对多点两种。点对点方式是指连接的双方用一对微波扩频传输设备相连；点对多点方式是指扩频系统含一个中心点和若干分布接入点，若干分布接入点以竞争方式或固定分配方式分享中心点提供的总信道带宽。

微波数据通信系统有两种形式：地面(基于地球表面)系统和卫星系统，它们使用的频率比较相似。一般微波通信指的是地面微波。

地面微波使用较低的频段，一般使用 4GHz～28GHz 的频率范围，采用定向式抛物面形天线收发信号，要求与其他地点之间的通路没有障碍或视线能及。由于微波信号具有极强的方向性，只能直线传播，遇到阻挡就被反射或被阻断，而地球是圆的，所以在传输距离超过 50km(有高架天线时可以更远些)或遇到高山阻隔时需要设置中继站将信号放大再进行传输。

由于微波通信频带宽、容量大，故可以用于各种电信业务的传送。电话、电报、数据、传真以及彩色电视等均可通过微波电路传输。

地面微波系统的主要用途是完成远距离的通信任务，适合在不宜铺设电缆的场合使用。与同轴电缆相比，穿越相同的距离时微波所需的放大器或中继器要少得多，用微波连接两个分开的建筑，然后在建筑间传输闭路电视或局域网的信号是很常见的组网方案。在建筑物中有时也采用小规模的地面微波方式组建局域网，通过小型发送装置与中心位置的集线器进行微波通信，多个集线器通过微波设备相互连接到一起便组成了一个完整的网络。

微波通信不需要申请，但是地面微波设备经常采用受管制的频率，所以需要缴纳一定费用，使用时间也受到一定的限制。

微波通信的特点如下。

(1) 通信频段的频带宽。微波频段占用的频带约 300GHz，而全部长波、中波和短波频段占有的频带总和不足 30MHz，前者是后者的 10000 多倍。一套微波中继通信设备可以容纳几千甚至上万条话路同时工作，或传输电视图像信号等宽频带信号。

(2) 受外界干扰的影响小。工业干扰、大气中电磁波干扰及太阳黑子的活动对微波频段通信的影响较小(当通信频率高于 100MHz 时，这些干扰对通信的影响极小)，只是严重影响短波以下频段的通信。因此，微波中继通信较稳定和可靠。

(3) 通信灵活性较大。微波中继通信采用中继方式，可以实现地面上的远距离通信，并且可以跨越沼泽、江河、湖泊和高山等特殊地理环境。在遭遇地震、洪水、战争等灾祸时，通信设施的建立、撤收及转移都较容易，这些方面微波比电缆通信具有更大的灵活性。

(4) 天线增益高、方向性强。当天线面积给定时，天线增益与工作波长的平方呈反比。由于微波中继通信的工作波长较短，因而高增益天线制造较易，可以有效降低发射机的输出功率。另外，微波具有直线传播特性，使用微波通信可以利用微波天线把电磁波聚集成很窄的波束，使微波天线具有很强的方向性，有效减少通信中的相互干扰。

(5) 投资少、建设快。在通信容量和质量基本相同的条件下，以每信道每千米为单位计算，微波中继通信的线路建设费用不到同轴电缆通信线路的一半，还可以节省大量有色金属，建设时间也比后者短。

3. 卫星微波

卫星通信系统实际上也是一种微波通信，它以卫星作为中继站转发微波信号，实现多个地面站之间的通信，卫星通信的主要目的是实现对地面的"无缝隙"覆盖，由于卫星工作于几百、几千、甚至上万千米的轨道上，因此其覆盖范围远大于一般的移动通信系统，3 颗卫星就可以覆盖整个地球表面。但卫星通信要求地面设备具有较大的发射功率，因此不易普及使用。

卫星通信系统由卫星段、地面段、用户段 3 部分组成。卫星段在空中起中继站的作用，即把地面站发上来的电磁波放大后再送回另一地面站；地面站则是卫星系统与地面公众网的接口，地面用户也可以通过地面站出入卫星系统形成链路，地面站还包括地面卫星控制中心，及其跟踪、遥测和指令站；用户段即是各种用户终端。卫星通信广泛应用于视频、电话、数据等信息的远程传输。

卫星通信提供两种连接方式，点对点的方式和一点对多点的方式。点对点的方式中卫星用来连接两个地面站；一点对多点的连接方式中，卫星发送的信号可以被多个地面站接收。

卫星通信系统的特点有以下几点。

(1) 下行广播，覆盖范围广。卫星通信对地面的情况如高山海洋等地理藩篱不敏感，适合为业务量比较稀少的地区提供大范围的覆盖，在覆盖区内的任意点均可以进行通信，而且成本与距离无关。

(2) 工作频带宽。可用频段介于 150MHz～30GHz。目前已经开始开发 O、V 波段 (40～50GHz)，而 KA 波段甚至可以支持 155Mb/s 的可视数据业务。

(3) 通信质量好。卫星通信中电磁波主要在大气层以外传播，传播性能非常稳定。虽然在大气层内的传播会受到天气的影响，但卫星通信仍然是一种可靠性很高的通信系统。

(4) 网络建设速度快、成本低。除建地面站外，卫星通信无需地面施工，运行维护费用低。

(5) 信号传输时延大。高轨道卫星的双向传输时延达到秒级，用于话音业务时会有非常明显的中断现象发生。

(6) 控制复杂。由于卫星通信系统中所有链路均是无线链路，而且卫星的位置还可能处于不断变化中，因此其控制系统也较为复杂，控制方式有星间协商和地面集中控制两种。

4. 红外通信

红外通信是指利用红外线作为传输手段的通信方式。红外通信系统中红外线的传输方式主要有两种：一是点对点方式；二是广播。使用点对点红外介质的优点是可以减少衰减，使窃听更困难，但实施时需要保证发射器和接收器处于同一直线上，中间不能有任何阻隔；而红外广播系统是向一个广大的区域传送信号，并且允许多接收器同时接收信号。

红外通信主要应用于掌上计算机、笔记本计算机、个人数字处理设备和桌面计算机之间的文件交换,以及计算机装置之间传送数据、控制电视、盒式录像机和其他设备。

红外通信的主要特点是低价格、高带宽、安装简单、高可靠性、轻便。

3.2 物理层上的网络设备

3.2.1 集线器

1. 集线器及其作用

集线器(hub)是将网络中的站点连接在一起的网络设备。在局域网上,每个站点都需要通过某种介质连接到网络上,在使用双绞线联网时,由于其 RJ-45 接头的特殊性,使得多个工作站连接在一起时必须依赖一个中心设备,这样的中心设备就称为集线器或集中器。大多数集线器都有信号再生或放大作用,且有多个端口,所以集线器有时还称为多端口中继器,如图 3-7 所示。集线器的作用是将网络中的计算机连接在一起,如图 3-8 所示。

图 3-7 集线器

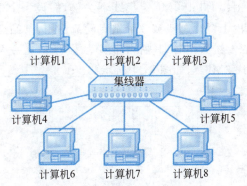

图 3-8 集线器将计算机集中在一起

使用集线器可以连接成覆盖更大范围的多级星形结构的以太网。例如,一个学院的三个系各有一个 10BASE-T 以太网(图 3-9(a)),可通过一个主干集线器把各系的以太网连接起来,使之成为一个更大的以太网(图 3-9(b))。

(a) 三个独立的以太网

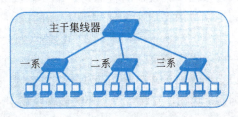

(b) 一个扩展的以太网

图 3-9 用多个集线器连成更大的以太网

使用多级集线器可以有以下两个好处。第一,使这个学院不同系的以太网上的计算机能够进行跨系的通信。第二,扩大了以太网覆盖的地理范围。例如,在一个系的 100BASE-T 以太网中,主机与集线器的最大距离是 100m,因而两台主机之间的最大距离是 200m。但在通过主干集线器组网后,不同系的主机之间的距离就可大幅扩展,因为集线器之间的距离可以是 100m(使用双绞线)甚至更远(如使用光纤)。

2. 集线器的工作原理

下面以普通共享式以太网集线器为例,介绍集线器的工作原理。

从网络体系结构上看,集线器工作在物理层,因此,它只能机械地接收数据信息,经过信号再生后,再将数据信息转发出去。集线器不能识别源地址和目的地址,没有地址过滤功能,所以当其收到数据信息时,为了使数据信息能够传送到目的站点,其将采用广播的方式,即从一个端口接收数据,向除入口之外的所有端口广播,如图 3-10 所示。

从内部结构看,集线器只有一条背板总线,集线器上的所有端口都挂接在这条总线上,当一个站点通过集线器传输数据时,要独占整个总线的带宽,此时其他站点只能处于接收状态。所以,多个站点要都想发送数据就得用竞争的方法来获得介质访问的权利,因此,集线器多个端口连接的站点共处在一个冲突域中。这种竞争的工作方式使得集线器的每个端口获得的实际带宽只有集线器总带宽的 N 分之一(N 为集线器的端口数量)。以一台 8 口 100Mb/s 集线器为例,假设每个端口上的站点发送数据的机会是均等的,那么,由于背板总线被 8 个站点轮流占用,某站点发送数据时独享 100Mb/s 带宽,而在其他站点发送数据时,其所占带宽为零,所以在一个发送周期内,每个端口获得的平均带宽只有 12.5Mb/s,如图 3-11 所示。

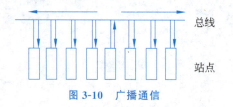

图 3-10 广播通信

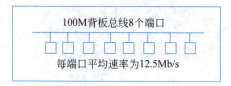

图 3-11 端口均分总线带宽

当局域网站点很多,单个集线器的端口不足以将所有站点接入网络时,可以采用集线器级联的方法组网。有些集线器有级联口(UPLink 口),可以用直连线一端连一个集线器的级连口,另一端连接另一个集线器的普通端口;如果集线器没有级联口,则可以用交叉线连接两个集线器的普通口。集线器被级联后,相当于增加了其自身的端口数量,降低了每个端口的平均速率,扩大了广播的范围,也扩大了冲突的范围。

图 3-9(a)所示的例子,在三个系的以太网互联之前,每一个系的 10BASE-T 以太网是一个独立的冲突域,即在任一时刻,每一个碰撞域中只能有一个站发送数据,每一个系的以太网最大吞吐量是 10Mb/s,三个系总的最大吞吐量共有 30Mb/s。但在三个系的以太网通过集线器互联后三个冲突域就变成了一个冲突域(范围扩大到三个系),如图 3-9(b)所示,而这时最大吞吐量仍然是一个系的吞吐量 10Mb/s。这就是说,当某个系的两个站在通信时所传送的数据会通过所有的集线器进行广播,使得其他系的内部在这时都不能

通信(一发送数据就会碰撞)。

如果不同的系使用不同的以太网技术(如数据率不同),那么就不可能用集线器将它们互连起来。如果在图 3-9 中,一个系使用 10Mb/s 的适配器,而另外两个系使用 10/100Mb/s 的适配器,那么用集线器将其连接起来后,大家都只能工作在 10Mb/s 的速率下。集线器基本上是个多接口(即多端口)的转发器,它并不能缓存帧。

3. 集线器的分类

集线器也像网卡一样是伴随着网络的产生而产生的,它的产生早于交换机,更早于后面将要介绍的路由器等网络设备,所以它属于一种传统的基础网络设备。集线器技术发展至今,也经历了许多不同主流应用的历史发展时期,所以集线器产品也有许多不同类型。

1) 按端口数量来分

这是最基本的分类方法之一。人们常说要买一个"16 口"或"24 口"集线器,这个"16 口""24 口"指的就是集线器的端口数。如果按照集线器能提供的端口数来分的话,目前主流集线器主要有 8 口、16 口和 24 口等大类,但也有少数品牌提供非标准端口数,如 4 口和 12 口的,另外还有 5 口、9 口、18 口的集线器产品,这主要是想满足部分对端口数要求过严、资金投入又比较谨慎的用户的需求。

2) 按带宽划分

集线器也有带宽之分,按照集线器所支持的带宽可将其分为 10Mb/s、100Mb/s、10/100Mb/s 自适应 3 种,基本上与网卡一样(网卡还有 1000Mb/s 的,但 1000Mb/s 以上带宽的集线器功能一般都由交换机来提供)。

3) 按照配置的形式分

集线器是最基础的网络设备,也是网络集中管理的最基本单元,它同时又几乎不需要什么软件来支持,所以它配置起来非常简单、方便,一般情况下只需要把结点连接好,插上电源,开启各结点即可完成配置。如果按整个集线器的配置来分,一般可将其分为独立型集线器、模块化集线器和堆叠式集线器 3 种。

(1) 独立型集线器。这种类型的集线器在低端应用是最多的,也是最常见的。独立型集线器是带有许多端口的单个盒子式的产品,多个端口共享总线带宽,与之相连的站点必须以相同的速率工作。独立型集线器具有价格低、容易查找故障、网络管理方便等优点,在小型的局域网中广泛使用。但这类集线器的工作性能比较差,尤其是在速度上缺乏优势。

(2) 模块化集线器。模块化集线器一般都配有机架,带有多个卡槽,每个槽可放一块通信卡,每个卡的作用就相当于一个独立型集线器,多块卡通过安装在机架上的通信底板进行互联。

(3) 堆叠式集线器。堆叠式集线器可以将多个集线器堆叠使用,通过特定端口互连在一起,当 5 个 12 口的集线器堆叠在一起时,可以将其看作是 1 个 60 口的集线器。堆叠在一起的集线器可以当作一个单元设备来管理。一般情况下,当有多个集线器堆叠时,其中将存在一个可管理集线器,利用可管理集线器可对此堆叠式集线器中的其他独立型集线器进行管理。堆叠式集线器可以非常方便地实现网络的扩充。

堆叠和级联的区别在于,级联是通过集线器的某个端口与其他集线器相连的,而堆叠是通过集线器的背板连接起来的。虽然级联和堆叠都可以实现端口数量的扩充,但是级联后每台集线器在逻辑上仍是多个被管理的网络设备,而堆叠后的数台集线器在逻辑上是一个被管理的网络设备。

4) 从是否可进行网络管理来分

按照集线器是否可被网络管理分,其有不可通过网络进行管理的不可网管型集线器和可通过网络进行管理的可网管型集线器两种。

(1) 不可网管型集线器。这类集线器也称为傻瓜集线器,是指既无需进行配置,也不能进行网络管理和监测的集线器。该类集线器属于低端产品,通常只用于小型网络,这类产品比较常见,只要插上电、连上网线就可以正常工作。

(2) 可网管型集线器。这类集线器也称为智能集线器,是可通过 SNMP(Simple Network Management protocol,简单网络管理协议)对自身和其他集线器进行简单管理的集线器,这种管理大多是通过增加网管模块实现的。可网管集线器在外观上都有一个共同的特点,即在集线器前面板或后面板都提供一个 Console 端口。虽然 Console 端口的接口类型因品牌或型号而可能不同,有的为 DB-9 串行口,有的为 RJ-45 端口,但所有可网管型集线器都必须通过该接口实现管理功能。

3.2.2 中继器

1. 中继器及其作用

中继器(如图 3-12 所示)是一种延伸网络覆盖范围的设备,其主要作用是将接收的信号再生或放大,然后再传输出去。不管哪种类型的局域网,其最大联网距离都是有限制的,如 10BASE-2 网络一个网段跨越距离不能超过 185m,10BASE-5 网络一个网段跨越距离不能超过 500m,而各种双绞线网络一个网段跨越距离一般不能超过 100m 等。如果需要更远的连接,就需要使用中继器,如图 3-13 所示。

图 3-12 中继器

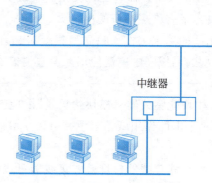

图 3-13 用中继器扩展网络

但是，中继器并不能无限地延伸网络，各种协议对于能使用的中继器数目有各自的限制，这是因为中继器延长了网络传输距离，同时也增加了信号传输时间，而网络上由于MAC定时特性所致对信号传输时延是有上限要求的。例如，在以太网中规定最多可以使用4个中继器，连接5个网段，且这5个网段中只有3个能安装设备，另两个网段仅作延长距离之用。这被称为以太网的5-4-3规则。

集线器也可以起到信号再生放大作用，因此，集线器是一个多端口的中继器。

2. 中继器的分类

中继器可分为两类：直接放大式和信号再生式。

直接放大式中继器即是一个简单的信号放大器。经过一段传递后到达的信号会发生幅度衰减现象，波形变差并且叠加了各种噪声，在经过直接放大式中继器后所有这些都将被放大传递到下一个网段中去，如图3-14(a)所示。

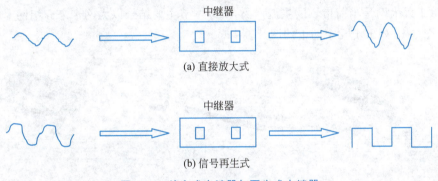

图 3-14 放大式中继器与再生式中继器

信号再生式中继器不但有放大功能而且有信号再生功能，它对输入的信号重新进行放大和整形，再将所得"干净"的无噪声信号送入下一个网段，如图3-14(b)所示。

3.2.3 调制解调器

调制解调器也叫modem，它是通过电话拨号接入Internet的必备硬件设备。通常计算机内部使用的是数字信号，而通过电话线路传输的信号是模拟信号。调制解调器的作用就是当计算机发送信息时，将计算机内部使用的数字信号转换成可以用电话线传输的模拟信号，通过电话线发送出去；接收信息时，把电话线上传来的模拟信号转换成数字信号传送给计算机，供其接收和处理。

3.3 数据链路层上的网络设备

3.3.1 网卡

1. 网卡及其作用

网卡又叫网络接口卡或网络适配器,是组建网络必不可少的设备,每台联网计算机至少要具备一块网卡。网卡一端有与计算机总线结构相适应的接口,另一端则提供与传输介质的接口。网卡可以将计算机与传输介质连接起来。从网络体系结构角度看,在 OSI 参考模型中,网络应该具有 7 层结构,网卡提供 OSI 参考模型的物理层和数据链路层服务功能,使计算机具有通信功能,实现低层通信协议。网卡还给计算机带来了一个地址,使计算机在网络中具有唯一标识,这个地址叫物理地址或 MAC 地址。网卡有许多种类型,但由于以太网是当前市场的主流产品,所以本节主要结合以太网卡来介绍网卡的基础知识。图 3-15 列出了几个网卡的图片。

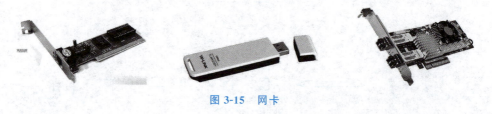

图 3-15 网卡

2. 网卡的功能

网卡的功能结构如图 3-16 所示。在网络通信中,网卡主要完成以下功能。

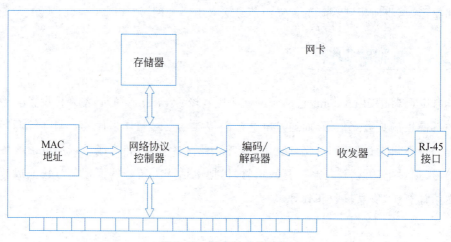

图 3-16 网卡的功能结构

(1) 连接计算机与网络。网卡是局域网中连接计算机和网络的接口,它通过总线接口连接计算机,通过传输介质接口连接网络。多数网卡支持一种传输介质,但是也有同时支持多种介质的网卡,如二合一网卡、三合一网卡等。

(2) 进行串行/并行转换。网卡和局域网之间的通信是通过同轴电缆、双绞线或电磁波以串行传输方式进行的,而网卡和计算机之间的通信则是通过计算机主板上的 I/O 总线以并行传输方式进行的。因此,网卡的一个重要功能就是要进行串行/并行转换。在发送端,网卡要将来自计算机的并行数据转换成串行数据,使之能在网络里传输;在接收端,网卡要将从网络中传来的比特串转换成并行数据交给计算机。

(3) 实现网络协议。不同类型的网络,其介质访问控制方法以及发送接收流程是不同的,传输的帧格式也是不同的,使用什么协议进行通信,取决于网卡上的协议控制器,协议控制器决定了网络中传输的帧格式和介质访问控制方法。在发送端,网卡负责将数据组装成帧,加上帧的控制信息;在接收端,网卡负责识别帧,并负责卸掉帧的控制信息。

(4) 差错检验。网卡将以帧为单位检查数据传输错误。在发送端发送数据时,网卡负责计算检错码,并将其附加到数据的后面;在接收端,网卡负责检查错误,如果收到错误的帧,就将之丢弃,如果收到正确的帧就送至主机。

(5) 数据缓存。在发送端,主机将数据发送给网卡,网卡发送数据并将发送的数据暂存在自己的缓存中。如果接收端发来确认信息,网卡就将缓存中的数据清除掉,腾出缓存发送新的数据。如果接收端没有正确收到,网卡就从缓存中重发数据,直到接收端正确收到为止。在接收端,缓存用于暂存已经到达但还没有处理的数据,每处理完一帧数据,就将该数据从缓存中清除,准备接收新的数据。

(6) 编码解码。为改善传输质量,发送端网卡在发送数据的时候需要对传输的数据重新编码。以以太网为例,在发送数据时,要对数据进行曼彻斯特编码后将之送传输介质传输;在接收端,网卡从传输介质接收曼彻斯特编码,并将其还原成原来的数据。

(7) 发送接收。网卡上装有发送器和接收器,用于发送信号和接收信号。

3. 网卡地址

每块网卡都有一个世界上独一无二的地址,这个地址叫物理地址,又叫 MAC 地址,这个地址在网卡的生产过程中就被写入到网卡的只读存储器中。以太网卡的物理地址是由 48 位二进制数组成的,但是,由于二进制数不便于书写和记忆,所以实际表示时用 12 位十六进制数来表示,十六进制数到二进制数的转换很简单,即将每 4 位二进制数写成 1 位十六进制数就行了。

例如,网卡地址 0000 0000 0110 0000 0000 1000 0000 0000 1010 0110 0011 1000 用十六进制数表示为 00-60-08-00-A6-38。

这 48 位二进制数中,前 24 位为企业标识,后 24 位是企业给网卡的编号。

为了统一管理以太网的物理地址,保证每个网卡物理地址在全世界唯一,不与其他地址重复,IEEE 注册管理委员会(RAC)为每一个网卡生产商分配一个 24 位的企业标识,这就意味着生产厂商获得一个企业标识后,它可以生产 2^{24}(16777216) 块网卡。

在 Windows 操作系统下,要查看网卡地址可以使用 IPCONFIG /ALL 命令,具体步骤如下。

(1) 单击【开始】菜单,选择【运行】(新版本 Windows 中在 Windows 桌面按 Windows+R 组合键)。

(2) 在【运行】对话框中输入 cmd,然后单击【确定】,打开命令行窗口。

(3) 输入 ipconfig /all 命令即可查看网卡上的物理地址,如图 3-17 所示。

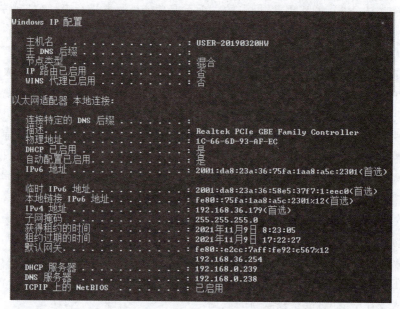

图 3-17 查看网卡地址

3.3.2 网桥

1. 网桥及其作用

网桥是一个实现网络互连的设备,它可以在数据链路层上连接两个局域网,使之相互通信。网桥设备如图 3-18 所示。从网络体系结构的角度看,网桥是数据链路层的设备,它可以识别帧和物理地址。相对于物理层上的互连(用中继器或集线器连接两个局域网)而言,网桥有地址过滤功能,它能够识别哪些地址属于同一个网络。如果源地址和目的地址属于同一个网络,网桥就丢弃数据帧,不会向其他网络转发;如果源地址与目的地址不

图 3-18 网桥

属于同一个网络,网桥就会转发数据帧。

正是由于网桥有地址过滤功能,所以其具有以下几个方面的作用。

(1) 隔离局域网间的冲突。网桥在连接两个局域网时,只会广播局域网间的通信,不会广播局域网内的通信。网桥不会像集线器或中继器那样,因为网络互连而引起冲突加剧,而是会将冲突范围限制在一个网络内部。但是,网桥不能隔离广播,当网桥收到一个广播帧时,会向与之相连的所有网段广播,如图 3-19 所示。

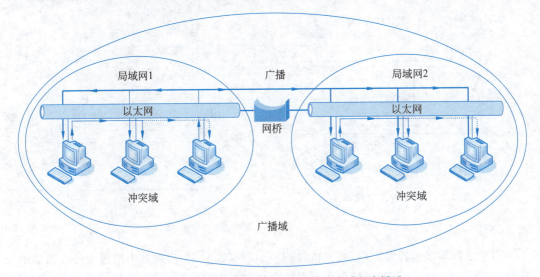

图 3-19　网桥连接两个局域网后的冲突域和广播域

(2) 提高网络性能。如果一个大型局域网连接的站点很多,网络性能会变差,这时可以将大型网络分成几个较小的网络,将彼此通信量大的站点(如一个部门的站点)划分在一个网段中,网段之间用网桥连接。由于一个网段内部的通信不会被广播到其他网段,而网段内部通信又占通信量的绝大部分,所以相当于减少了一个网段内部的站点数,减轻了竞争介质的程度,提高了网络的性能,如图 3-19 所示。

(3) 提高网络的安全性。由于网桥拥有地址过滤功能,这将使得网络内部通信不会被其他网段的站点收到,间接提高了网络的安全性。

(4) 扩展网络覆盖范围。利用网桥可以扩展网络的覆盖范围,与中继器比较,使用网桥扩展网络覆盖范围理论上不受网桥数量限制,由于网桥将整个网络分成了一个个小的网段,每个网段都可以被看成是一个独立的网络,所以只要一个网段内部的传输距离满足信号传输时延要求就可以了。但是在大型的网络互联中,由于网桥是依靠物理地址寻址的,寻址效率太低,所以一般不使用网桥。

2. 网桥的工作原理

网桥的工作原理可以概括为先建立桥接表,根据桥接表转发数据帧,具体可以用图 3-20 加以说明。图中,局域网 1 和局域网 2 通过网桥相连,101、102、201、202 分别代表 4 个主机的地址,1 和 2 分别是网桥的端口。

1) 建立桥接表

某站点发送数据帧时,网桥收到这个数据帧后会读取帧中的源地址和目的地址,并将源地址和接收该帧的端口记录在桥接表中,如此,经过一段时间后,桥接表中就会逐渐填满记录,形成一张完整的信息表。这个表的内容是动态的,如果某个站点长期不发送数据,它的记录将被清除。网桥的这种自己建立桥接表的功能叫自学习功能。网桥的桥接表如表3-3所示。这个桥接表就是网桥过滤地址、转发数据的依据。

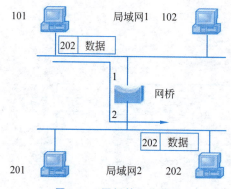

图 3-20 网桥的工作原理

表 3-3 网桥的桥接表

端口	MAC 地址
1	101
1	102
2	201
2	202
…	…

2) 转发数据

网桥依据桥接表转发数据,当网桥收到一个数据帧时,会读取帧中的源地址和目的地址,然后去查桥接表。根据桥接表中记录的信息,网桥可能采用以下几种策略。

(1) 如果源地址和目的地址对应的端口是同一端口,网桥会认为这是一个网络内部的通信,进而丢弃该数据帧。

(2) 如果源地址和目的地址对应的端口号不同,网桥会向目的地址对应的端口转发该数据帧。

(3) 如果读取的目的地址在桥接表中没有相对应的记录,为了能够将数据送达接收站点,网桥将向除接收端口外的所有端口广播该数据帧。

3. 网桥的类型

网桥的类型较多,但大都可以归纳为 IEEE 802 委员会制定的两种类型:透明网桥(transparent bridge)和源路由网桥(source routing bridge)。

1) 透明网桥

透明网桥(也叫自学习网桥)在网桥内部会有一个记录了各端口所连接网络站点地址的数据库,即桥接表,之前本节介绍的网桥原理就是透明网桥的原理。

之所以叫透明网桥,是因为这种网桥对网上计算机而言完全透明。透明桥的主要优点是安装和管理十分方便,且与目前的 IEEE 802 产品兼容,缺点是功能较简单,只能决定数据是转发还是丢弃,不能选择数据传输的最佳路径。

2) 源路由网桥

源路由网桥与透明网桥不同,它没有所连接网段上站点信息的桥接表,而是根据数据帧里包含的路由信息来转送数据的。源路由网桥通常用于令牌环网络。

在令牌环网络上,路由信息是由源站点放在数据包里的,一个站点在与另一个站点通信之前必须先寻找到通向目的站点的路径。源站首先向全网广播一个探测数据包,当该数据包经过每一个源路由网桥时,网桥会将路由信息放入到该数据包中去。这样,当这个数据包到达目的站点时,其内部就包含了一张它所经过的所有网段和网桥的表,有时这样的表被称为"地图"。目的站点会使这个探测数据包按原路返回,当源站点重新收到它发出的探测包后,就可以从这个包内找到一条到达目的站点的完整路径。

在探测到一条通向目的站点的路径后,源站点会把相应的路由信息放入所有发向该目的站点的数据包中,中间的各网桥再依据包中的路由信息将数据向前传递。

由于网络的复杂性,从一个站点到另一个站点的路径可能不止有一条,这时源站可以从得到的几条不同路径中按照某一准则选择出一条,从而实现最佳路径选择,更好地平衡网络负载,提高网络性能。

4. 生成树算法

1) 循环连接

在比较复杂的网络互连环境中,有可能出现类似图 3-21 这样的循环连接(回路)情况。该情况一旦出现,将导致网桥循环转发一个数据帧,严重降低网络性能。

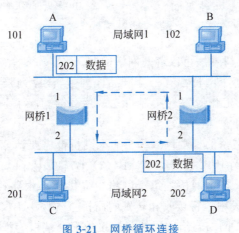

图 3-21 网桥循环连接

在图 3-21 中,假设地址为 101 的主机 A 向地址是 202 的主机 D 发送一个数据帧 F,网桥 1 和网桥 2 都会在自己的 1 号端口(代表局域网 1)收到这个数据帧,并且都会在自己的地址表里做记录:101 的记录是来自自己的端口 1;因为桥接表中原来没有主机 D 的地址,所以网桥 1 和网桥 2 都会用广播的方法将数据帧发送给局域网 2,网桥 1 发送的数据帧将被网桥 2 接收,于是,网桥 2 会认为数据帧 F 的源地址 101 来自 2 号端口(局域网 2,这是最关键的一个错误),于是其将修改桥接表;同样,网桥 2 发送的数据帧也将被网桥 1 收到,网桥 1 也会将桥接表中 101 地址修改为端口 2;接下来,网桥 1 和网桥 2 还是没有找到主机 D 的地址,于是又向局域网 1 广播,如此下去,F 帧将在网络中无限循环,网桥中的桥接表也将不断地循环更新,一会儿是 101 来自端口 1,一会儿又指明 101 来自端口 2。

恰好一个时刻,两个网桥都指明101来自端口2,而局域网2中的主机C发送一个数据帧给主机A,数据帧到达网桥后,网桥1会认为主机A的地址101在局域网2中,于是将这个数据帧丢弃。由此可见,网桥回路将严重影响网络的工作,所以在实际组网工作中,必须规避此类结构设计。

2) 生成树算法简介

解决循环连接问题需要采用的方法是生成树算法(spanning tree),下面将结合图3-22(a)所示的网桥循环连接,介绍生成树算法是如何解开这个回路的。

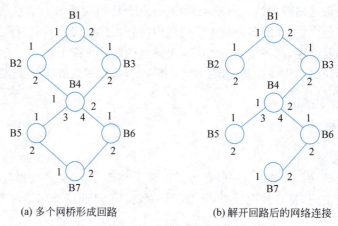

(a) 多个网桥形成回路　　　　　(b) 解开回路后的网络连接

图3-22　生成树算法

通过以下过程,生成树算法可以解开网桥回路。

(1) 推举根网桥。每个网桥都有一个产品序列号,该序列号由厂家设置并且在全球都是唯一的,每个网桥在工作时都会广播自己的序列号,序列号最小的将被推举为根网桥。本例中设B1为根网桥。

(2) 确定每个非根网桥的根端口。每个非根网桥都需要计算从本网桥出发到达根网桥的最小路径端口。本例中B2(1)、B3(1)、B4(2)、B5(1)、B6(1)、B7(2)为根端口。

(3) 确定指定网桥。指定网桥是每个网络中提供最小根路径代价的网桥,它是唯一能够为该网络在某一网段中执行接收和转发的网桥。本例中B1、B3、B4、B6为指定网桥。

(4) 确定指定端口。网络与指定网桥相连接的那个端口为指定端口。本例中B1(1)、B1(2)、B3(2)、B4(3)、B4(4)、B6(2)为指定端口。

(5) 把各网桥的非指定端口置为阻塞状态。本例中B2(2)、B4(1)、B5(2)、B7(1)即为阻塞状态。

上述计算过程能够使任意网桥与任意网络之间的关系保持单连接状态,即从某一网桥到达某一网络只存在唯一路径,这样就消除了循环连接问题,如图3-22(b)所示。

3.3.3　二层交换机

从广义来看,交换机分为两种:广域网交换机和局域网交换机。广域网交换机主要应用于电信领域,提供通信基础平台;而局域网交换机则应用于局域网络,用于连接终端设备,如计算机及网络打印机等。本节主要讨论局域网交换机,如图 3-23 所示。

图 3-23　局域网交换机

1. 局域网交换机及其作用

局域网交换技术是为了解决以太网在站点增加、负载加大情况下多个站点共享信道而使实际传送速度降低的问题而提出的。在以往采用集线器的以太网中,多个站点共享同一条总线,当一个站点传送数据时,其他所有站点都必须等待,因而站点的实际传输速率要远低于集线器理论速率,如图 3-24(a)所示。在这种情况下,人们提出了交换式网络的概念。交换式网络的核心是局域网交换机,交换机内部有多条背板总线,一个 100Mb/s 交换机的每一个端口带宽都是 100Mb/s。假如有一个 8 端口 100Mb/s 的以太网交换机,如果每个端口都同时工作,那么它的总带宽就是 $8\times 100\text{Mb/s}=800\text{Mb/s}$。交换机支持并行通信,在图 3-24(b)中,当计算机 A 与 C 通信时,交换机将提供一条总线连接端口 1 和 3,若与此同时计算机 B 与 D 通信,则交换机会提供另一条总线连接端口 2 和 4。两对通信同时进行,互不干扰,因而大幅度提高了网络性能。

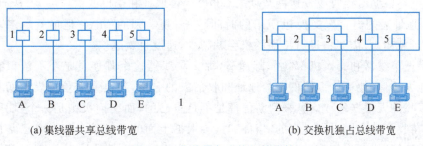

(a) 集线器共享总线带宽　　　　　　　(b) 交换机独占总线带宽

图 3-24　集线器与交换机的比较

除了可以取代集线器组建局域网外,二层交换机还可以像网桥一样连接两个局域网,可以实现不同局域网间转发数据帧、隔离冲突、消除回路等网桥功能。高级交换机还提供了更先进的功能,如虚拟局域网(VLAN)以及更高的性能和更丰富的管理功能。图 3-25 给出了交换式局域网的结构。

2. 二层交换机的工作原理

从网络体系结构的角度看,二层交换机同时具有物理层和数据链路层,因此,其和网桥一样可以识别物理地址,工作原理与网桥类似,也是根据所接收的帧的源 MAC 地址构造转发表,根据所接收帧的目的地址进行过滤和转发操作。但是二层交换机转发延迟比网桥小,其端口数量比网桥要多,可以将二层交换机看成是一个多端口的网桥。

当交换机接收到一个数据帧时,将首先取出数据帧中的目标 MAC 地址,根据内存中

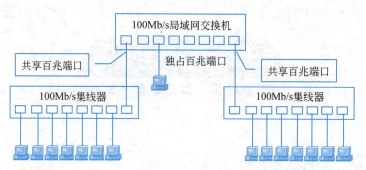

图 3-25 交换式局域网

所保存的 MAC 地址表来判断该数据帧应该被发送到哪个端口,然后再把数据帧直接发送到目标端口。如果没有在 MAC 地址表中找到目标端口,则交换机将发送一个广播帧至所有端口,只要目标端口所连接的计算机响应,交换机就会"记住"这个端口和 MAC 地址的对应关系,因此,交换机也具有自学习功能。当交换机下一次接收到一个拥有相同目标的 MAC 地址的数据帧时,这个数据帧会立即被转发到相应的端口上,而不用再发广播包。这样就使得网络的数据传输效率大大提高,且不易出现广播风暴,也不会有被其他结点侦听的安全问题。而集线器不具有这个地址表,所以当集线器接收到一个数据后,便会直接将该数据发送到所有端口上,既容易引起广播风暴,也易被其他结点侦听。

在交换机刚刚启动时,MAC 地址是空白的。当计算机通过交换机的端口进行通信时,交换机将根据所接收或发送的数据来获取 MAC 地址和端口的对应关系,从而更新自身 MAC 地址表的内容。交换机使用的时间越长,其学到的 MAC 地址就越多,未知的 MAC 地址就越少,需要再进行广播的机会就越少,速度也就越快。

如果把集线器和交换机都比作邮递员,那么集线器这个邮递员是个不认识字的"傻瓜",要他去送信,他不认识信件上的地址和收信人的名字,只会拿着信分发给所有的人,然后让接收的人根据地址信息来判断信件是不是自己的;而交换机则是一个"聪明"的邮递员,其在收到某个网卡发过来的"信件"时,会根据上面的地址信息以及自己掌握的"常住居民地址簿"快速将信件送到收信人的手中;只有当收信人的地址不在"地址簿"上时交换机才会像集线器一样将信分发给所有的人,然后从中找到收信人,而找到收信人之后,交换机会立刻将这个人的信息登记到"地址簿"上,这样以后再为该客户服务时,就可以迅速将信件送达了。

3. 交换机的分类

1) 根据网络覆盖范围分

可以将交换机分为局域网交换机和广域网交换机。广域网交换机主要用于电信城域网互联、互联网接入等领域的广域网中,提供通信用的基础平台,局域网交换机用于局域网络,用于连接终端设备,如服务器、工作站、集线器、路由器、网络打印机等网络设备,提供高速独立通信通道。局域网交换机是人们常见的交换机,也是本节讲解的重点。

2) 根据传输介质和传输速度划分

可以将交换机分为以太网交换机(10Mb/s)、快速以太网交换机(100Mb/s)、千兆以太网交换机(1000Mb/s)、万兆以太网交换机(10 000Mb/s)、10M/100M 自适应交换机(10Mb/s/100Mb/s)、100M/1000M 自适应交换机(100Mb/s/1000Mb/s)、ATM 交换机(100Mb/s)、FDDI 交换机(100Mb/s)和令牌环交换机(16Mb/s)。

3) 根据交换机规模和容量划分

可以将交换机分为企业级交换机、部门级交换机和工作组交换机。各厂商划分此类交换机的尺度并不完全一致,一般来讲,企业级交换机都是机架式,部门级交换机可以是机架式,也可以是固定配置式,而工作组级交换机则一般为固定配置式,功能较为简单。另一方面,从应用的规模来看,作为骨干交换机时,支持 500 个信息点以上大型企业应用的交换机为企业级交换机,支持 300 个信息点以下中型企业的交换机为部门级交换机,而支持 100 个信息点以内的交换机为工作组级交换机。

4) 根据交换机端口结构划分

可以将交换机分为固定端口交换机、模块化交换机和机架式交换机。不带扩展槽的固定端口交换机仅支持一种类型的网络(一般是以太网),可应用于小型企业或办公室环境下的局域网,价格最便宜,应用也最广泛;带扩展槽的固定配置式交换机是一种有固定端口并带少量扩展槽的交换机,这种交换机在支持固定端口类型网络的基础上,还可以通过扩展其他网络类型模块来支持其他类型的网络,这类交换机的价格居中;机架式交换机是一种插槽式的交换机,这种交换机扩展性较好,可支持不同的网络类型,如以太网、快速以太网、千兆以太网、ATM、令牌环及 FDDI 等,但价格较贵。许多高端交换机都采用机架式结构。

5) 根据工作的协议层次划分

按照 OSI 模型的七层网络模型,交换机又可以被分为第二层交换机、第三层交换机、第四层交换机等。基于 MAC 地址工作的第二层交换机最为普遍,用于网络的接入层和汇聚层;基于 IP 地址和协议进行交换的第三层交换机普遍应用于网络的核心层,也少量应用于汇聚层;第四层以上的交换机被称为内容型交换机,主要用于互联网数据中心。

6) 根据是否支持网管功能划分

按照交换机的可管理性,又可将其分为可管理型交换机和不可管理型交换机,它们的区别在于对 SNMP 协议、RMON 协议等网管协议的支持。可管理型交换机能够用于网络监控、流量分析,但成本也相对较高。大中型网络在汇聚层应该选择可管理型交换机,在接入层则应视应用需要而定,核心层交换机应全部使用可管理型交换机。

7) 根据交换机在网络中的作用划分

根据交换机在网络中的作用,可将网络交换机分为接入层交换机、汇聚层交换机和核心层交换机。其中,核心层交换机全部采用机架式模块化设计,已经基本上都设计了与之相配备的 1000Base-T 模块;汇聚层 1000Base-T 交换机同时存在机架式和固定端口式两种设计,可以提供多个 1000Base-T 端口,一般也可以提供 1000Base-X 等其他形式的端口;接入层支持 1000Base-T 的以太网交换机基本上是固定端口式交换机,以 10M/100M 端口为主,并且以固定端口或扩展槽方式提供 1000Base-T 的上联端口。

8) 根据交换机是否可堆叠划分

根据交换机是否可堆叠可将其分为可堆叠型交换机和不可堆叠型交换机两种。交换机堆叠需要通过厂家提供的一条专用连接电缆,从一台交换机的上联堆叠端口直接连接到另一台交换机的下联堆叠端口,以实现单台交换机端口数的扩充,一般交换机能够堆叠4～9台。当多个交换机堆叠在一起时,其作用就像一个模块化交换机一样,可以被当作一个单元设备来管理。当有多个交换机被堆叠时,其中需要存在一个可管理交换机,管理员需要通过该可管理交换机对此可堆叠式交换机中的其他独立型交换机进行管理。

4. 二层交换机与集线器和网桥的比较

二层交换机与集线器及网桥的区别如表 3-4 所示。

表 3-4 集线器、二层交换机、网桥比较

比较内容	设备		
	集线器	二层交换机	网桥
工作层次	物理层	数据链路层	同交换机
地址识别能力	无	识别物理地址	同交换机
转发数据的方式	总是广播	以点对点为主,偶尔广播	同交换机
是否能隔离冲突	否	是	是
端口数量	多	多	少
组建局域网	可以	可以	不适合

3.4 网络层上的网络设备

3.4.1 路由器

1. 路由器及其作用

路由器工作在 OSI 模型中的网络层,其首先的一个作用是连接多个网络,包括局域网和广域网,在网络之间传输报文分组;另一个作用是在网络互联环境中为报文分组选择最佳路径。路由器是互联网的主要结点设备,是不同网络之间相互连接的枢纽,如图 3-26 所示。

路由器的作用与网桥类似,但网桥工作在数据链路层,网桥根据物理端口划分网段,根据物理地址转发数据帧;而在网络层,整个网络在逻辑上被划分成一个个的子网络,每个子网络都被赋予一个网络号,网络中的主机都被赋予一个带有网络号的逻辑地址。例如,在 TCP/IP 中的 IP 地址。网络层的路由器根据网络号来转发数据包,以 IP 路由器为例,当路由器从一个网络收到一个数据包后,就检查数据包中 IP 地址中的目的网络号,从

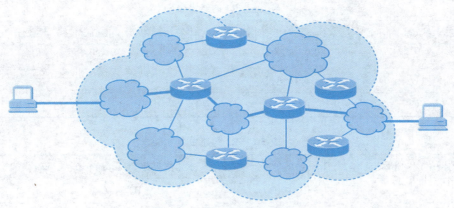

图 3-26 路由器的作用

路由表中找到到达目的网络的路径,然后把数据包转发给下一个路由器或目的网络。数据包到达目的网络后,再根据主机地址和物理地址将数据包交给目的主机。

把网桥和路由器都比喻作邮局,网桥投递信件是以收信者姓名(物理地址)为依据,每到一个邮局(网桥)就查询桥接表,了解要将信件交给这个收信者,下一站应该通过的网桥。而路由器不关心收信者的姓名,它只关心收信者所住的区域,它从收信者地址信息中提取区域信息(网络号),然后查询路由表,找到下一站应该交给的路由器(邮局),到达目的区域后再根据人名将信件交给接收者。

2. 路由表的基本概念

路由器转发数据要依赖路由表,路由表是通过路由协议软件在对网络流量进行分析计算的基础上得到的,每个路由器都在路由表中保存着从本路由器到达目的网络的路由信息,以及从本路由器到达目的网络的距离信息。如果目的网络与本路由器直接相连,路由器就把数据包丢给目的网络,如果目的网络不与本路由器直接相连,路由器将把数据包交给下一个路由器,由下一个路由器继续做路由选择。

下面将结合图 3-27 说明路由选择和路由表。在图 3-27 中,A、B、C 代表 3 个网络的网络号,R1、R2 代表路由器,A1、A2、B1、B2、C1、C2 代表不同网络中的逻辑地址。网络中的每一个主机要有一个地址,如 A1 和 C2;路由器是网络连接设备,它至少有两个地址,以 R1 为例,R1 的一个接口连接网络 A,该接口属于网络 A,所以它有一个网络 A 中的地址 A2,R1 又用另一个接口连接网络 B,所以该接口有一个在网络 B 中的地址 B1,R2 也是同理。

图 3-27 网络互连示意图

根据图 3-27 的网络环境,R1 和 R2 的路由表如表 3-5 和表 3-6 所示。

表 3-5 R1 的路由表

目的网络（destination）	下一站地址（gateway）	本路由器出口（interface）	跃点（metric）
A	直接交付	A2	0
B	直接交付	B1	0
C	B2	B1	1

表 3-6 R2 的路由表

目的网络（destination）	下一站地址（gateway）	本路由器出口（interface）	跃点（metric）
A	B1	B2	1
B	直接交付	B2	0
C	直接交付	C1	0

路由表又分为静态路由表和动态路由表，静态路由表是系统管理员根据网络互联情况设置好的，它不会随网络结构的改变而改变，也不会因网络通信状况而发生变化，所以静态路由只适用于结构基本不变，互联规模比较小的网络，如校园网或企业网。

动态路由表是路由器根据网络系统的运行情况而自动调整计算、分析而得的路由表。这类路由器会根据路由选择协议提供的功能，自动收集和记忆网络运行情况，自动计算出数据传输的最佳路径。大型网络互联环境都使用动态路由。

无论是主机还是路由器，一般都要设置默认路由，默认路由又叫默认网关，是当路由表中找不到目的网络对应的下一跃点地址时，默认选择的路由器。主机和路由器的默认路由由管理员静态配置。

3. 路由器的工作过程与工作原理

根据图 3-27 所示的网络互联环境，将计算机和路由器以其具有的层次结构来表示，如图 3-28 所示。假设主机 A 向主机 B 发送数据包，则数据网络中传输过程如下。

图 3-28 路由器的原理

(1) 主机 A 将数据传输到网络层后,数据被组装成报文分组,分组的目的地址是 C2,主机 A 根据本机默认网关的设置选择下一站转发给默认网关 A2,并根据地址解析协议解析出 A2 接口的物理地址,然后网络层将分组交给本机的数据链路层。

(2) 在主机 A 的数据链路层,分组被打包成网络 A 的帧格式,帧中会填入 A2 的物理地址,然后通过 A1 接口被送至物理层传输。

(3) 路由器 R1 通过接口 A2 接收 bit,在数据链路层根据帧的边界识别出帧,然后对帧进行差错检验,如果没有差错就去掉帧的控制信息,取出分组交给网络层。

(4) 在 R1 的网络层,R1 根据路由表选择路径(参见表 3-6),确认下一站为 B2,并根据地址解析协议解析出 B2 接口的物理地址,然后 R1 的网络层将分组交给本机的数据链路层。

(5) 在 R1 的 B1 接口的数据链路层将分组打包成网络 B 中帧的格式,并在帧中填入 B2 的物理地址,然后通过 B1 接口送物理层传输。

(6) 在路由器 R2 上重复(3)、(4)、(5)步的工作。

(7) 主机 B 在接口 C2 上接收 bit,在数据链路层根据帧的边界识别出帧,然后对帧进行差错检验,如果没有差错就去掉帧的控制信息,取出分组交给网络层。

(8) 由于分组中的目的地址就是本机地址,所以不再做路由选择,在完成本层协议的其他任务后,去掉分组控制信息,取出报文送交本机高层处理。

路由器在路由选择之前要先计算分组校验和(检错),如果发现分组错误,路由器就丢弃这个分组,如果没有错误,路由器将按照以下顺序选择路由。

(1) 如果目的网络与本路由器直接相连,就将数据直接交给目的网络。

(2) 如果目的网络没有与本路由器直接相连,就根据路由表将分组转发给下一个路由器。

(3) 如果路由器没有目的网络的记录,则数据将被交给路由器设置的默认网关。

(4) 如果路由器中没有设置默认网关,数据将被丢弃。

由上述路由选择过程可见,无论什么情况路由器都不会将数据广播出去。所以,用路由器连接网络不仅可以隔离冲突,而且也可以隔离广播。

4. 路由选择算法

由上述路由器的工作原理可知,路由器做路由选择主要依赖路由表,而路由表是依据某种算法计算出来的,路由选择算法为路由器产生和不断完善路由表提供了算法依据。影响路由算法的因素有很多,不同的路由算法,对这些因素的侧重也是不同的,各种路由算法需要考虑的因素主要有以下几种。

(1) 跃点。跃点是指一个分组从源结点到达目的结点经过的路由器的个数。一般来说,跃点越少的路径越好。

(2) 带宽。带宽指链路的传输速率。在通常情况下,带宽越大越好。

(3) 延时。延时是指一个分组从源结点到达目的结点所花费的时间。一般来说,延时越短越好。

(4) 负载。负载是指通过路由器或线路的单位时间内产生的通信量或吞吐量,越小越好。

（5）可靠性。可靠性是指传输过程中的误码率，越小越好。

（6）开销。开销一般是指传输过程中的花费。衡量开销的因素可以是链路长度、数据速率、链路容量、保密、传播延时与通信费用等。

一个实际的路由选择算法应尽可能接近于理想的算法。在不同的应用条件下，路由算法可以有不同的侧重。应当指出，路由选择是个非常复杂的问题，因为它涉及网络中的所有主机、路由器、通信线路，同时，网络拓扑与网络通信量随时在变化，这种变化是事先无法被预知的。当网络发生拥塞时，路由选择算法应该具有一定的缓解能力，但恰好在这种条件下，路由器很难从网络中的各结点获得所需的路由选择信息。由于路由选择算法与拥塞控制算法是直接相关的，因此路由器只能寻找出对于某种条件相对合理的路由选择。

从路由选择算法对网络拓扑和通信量变化的自适应能力的角度划分，可以将该算法分为静态路由选择算法与动态路由选择算法两大类。静态路由选择算法也叫作非自适应路由选择算法，其特点是简单和开销较小，但不能及时适应网络状态的变化；动态路由选择算法也被称为自适应路由选择算法，其特点是能较好地适应网络状态的变化，但实现起来较为复杂，开销也比较大。由于互联网非常复杂，静态路由算法往往不能满足要求，所以现代网络多采用动态路由算法。

动态路由算法主要有 3 种基本算法：向量-距离（vector-distance），链接-状态（link-state）和混合路由。

1）向量-距离算法（V-D）

路由器周期性的向与其相连的路由器广播路径刷新报文，将本路由器可到达的网络或主机的距离信息告知相连的路由器，与之相连的路由器按照最短路径原则刷新路由表，按跃点计算距离，跃点是这类算法考虑的主要因素。V-D 路由算法的典型例子是 RIP 和 IGRP。

V-D 路由算法的特点是：易于实现，但不适合在路径变化频繁的网络环境中使用，需要交换的信息量大，适用于小型网络。

2）链接-状态算法（L-S）

又称最短路径优先算法，原理是：各路由器主动测试所有与其相邻的路由器（不限于直接相连）之间的状态，即路由器周期性地向相邻的路由器发出简短的查询报文，根据相邻的路由器的响应判断连接的状态，如链路的通或断、忙或闲，随后各路由器周期性地广播其 L-S 信息，也接收其他路由器广播的链路状态报文，各路由器收到其他路由器发来的 L-S 报文后，构造或刷新互联结构和链路状态信息，形成一个全局的互联拓扑结构图和链路状态数据库，根据这个拓扑结构图和链路状态信息，每个路由器都以自己为中心，依据耗费最小的原则计算出到达各网络的最短路径，然后刷新自己的路由表。L-S 算法的典型例子是开放最短路径协议（OSPF 协议）。

L-S 算法的特点是路由变化收敛速度快、交换的信息量少，适合大型网络。

路由选择算法只是提出了路由计算的方法和原则，要实现这些算法，还需要去收集网络中影响算法的各种参数，并按照设计好的算法进行计算，完成这些任务需要依靠路由选择协议。

5. 路由器的分类

为了满足企业的各种应用需求,人们设计过各式各样的路由器,下面将简单介绍一下路由器的分类。

从档次上分,路由器可分高、中和低档路由器,不过各厂家对路由器的划分并不完全一致;从性能上分,路由器可分为线速路由器以及非线速路由器;从结构上分,路由器可分为模块化结构与非模块化结构,模块化结构可以灵活地配置路由器,以适应企业不断增加的业务需求,非模块化的就只能提供固定的端口。通常中高端路由器为模块化结构,低端路由器为非模块化结构。

从功能上划分,可将路由器分为核心层(骨干级)路由器、企业级路由器和访问层(接入级)路由器;从应用划分,路由器可分为通用路由器与专用路由器,一般所说的路由器皆为通用路由器;专用路由器通常需要为实现某种特定功能对路由器接口、硬件等做专门优化。例如,接入路由器用作接入拨号用户,具有增强 PSTN 接口以及信令能力;VPN 路由器用于为远程 VPN 访问用户提供路由,它需要在隧道处理能力以及硬件加密等方面具备特定的能力;宽带接入路由器则强调接口带宽及种类。路由器设备如图 3-29 所示。

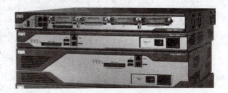

图 3-29　路由器

6. 路由器与网桥和二层交换机的区别

(1) 工作层次不同。最初的交换机是工作在 OSI/RM 开放体系结构的数据链路层,也就是第二层,而路由器一开始就被设计为工作在 OSI 模型的网络层。由于交换机工作在 OSI 的第二层(数据链路层),所以它的工作原理比较简单,而路由器工作在 OSI 的第三层(网络层),可以得到更多的协议信息,可以作出更加智能的转发决策。

(2) 数据转发所依据的对象不同。交换机是利用物理地址或者说 MAC 地址来确定转发数据的目的地址,而路由器则是利用不同网络的 ID 号(即 IP 地址)来确定数据转发的地址。IP 地址是通过软件实现的,描述的是设备所在的网络,有时这些第三层的地址也被称为协议地址或者网络地址。MAC 地址通常是硬件自带的,由网卡生产商来分配,而且已经固化到了网卡硬件中,一般来说是不可更改的,而 IP 地址则通常由网络管理员配置或系统自动分配。

(3) 二层交换机只能分割冲突域,不能分割广播域;而路由器可以分割广播域。由交换机连接的网段仍属于同一个广播域,广播数据包会在交换机连接的所有网段上传播,在某些情况下会导致通信拥挤和安全漏洞。连接到路由器上的网段会被分配成不同的广播域,广播数据不会穿过路由器。路由器仅仅转发特定地址的数据包,不传送不支持路由协议的数据包和未知目标网络的数据包,从而可以有效防止广播风暴。

(4) 连接的网络不同。二层交换机一般用于局域网到局域网的连接,相当于网桥,是数据链路层的设备。路由器用于广域网到广域网之间的连接或局域网到广域网的连接,可以在异种网络之间转发分组,是网络层的设备。相比较而言,路由器的功能较交换机要强大,但速度比交换机慢,价格比交换机贵。

3.4.2 第三层交换机

1. 第三层交换的基本概念

早期的局域网使用集线器将计算机连在一起。然而,因为集线器连接的设备全部共享同一个"冲突域",因此在竞争共享介质的过程中浪费了网络的共享带宽。为解决"冲突域"问题、提高整体性能,人们使用网桥来隔开网段中的流量,根据帧地址过滤和转发帧,建立了分离的"冲突域"。但是,网桥也存在"广播风暴"等问题,同时,用网桥连接的网络上所有计算机共享同一个"广播域"。

为解决"广播域"的问题,人们引入了路由器的概念,为互联网络之间的数据交换提供路由功能。路由器可以建立分离的广播域,因为它们可以根据报头的 IP 地址决定是否转发分组。路由器需要较多的时间处理每个分组,因为它们必须使用软件来处理分组报头。这个处理过程可能花费长达 $200\mu s$,这就是分组延迟。分组延迟对不同的分组差异可能很大,这取决于路由器的处理能力以及经过路由器的流量。

在网桥基础上,结合硬件交换技术,第二层交换机出现了。它实现了网桥的功能,同时提高了网桥的性能,于是人们自然会考虑将硬件交换技术与路由器技术相结合,研究第三层交换机。传统的二层交换机工作在数据链路层,根据帧的 MAC 地址实现了第二层帧的转发;第三层交换机工作在网络层,根据网络层地址实现了第三层分组的转发,所以其本质上是用硬件实现的一种高速路由器,既有交换机线速转发报文能力,又有路由器良好的控制功能,并因此得以广泛应用。

然而,第三层交换机设计的目标主要是快速转发分组,它提供的功能比路由器少,这种用硬件实现的分组交换技术为第三层交换机提供了非常快的分组处理速度,适于那些不需要路由器额外功能的网络应用。

2. 第三层交换提供的主要功能

第三层交换机通常提供如下功能:

(1) 分组转发。一旦源结点到目的结点之间的路径被决定下来,第三层交换机就将分组转发给目的主机。

(2) 路由处理。第三层交换机通过内部路由选择协议(如 RIP 协议或 OSPF 协议)创建和维护路由表。

(3) 安全服务。出于安全考虑,第三层交换机一般提供防火墙、分组过滤等安全功能。

(4) 特殊服务。第三层交换机提供的特殊服务包括封装和拆分帧及分组,并优化流量。第三层交换机设计的重点被放在如何提高接收、处理和转发分组速度,减小传输延迟上,其功能是由硬件实现的,使用专用集成电路 ASIC 芯片,而不是路由处理软件。然而,这也意味着每台交换机执行的协议是通过硬件固化的,因此只能采用特定的网络层协议。从某种意义上说,第三层交换机比路由器简单,因为它提供的功能少,提高了速度,但这也意味着第三层交换机不如路由器灵活、容易控制和安全。

3. 第三层交换机的应用

第三层交换机面向的是那些需要更高分组转发速度而不是对网络管理和安全有很高要求的应用场合,像内部网络主干部分使用第三层交换机是最佳选择。然而,当用于 Internet 接入时,或需要能对性能和安全性进行更好地控制时,路由器仍然是最好的选择。

3.5 无线网络设备

无线网络与有线网络在硬件构成上并无太大差别,同样需要网络连接设备、传输介质和网卡。在无线网络中,网络连接设备是无线接入点(AP)和无线路由器,传输介质是无线电波或红外线,网卡则是无线网卡。

3.5.1 无线网卡

在无线网络上通信的计算机必须配备一块无线网卡,另外它还需要一个可以连接的无线网络。如果计算机所处位置被无线路由器或者无线 AP 覆盖,那么它就可以通过无线网卡以无线的方式连入该无线网络。

1. 无线网卡的类型

无线网卡有 4 种类型:

(1)台式计算机专用的 PCI 接口无线网卡,适用于拥有 PCI 接口的普通台式计算机使用,如图 3-30(a)所示。

(2)笔记本计算机专用的 PCMICA 接口网卡,仅适用于笔记本计算机,支持热插拔。如图 3-30(b)所示。

(3)USB 接口无线网卡。这种网卡不管是台式计算机还是笔记本计算机,只要安装了驱动程序都可以使用。在选择时要注意的是只有采用 USB 2.0 及以上版本接口的无线网卡才能满足 IEEE 802.11g 的需求,如图 3-30(c)所示。

(4)笔记本计算机内置的 MINI-PCI 无线网卡。MINI-PCI 无线网卡为内置型无线网卡,其优点是无需占用 PC MICA 卡槽或 USB 插槽,但信号较弱,兼容性差,如图 3-30(d)所示。

2. 无线网卡支持的标准

目前,无线网络标准很多,其中最主要的有以下 4 个标准。

(a) PCI无线网卡

(b) PCMCIA无线网卡

(c) USB无线网卡

(d) MINI-PCI无线网卡

图 3-30　无线网卡

（1）IEEE 802.11a 标准：使用 5GHz 频段，传输速度 54Mb/s，与 IEEE 802.11b 不兼容。

（2）IEEE 802.11b 标准：使用 2.4GHz 频段，传输速度 11Mb/s，传输距离室外 300m，室内 100m。

（3）IEEE 802.11g 标准：使用 2.4GHz 频段，传输速度 54Mb/s，可向下兼容 IEEE 802.11b 标准。IEEE 802.11g 标准可以看作是 IEEE 802.11b 标准的高速版，为了实现 54Mb/s 的传输速度，IEEE 802.11g 标准采用了与 IEEE 802.11b 标准不同的 OFDM（正交频分复用）调制方式。该标准已被大多数无线网络产品制造商选择作为产品标准。

（4）IEEE 802.11n(Draft 2.0)标准：用于 Intel 新的迅驰 2 代笔记本计算机和高端路由器上，可向下兼容，传输速度 300Mb/s。

在选择网卡时除了选择一个与计算机相匹配的网卡类型，还要注意网卡所支持的无线标准要与无线网络连接设备支持的标准保持一致。目前无线局域网主要使用 IEEE 802.11b 和 IEEE 802.11g 这两个标准。

3.5.2　无线网络连接设备

1. 无线接入点 AP

无线接入点（AP）又叫无线访问点，是将其覆盖范围内所有的无线网卡连接起来的设备，相当于有线网络中的集线器或交换机，如图 3-31 所示。

无线接入点包括一个无线电收发机，用于通过射频信号与无线网卡通信；一个有线以太网接口，用于连接有线网络；以及桥接电路或者桥接软件。无线接入点汇集其作用范围以内的无线网卡的信号，并且把它们连接到有线网络，其提供无线工作站与有线局域网之间的相互访问，以及接入点覆盖范围内的无线工作站之间的相互通信，是无线网和有线网之间沟通的桥梁。但是，无线 AP 只能把无线客户端连接起来，不能通过它共享上网。

IEEE 802.11b 标准和 IEEE 802.11g 标准的覆盖范围是室内 100m、室外 300m，这个数值仅是理论值，在实际应用中，无线信号会碰到各种障碍物，其中以玻璃、木板、石膏墙等对无线信号的影响最小，而混凝土墙壁和铁对无线信号的屏蔽作用最大。所以无线 AP 通常的实际使用范围是：室内 30m、室外 100m（没有障碍物）。大多数无线 AP 带有接入点客户端模式（AP client），可以和其他 AP 进行无线连接，延展网络的覆盖范围。

图 3-31　无线 AP

随着无线标准不断发展，许多制造商现在都提供了可升级的多频段接入点，可以同时支持两个或多个不同的、互不兼容的 WLAN 标准。例如，在支持 IEEE 802.11b 标准和 IEEE 802.11g 标准的无线设备同时还支持 IEEE 802.11a 标准的无线设备。

无线 AP 是移动计算机用户进入有线网络的接入点，主要用于办公室网络、建筑物内部以及园区内部的无线连接。

2. 无线路由器

无线路由器是带有无线覆盖功能的路由器，是单纯型 AP 与宽带路由器的一种结合体，其既有路由器的功能，又有无线 AP 的功能，如图 3-32 所示。

无线路由器主要用于多用户共享上网，市场上流行的无线路由器一般都支持专线 xDSL、Cable、动态 xDSL、PPTP 4 种接入方式。

图 3-32　无线路由器

无线路由器不仅可以把无线结点连接起来，还可以把通过它进行无线和有线连接的终端都分配到一个子网，这样子网内的各种设备在交换数据时就非常方便。

无线路由器还具有其他一些网络管理的功能，如 DHCP 服务、网络地址转换、防火墙、MAC 地址过滤等功能。

课程思政："虹云工程"

"虹云工程"是中国航天科工五大商业航天工程之一，其计划发射 156 颗卫星，使之在距离地面 1000km 的轨道上组网运行，致力于构建一个星载宽带全球移动互联网络。

在 2022 年完成星座部署后，"虹云工程"将可以提供全球无缝覆盖的宽带移动通信服务，为各类用户构建"通导遥"一体化的综合信息平台，其也将是中国首个低轨宽带天基互联网的应用示范。

工程计划

"虹云工程"脱胎于中国航天科工的"福星计划"。按照规划,整个"虹云工程"被分解为"1+4+156"三步。第一步计划在 2018 年发射第一颗技术验证星,实现单星关键技术验证;第二步到"十三五"末,发射 4 颗业务试验星,组建一个小星座,让用户进行初步业务体验;第三步到"十四五"末,实现全部 156 颗卫星组网运行,完成业务星座构建。

工程特点

"虹云工程"具备通信、导航和遥感一体化、全球覆盖、系统自主可控的特点,其中一个亮点在于,它在国内首次提出建立基于小卫星的低轨宽带互联网接入系统,其"小卫星""低轨""宽带"的组合设置,正是为了契合商业性的发展需求。

工程应用

"虹云工程"定位的用户群体主要是集群的用户群体,包括飞机、轮船、客货车辆、野外场区、作业团队以及一些偏远地区的村庄、岛屿、无人机、无人驾驶行业等,这些都是"虹云工程"未来可能服务的行业。

"虹云工程"以其极低的通信延时、极高的频道复用率、真正的全球覆盖,可满足中国及国际互联网欠发达地区、规模化用户单元同时共享宽带接入互联网的需求。同时,也可满足应急通信、传感器数据采集以及工业物联网、无人化设备远程遥控等对信息交互实时性要求较高的应用需求。

工程意义

以"虹云工程"为代表的天基互联网的构建,将是一个很好的商业航天产业发展的支撑平台,有助于培育"互联网+"航天新兴产业。

"虹云工程"形成一个均匀的网络,地面网络到不了的地方,就用"虹云工程"系统;地面网络已经覆盖的地方,"虹云工程"系统则可作为补充。2022 年完成星座部署后,"虹云工程"将可以提供全球无缝覆盖的宽带移动通信服务,为各类用户构建"通导遥"一体化的综合信息平台。

习题

一、选择题

1. 在常用的传输介质中,(　　)的带宽最宽,信号传输衰减最小,抗干扰能力最强。
   A. 双绞线　　　　　B. 同轴电缆　　　　　C. 光纤　　　　　D. 微波
2. 下面关于卫星通信的说法,(　　)是错误的。
   A. 卫星通信通信距离大,覆盖的范围广

B. 使用卫星通信易于实现广播通信和多址通信

C. 卫星通信的好处在于不受气候的影响,误码率很低

D. 通信费用高,延时较大是卫星通信的不足之处

3. 利用电话线接入 Internet,客户端必须有(　　)。

　　A. 路由器　　　　　B. 调制解调器　　　C. 集线器　　　　　D. 网卡

4. 如果一个网络采用一个具有 24 个 10Mb/s 端口的集线器作为连接设备,每个连接结点平均获得的带宽为(　　)。

　　A. 0.417Mb/s　　　B. 0.0417Mb/s　　　C. 4.17Mb/s　　　　D. 10Mb/s

5. 下列(　　)不是网卡的作用。

　　A. 连接计算机与网络　　　　　　　　　B. 发送接收数据

　　C. 路由选择　　　　　　　　　　　　　D. 编码解码

6. 以下(　　)可能是网卡的物理地址。

　　A. 00-60-08-0A　　　　　　　　　　　B. 0060080A

　　C. 00-60-08-00-0A-38　　　　　　　　D. 202.113.16.220

7. 下列(　　)是网桥的作用。

　　A. 隔离广播,隔离冲突　　　　　　　　B. 隔离冲突,不能隔离广播

　　C. 不能隔离冲突,可以隔离广播　　　　D. 不能隔离冲突,不能隔离广播

8. 下面关于二层交换机的叙述错误的是(　　)。

　　A. 每个端口独享总线带宽　　　　　　　B. 可以建立多个并发连接

　　C. 互连两个局域网后冲突将加剧　　　　D. 工作在数据链路层

9. 不同网络设备传输数据的延迟时间是不同的,下面设备中传输延迟时间最大的是(　　)。

　　A. 局域网交换机　　B. 网桥　　　　　　C. 路由器　　　　　D. 集线器

10. 路由器转发数据的依据是(　　)。

　　A. 物理地址　　　　B. 计算机名　　　　C. IP 地址　　　　　D. 网络号

二、填空题

1. 在计算机网络中,有线传输介质包括_____、_____和_____。

2. 双绞线分_____类,现在在 10Mb/s 以及 100Mb/s 局域网中使用的双绞线是_____类双绞线。

3. 同轴电缆按阻抗可分为 50Ω 和 75Ω 两种,50Ω 同轴电缆主要用于传输_____信号,此类同轴电缆叫作_____同轴电缆。而 75Ω 同轴电缆主要用于传输_____,此类同轴电缆又称为宽带同轴电缆。

4. 光纤分为_____光纤和_____光纤两种类型。_____光纤传输距离远,达数十千米,成本高。_____光纤传输距离近,约 2km 左右,损耗大,成本低。

5. 无线传输方式有_____、_____和红外线。

6. 有两种网桥类型:_____和_____。

7. 动态路由算法主要有 3 种基本算法:_____、_____和_____。

8. 路由表分为_____路由表和_____路由表，_____路由表不会随网络结构的改变而改变，也不会因网络通信状况而发生变化，_____路由表是路由器根据网络系统的运行情况而自动调整、计算、分析而得的路由表。

三、简答题

1. 简述 EIA/TIA568A 和 EIA/TIA568B 接线标准。
2. 什么是直连线？什么是交叉线？简述它们的应用场合。
3. 简述光纤的主要特点。
4. 简述卫星通信和红外通信的特点。
5. 简述中继器的作用。
6. 简述透明网桥的工作原理。
7. 简述路由器的工作原理。
8. 试比较和分析集线器、网桥、交换机的区别和联系。
9. 什么是三层交换？说明路由器和三层交换机的异同。
10. 说明集线器、交换机、网桥、路由器在网络中的应用。
11. 简述无线 AP 和无线路由器的相同点和不同点。
12. 简述主要的无线局域网标准。

第 4 章　TCP/IP

TCP/IP 是美国国防部高级研究计划局组织开发的,最早用于 ARPAnet。TCP/IP 并不是一个具体的通信协议,而是一种网络体系结构,是一个协议组。TCP/IP 是为大型网络互联而设计的,它定义了在网络互联的情况下的数据的传输格式和传输过程,使接收方的设备能够正确地理解发送方发来的数据的含义。TCP/IP 主要作用于网络层之上,主要考虑的是如何将不同的网络连接在一起,使分处不同网络的计算机之间能够相互交换信息。它允许不同的网络在内部传输数据时使用自己的协议,但在与其他网络通信时必须使用 TCP/IP。TCP/IP 已经得到众多计算机厂商的支持,是事实上的工业标准,也是 Internet 运行的基础。无论是学习还是使用现代计算机网络,都离不开 TCP/IP。本章学习 TCP/IP 的体系结构和主要协议的作用、IP 地址编址方案、子网分割与超网合并、TCP/IP 属性设置、DHCP 服务器的实现、端口与套接字、IPv6 基础知识等相关知识。

4.1　TCP/IP 的层次模型与各层主要协议

4.1.1　TCP/IP 的层次结构的划分

1. TCP/IP 的层次结构

TCP/IP 的模型分为 4 个层次,自上而下依次为应用层、传输层(又叫 TCP 层)、互连层(又叫 IP 层)、网络接口层(又叫主机-网络层)。TCP/IP 与 OSI 参考模型的层次对应关系如图 4-1 所示。

2. 各层的作用

1) 网络接口层

网络接口层又叫主机-网络层,相当于 OSI 参考模型的物理层和数据链路层,其主要任务是在同一网络内部的不同结点之间发送和接收数据帧。在这个层次上 TCP/IP 没有定义任何协议,只是描述:不管是什么网络,只要能够在该网络的数据帧中包装 IP 分组,在网络内部能传输 IP 分组,那么,这个网络就可以与同样能够传输 IP 分组的其他网络之间通过 TCP/IP 通信。换言之,TCP/IP 没有定义数据链路层以及物理层的协议,其允许不同的网络在网络内部通信时使用自己的协议,但在网络互联时要使用 TCP/IP。TCP/IP

图 4-1　TCP/IP 与 OSI 参考模型的比较

的着眼点是将不同的网络互联起来,所以它公布了 IP 分组的格式和 TCP/IP 的其他技术细节,使得其他网络能够解决这一技术问题。这样一种开放、包容的设计思想使 TCP/IP 获得极大成功,目前,各种以太网、令牌环网、分组交换网、公用电话网、数字数据网、FDDI、ATM 等网络都可以在其内部传输 IP 分组,所以各种网络都可以利用 TCP/IP 实现互联。从这个意义上讲,TCP/IP 的低层协议是非常丰富的。

2）互连层

互连层又叫网际层、IP 层,相当于 OSI 参考模型的网络层。互连层的主要任务是:通过路由选择将 IP 分组从源主机发送到目的主机,源主机和目的主机可以在同一网络中,也可以在不同的网络中。在发送端,IP 层接收来自传输层的报文,并将其装入 IP 分组,选择路径后,送至具体的网络传输;在接收端,IP 层从网络接口层接收 IP 分组,然后检查目的地址,如需转发就选择路径转发出去,如目的地址为本机 IP 地址,则去掉 IP 分组的报头,将分组中的报文取出后将之送至传输层。IP 层协议确定了 IP 地址的格式、寻址方法、路由选择的方法以及分组在网络中传输的方法,并处理互联网中的拥塞问题。

3）传输层

传输层又叫 TCP 层、运输层等,相当于 OSI 参考模型的传输层。传输层的主要任务是负责在两个通信的主机之间建立端到端的进程间的通信。TCP/IP 的传输层为应用层提供两种类型的服务,一种是面向连接的可靠的服务（TCP）,一种是面向无连接的不可靠的服务（UDP）。这里的面向连接是指双方通信前要建立一个连接,可靠服务是指在数据传输过程中,接收端对于收到的正确的报文要给发送端以确认信息,如果发送端在规定时间内没有收到报文确认信息,就会认为接收端没有正确收到该报文,然后会将该报文重发一遍,这个过程被称为超时重传,超时重传可以保证报文传输正确。面向无连接的服务没有建立连接和超时重传功能。

4）应用层

应用层相当于 OSI 参考模型的会话层、表示层和应用层。TCP/IP 的应用层主要定义各种网络服务,其提供了丰富的应用层协议,为用户访问网络提供接口,并且随着网络应用的不断扩展,新的应用层协议将不断地加入。

4.1.2 互连层的主要协议

TCP/IP 协议的互连层提供了 IP、ARP、RARP、ICMP、IGMP 等协议,其中 IP 协议是主要协议,其余协议的作用是为 IP 协议服务或实现辅助功能。

1. IP 协议

IP 协议是 TCP/IP 协议族的核心协议,其主要包含两个方面。

(1) IP 头部信息。IP 头部信息出现在每个 IP 数据报文中,用于指定 IP 通信的源端 IP 地址、目的端 IP 地址,指导 IP 分片和重组,以及指定部分通信行为。

(2) IP 数据报文的路由和转发。IP 数据报文的路由和转发发生在除目标机器之外的所有主机和路由器上,它们决定了数据报文是否应该被转发以及如何转发。

如图 4-2 所示,IP 数据报文首部格式如下。

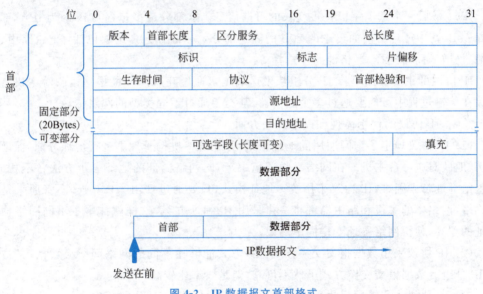

图 4-2 IP 数据报文首部格式

4 位版本号,指定 IP 协议的版本。对于 IPv4 来说,其值是 4。

4 位首部长度,标识该 IP 首部有多少个 32 位数据(4B)。因为 4 位最大表示 15,所以 IP 首部最长是 60B。

8 位服务类型,包括一个 3 位的优先权字段,4 位的 TOS 字段和 1 位的保留字段(必须置 0)。4 位的 TOS 字段分别表示:最小延时,最大吞吐量,最高可靠性和最小费用。比如像 SSH 和 Telnet 这样的登录协议需要的是最小延时服务,而文件传输协议 FTP 则需要最大吞吐量的服务。

16 位总长度,是指整个 IP 数据报文的长度,以 Bytes 为单位,因此 IP 数据报文的最大长度为 65535Bytes。

16 位标识,唯一地标识主机发送的每一个数据报文。该值在数据报文被分片时被复制到每个分片中,因此同一个数据报文的所有分片都具有相同的标识。

3 位标志字段,第一位保留,第二位表示"禁止分片"。如果设置了这个位,IP 模块将不对数据报文进行分片。

13 位分片偏移,是分片相对原始 IP 数据报文开始处(仅指数据部分)的偏移。

8 位生存时间(TTL),是数据报文到达目的地之前允许经过的路由器跃点。TTL 值可以防止数据报文陷入路由循环。

8 位协议,用来区分上层协议,其中 ICMP 是 1,TCP 是 6,UDP 是 17。

16 位头部校验和,由发送端填充,接收端对其使用 CRC 算法以检验 IP 数据报文首部在传输过程中是否损坏。

32 位的源端 IP 地址和目的端 IP 地址,用来标识数据报文的发送端和接收端。一般情况下,不论中间经过多少个中转路由器,这两个地址在整个数据报文的传递过程中保持不变。

IPv4 最后一个选项字段是可变长的可选信息。这部分最多包含 40B,因为 IP 首部最长是 60B(其中还包含前面讨论的 20B 的固定部分)。可用的 IP 选项包括:记录路由、时间戳、松散源路由选择、严格源路由选择等。

IP 协议的主要作用是将 IP 分组从发送端主机通过互联网环境送达接收端主机。IP 分组在传输过程中可能要通过多个路由器,甚至要通过不同类型的网络传输。

总结,IP 协议的作用体现在以下几个方面。

(1)IP 协议规定了全网通用的地址格式,并在统一机构管理下进行地址分配,保证一个 IP 地址对应一台主机。在网络互联环境中,不同网络内部的地址表示方法各不相同,这就给寻址带来困难,IP 协议采用统一地址格式,只要通过 TCP/IP 互连,不管原来是什么网络,网络中的主机和路由器都将一律采用 IP 编址方案,这样就抹平了不同网络物理地址的差异,使得网络寻址变得简单高效。

(2)IP 协议采用数据报文交换方式。该方式能够在不同的网络间交换数据,又被称为 IP 分组。数据报文交换方式虽然不可靠,但是效率比较高。

(3)IP 协议为传输层提供数据传输服务,其既不保证 IP 分组一定会被送达,也不负责处理传输中的错误,发现错误的分组会被丢弃,其将分组的重新组装和纠错问题都交给传输层去解决。

2. ARP

1)ARP 的作用

地址解析协议(Address Resolution Protocol,ARP)是互连层中的第二个重要的 TCP/IP 协议。ARP 的作用是将 IP 地址转换为物理地址。这里的 IP 地址指的是为到达最终的目的主机,路由器或网关所指定的下一站的 IP 地址,物理地址也是下一站 IP 所对应的物理地址。ARP 的解析只能在一个局域网内完成。

以图 4-3 所示,假设主机 A 要与主机 B 通信,当数据被从 TCP 层送到 IP 层后,IP 层做路由选择,设选择了 R1 上 A2 接口对应的 IP 地址,然后将数据打包成 IP 分组送主机 A 的数据链路层,在主机 A 的数据链路层,需要根据 A2 的物理地址来将数据帧送给 A2,因此就需要根据 A2 的 IP 地址找到它所对应的物理地址,这就是 ARP 所做的工作。

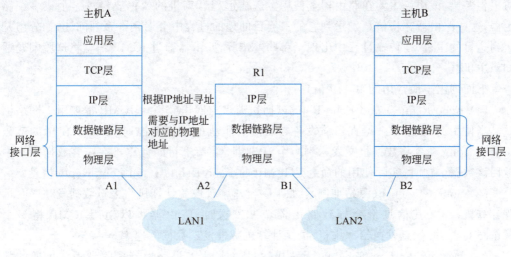

图 4-3 ARP 的作用

2) ARP 的原理

每当主机(如图 4-3 中的主机 A)需要与任何其他计算机或路由器(如图 4-3 中的 R1)进行通信时,首先要查询本地 ARP 高速缓存,以了解缓存中是否存在该计算机或路由器的 IP 地址。如果 ARP 的高速缓存中存在这个 IP 地址及其对应的物理地址,解析便告完成,主机 A 可以直接将这个物理地址(如图 4-3 中的 A2 接口地址)写在所传输帧的目的地址字段上。如果 ARP 高速缓存中没有该 IP 地址,那么主机便通过 ARP 在 LAN 上发出一个广播,ARP 的广播请求中包括了作为下一站的本地主机或路由器的 IP 地址,LAN 上的每一台主机或路由器均要查看该请求中包含的 IP 地址,如果该 IP 地址与某一台主机或路由器的 IP 地址一致,那么该主机或路由器便生成一个基于 ARP 的应答信息,信息中包含了与 IP 地址对应的物理地址。然后源主机将 IP 地址与物理地址的组合添加到它的高速缓存中,以便以后查询。

为了提高效率,接收到 ARP 请求的每一台计算机或路由器(如图 4-3 中的 R1)也会将源主机(如图 4-3 中的主机 A)的物理/IP 地址对添加到自己的 ARP 高速缓存中,这样,如果需要与发出 ARP 请求的计算机进行联系,那么可以其直接在 ARP 高速缓存中查询。

3. RARP

RARP 是反向地址解析协议,其执行的操作与 ARP 恰好相反。当已知 IP 地址但不知道物理地址时,使用 ARP 解析;当物理地址已知,但 IP 地址不知道时,则使用 RARP 解析。RARP 与 BOOTP 结合起来使用,可用于引导无盘工作站。

4. Internet 控制信息协议

Internet 控制信息协议(Internet Control Message Protocol,ICMP)的作用是向源主机报告差错,该协议主要在路由器上使用。送往远程计算机的数据要经过一个或多个路由器,这些路由器在将信息发送到它的最终目的地的过程中会遇到一系列问题,如分组是否到达目的主机、在传输过程中出现了哪些差错等,路由器通过 ICMP 信息将这些问题通知源主机。

下面列出了最常用的 ICMP 信息:

(1) Echo Request and Echo Replay(回送请求与回送应答):ICMP 常被用于网络测试。当使用 Ping 命令来检查当前设备与另一台主机的连接状况时,实际上使用的就是 ICMP。Ping 命令将数据报文发送到一个 IP 地址,并请求目的计算机在应答数据报文中返回该数据。这时,实际使用的命令是 ICMP 的 Echo Request and Echo Reply 信息。

(2) Source Quench(源站抑制):如果一台速率较快的计算机将大量数据发往一台远程计算机,那么其信息量会导致路由器堵塞。这时,路由器可以使用 ICMP 将一个 Source Quench 信息发送给源主机,请源计算机减慢发送数据的速率。

(3) Destination Unreachable(无法送达目的地):如果路由器接收到无法传递的数据报文,ICMP 就会向源 IP 返回一条 Destination Unreachable(无法送达目的地)信息。路由器无法传递信息的原因可能是设备故障或进行维护而导致的网络运行中断。

(4) Time Exceeded(超时):IP 分组的转发是由路由器根据路由表决定的,如果路由表出现问题,那么转发就会出现错误,极端情况是造成分组在某些路由器之间循环,使得分组无休止地在网络中传输。为了防止出现这种情况,IP 协议在其报首中设置了生命周期(TTL),每经过一个路由器,TTL 值减 1,如果 TTL 达到 0 则该分组将被丢弃,这时 ICMP 便向源主机发送一条 Time Exceeded(超时)信息。它表示到达目的地还要经过很多个路由器网段,用现在的 TTL 值限制导致该数据无法到达目的地。

还有许多条件也会生成 ICMP 信息,但这些信息出现的频率比较低,在此将不再赘述。

5. 多播协议(IGMP)

1) 多播的概念

假如分布于世界各地的科学家合作进行同一项目的研究,需要通过互联网交换信息,但他们的计算机不属于同一个网络,采用点对点的传输方式(单播)过于繁琐,n 个成员需要传输 $n-1$ 次;采用广播会受路由器的限制,必竟广播只能限于网络内部(如果让所有的科学家都收到信息,需要在多个网络中广播,这不仅加大了网络的通信量,造成大量网络资源浪费,同时信息安全性也无从保证)。此时便可选择多播。多播是介于单播和广播之间的一点对多点的通信方式,它使处于不同网络内的主机组成一个多播组,每个组有一个组地址,发送者只需要将信息发送给这个组地址,分处于不同网络的成员主机就都可以收到这个信息,而非组成员则不会收到这个信息。

2) IGMP 的作用

IGMP 是一个支持多播的协议,它运行在路由器上,用于帮助多播路由器识别出加入到一个多播组的成员主机,并将组成员的信息转发给其他多播路由器。IGMP 使用 IP 数据报文传递,它是 IP 协议的一个组成部分,其协议的执行过程可以分为两个阶段。

(1) 当某个主机加入新的多播组时,该主机应按多播组的多播地址发送一个 IGMP 报文,声明自己要成为该组的成员。本地的多播路由器收到 IGMP 报文后,会将组成员关系转发给 Internet 上的其他多播路由器。

(2) 由于组成员关系是动态的,因此本地多播路由器要周期性地探询本地局域网上的主机,以便知道这些主机是否还仍然是该多播组的成员。只要某个组有一个主机响应,那么多播路由器就认为这个组仍然是活跃的。但一个组在经过几次的探询后仍然没有一个主机响应,则多播路由器就会认为本网络上的主机都已经离开了这个组,因此将不再把该组的成员关系转发给其他的多播路由器。

4.1.3 传输层的主要协议

TCP/IP 传输层为应用层提供两种类型的服务,一种是面向连接的带确认的服务,保证数据传输的正确性,另一种是面向无连接的无确认的服务,不保证数据传输可靠。与之相对应,传输层也提供了两个端到端的协议,一个是 TCP,另一个是 UDP。

1. TCP

1) 协议概述

TCP 是面向连接的协议,发送数据之前通信双方要建立连接,通信结束要断开连接。TCP 通过确认和超时重传机制保证数据传输的可靠性,若收到正确的帧,就给发送方发送"确认信息",若发送方在规定的时间内没有收到"确认"信息就重发数据。同时 TCP 还提供流量控制功能。TCP 为应用层中对传输可靠性有要求的应用提供数据传输服务,其报文的首部格式如图 4-4 所示。

(1) 源端口和目的端口各 2B。端口对应着进程,TCP 传输的数据要从主机 A 的一个进程传输到主机 B 计算机的一个会话,除了在网络层通过指定 IP 地址来唯一地确定目标计算机,还需要通过在传输层的 TCP 首部中说明自己携带的信息来自于自己的哪个端口、需要到达目标计算机的哪一个端口,进而被目标计算机的特定进程所使用,进而与网络层的 IP 地址一起构成完整的套接字。计算机的端口范围是 0~65535,而 16 位的二进制能够表示的十进制的范围也就是 0~65535。

(2) 序号,4B。序号标记着 TCP 报文中数据部分的第 1Bytes 在源文件中是第几 B。

(3) 确认号,4B。当主机 B 收到一个数据报文以后,需要给主机 A 一个反馈,表示其已经收到相应数据报文,并让其发送下一个数据报文,首部中的确认号就是起这个作用,其具体值是已经收到数据的最后在源文件(B 流)中的顺序序号+1。

(4) 数据偏移,4bit,该字段的值是 TCP 首部(包括选项)长度除以 4。

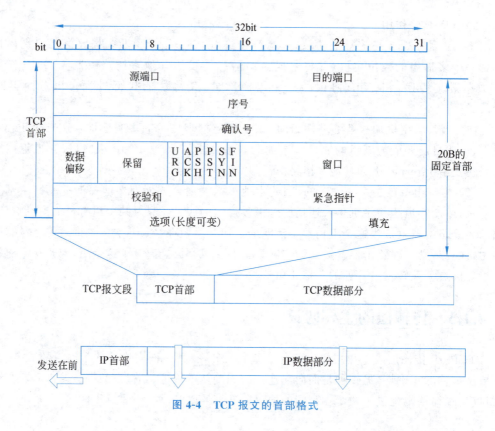

图 4-4 TCP 报文的首部格式

(5) 标志位,6bit,URG 表示 Urgent Pointer 字段有意义,ACK 表示 Acknowledgment Number 字段有意义,PSH 表示 Push 功能,RST 表示复位 TCP 连接,SYN 表示 SYN 报文(在建立 TCP 连接的时候使用),FIN 表示没有数据需要发送了(在关闭 TCP 连接的时候使用)。

(6) 窗口表示接收缓冲区的空闲空间,16bit,用于告知 TCP 连接对端自己能够接收的最大数据长度。

(7) 校验和,16bit。紧急指针,只有标志位被设置为 URG 时该字段才有意义,表示紧急数据相对序列号(Sequence Number 字段的值)的偏移。

TCP 的全部功能都体现在它首部的字段中,了解 TCP 首部各字段的作用对掌握 TCP 的工作原理很有帮助。TCP 报文段的首部格式实例如下。

图 4-5 中的 TCP 首部实例包括 10 个部分。

(1) 源端口,2 字节。

(2) 目的端口,2 字节。

(3) 序号,4 字节。序号范围是 $0 \sim 2^{32}-1$,TCP 是面向字节流的,在一个 TCP 连接中,传送的字节流中的每字节都按顺序编号。信包分析软件一般会根据分析的需要,把原始的序号转换成易于读懂的相对序号,比如 MSS 为 1460 时,其会得出 1、$1460 \times 1+1$、$1460 \times 2+1$ 等的 Seq 序列。

(4) 确认号,4 字节,也就是前边提到的 Ack=1461 等。

```
▼ Transmission Control Protocol, Src Port: 80, Dst Port: 50196, Seq: 1, Ack: 339, Len: 1460
    Source Port: 80
    Destination Port: 50196
    Sequence number (raw): 3397682614
    Acknowledgment number (raw): 8614619
    0101 .... = Header Length: 20 bytes (5)
  ▼ Flags: 0x010 (ACK)
      000. .... .... = Reserved: Not set
      ...0 .... .... = Nonce: Not set
      .... 0... .... = Congestion Window Reduced (CWR): Not set
      .... .0.. .... = ECN-Echo: Not set
      .... ..0. .... = Urgent: Not set
      .... ...1 .... = Acknowledgment: Set
      .... .... 0... = Push: Not set
      .... .... .0.. = Reset: Not set
      .... .... ..0. = Syn: Not set
      .... .... ...0 = Fin: Not set
    Window size value: 8212
    Checksum: 0xa06d [unverified]
    Urgent pointer: 0
```

图 4-5 TCP 首部格式实例

(5) 数据偏移，4 位，即 TCP 报文段的首部长度。由于首部中还有长度不确定的选项字段(选项字段参见 MSS 协商部分)，因此数据偏移字段是必要的。本例中数值为 5(5 个四字节)，表明 TCP 首部长度为 20 字节。

(6) 标志位，12 位，包括 SYN 和 ACK 标志位。

SYN(Synchronization，同步标志位)，在连接建立时用来同步序号，当 SYN＝1(标志位设置)而 ACK＝0(标志位未设置)时，表明这是一个连接请求报文段，对方若同意建立连接，则应在响应的报文段中使 SYN＝1 且 ACK＝1。

ACK(Acknowledgment，确认标志位)，当 ACK＝0 时，确认号无效 SYN＝1、ACK＝0 连接请求，这时候还不知道对方的序号，无法确认对方序号。仅当 ACK＝1 时，确认号字段的 4 字节才有效，TCP 规定，在连接建立后所有传送的报文段都必须把 ACK 置 1。

(7) 窗口大小，2 字节。该字段长为 16 位，用于通知从相同 TCP 首部的确认号所指位置初始能够接收的数据大小(单位字节)。TCP 不允许发送超过此处所示大小的数据。

(8) 检验和检测，2 字节。有噪声干扰的信道传输途中如果出现数据位错误，可以由数据链路的 FCS 将其检查出来。在互联网中发送数据包要经由多个路由器，一旦在发送途中某一个路由器发生故障，如内存异常、程序异常等，经过此路由器的包、协议首部或数据就极有可能被破坏。因此 TCP 与 UDP 的校验和检测还是很有必要的。

(9) 紧急指针，2 字节。紧急指针仅在标志位 URG＝1 时才有意义，该字段的数值表示本报文段中紧急数据的指针。处理紧急数据属于应用的问题，一般在暂时中断通信或中断通信的情况下使用，如在 Web 浏览器中点击停止按钮时都会有 URG＝1 的包产生。

(10) 选项的长度可变。比如用于 MSS 协商的字段就是选项的一部分。

2) TCP 的工作过程

（1）建立连接。TCP 在发送方和接收方之间通过三次数据交换来建立连接。下面以图 4-6 来说明 TCP 建立连接的过程。

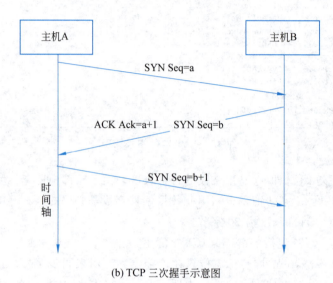

(a) TCP 三次握手阶段实例

(b) TCP 三次握手示意图

图 4-6　TCP 建立连接的过程

① 发起方（主机 A：192.168.241.1）发送请求建立连接的报文（SYN 标志），该报文中含有本方报文的初始序号 Seq＝a（本例中为 8614 280）。

② 接收方（主机 B：192.168.241.61）收到请求连接的报文后，向主机 A 发出确认收到报文（ACK 标志）Ack＝a＋1，报文中包含主机 B 向主机 A 发起连接请求（SYN 标志）。同时，接收方发送自己的报文初始序号 Seq＝b。

③ 发起方（主机 A：192.168.241.1）再向主机 B 发送确认连接的报文（ACK 标志）Ack＝b＋1。由此可见，TCP 建立连接的过程就是相互告知自己的报文初始序号的过程，这个过程被称为三次握手。

（2）数据传输。TCP 的数据传输过程是一系列的发送→确认过程。在数据传输过程中，一方发送数据，要求另一方对正确收到的数据给予确认。TCP 采用捎带确认的方法，假如主机 B 正确地收到了 X＋2 号报文，它向主机 A 表达的将是：准备接收 X＋3 号报文。言外之意是 X＋2 以前的报文已经正确地被收到，TCP 的数据传输过程如图 4-7 所示。

（3）断开连接。在数据传输完成后要拆除连接。TCP 采用"文雅"释放的方法来断开连接。

① 主机 A 某个应用进程首先调用 close，称该端将执行"主动关闭"(active close)。

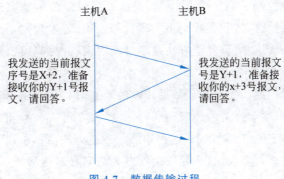

图 4-7 数据传输过程

于是该端的 TCP 发送一个 FIN 分节,表示数据发送完毕。

② 主机 B 接收到这个 FIN 的对端将执行"被动关闭"(passive close),这个 FIN 分节由 TCP 确认。

注意:FIN 分节的接收也作为一个文件结束符(end-of-file)传递给接收端应用进程,放在已排队等候该应用进程接收的任何其他数据之后,因为,FIN 分节被接收意味着接收端应用进程在相应连接上再无额外数据可供接收。

③ 一段时间后,接收到这个文件结束符的应用进程将调用 close 关闭它的套接字。这导致它的 TCP 也发送一个 FIN 分节。

④ 接收这个最终 FIN 分节的主机 A 的 TCP(即执行主动关闭的那一端)确认这个 FIN 分节。

因为每个连接的每个方向都需要一个 FIN 分节和一个 ACK,因此断开连接通常需要 4 个分节。

TCP 断开连接的过程如图 4-8 所示。

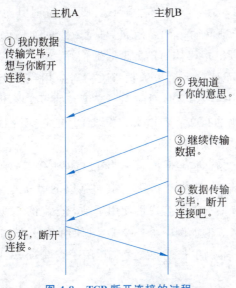

图 4-8 TCP 断开连接的过程

(4) TCP 的差错控制。TCP 采用检错、确认和超时重传机制实现差错控制,其在发送端发送报文后开始计时,接收端收到报文后检查错误,若发现错误就将报文丢弃,若正确就向发送端发回确认信息,若发送方在规定时间内没有收到确认信息就将该报文重发一遍。

(5) TCP 的流量控制。为了提高数据传输的效率,TCP 允许发送方连续发送多个报文,并且不需要接收方逐个报文的加以确认,只要接收方确认 X 号报文正确收到,就意味着 X 号以前的报文都已被正确收到。这种连续的发送方式虽然可以提高效率,但是如果发送方连续发送的数据太多太快,会导致接收方无法向发送端那样快的速度对数据进行处理,从而导致数据丢失。为了避免出现这种现象,TCP 采用滑动窗口(一个窗口代表一个数据段)的方法对发送端允许发送数据的最大数量和接收端允许接收数据的最大数量进行调整,当发送的数据段数达到窗口上限时,发送端就会停止发送,当接收端接收的数据段达到最大数量限制时接收端就会停止接收。在 TCP 会话过程中,双方可以通过协商动态地修改发送窗口和接收窗口的大小。

通过上述机制,TCP 可以保证数据传输的正确性和可靠性,但是,由于 TCP 通信前需要建立连接,通信结束后要断开连接,传输数据过程中总要伴随着一系列的发送→确认过程,所以过程繁琐,效率低。TCP 服务主要用于应用层上那些需要提供准确传输的应用,如文件传输服务、电子邮件服务等。

2. UDP

UDP 只在 IP 的数据报文服务之上增加了很少一点功能,如通过端口号定位不同的应用程序,以及差错检测功能。UDP 是无连接的,而且不提供复杂的控制机制,即使是在网络拥堵的情况下,UDP 也不会通过流量控制等来避免网络拥塞,在传输途中即使出现丢包 UDP 也不负责重发,甚至当出现包的到达顺序紊乱时其也没有纠正的功能。UDP 在设计上面向无连接、处理既简单又高效、包总量较少的通信比如 DNS 协议、SNMP 协议等,也常用于视频、音频等多媒体通信如即时通信等。

UDP 传输的数据单元被称为用户数据报文。对应用程序交下来的报文,UDP 会添加首部并将其向下交付 IP 层。UDP 对应用层交下来的报文既不合并,也不拆分,因此应用程序必须选择合适大小的报文。若报文太长,UDP 把它交给 IP 层后,IP 层在传送时可能要进行分片,这会降低 IP 层的效率。

UDP 的用户数据报文有两个部分:数据字段(如图 4-9 所示的应用层 DNS 数据)和首部字段。首部字段很简单,只有 8 个字节,其包括以下部分。

(1) 源端口 2 个字节。本例中客户端使用了动态分配的 51918 号端口。

(2) 目的端口 2 个字节。本例中服务端 DNS 使用 53 号端口。

(3) 长度 2 个字节。本例中长度 52 个字节,用于查询 www.bwu.edu.cn 的主机 IP 地址。所以数据量很小。

(4) 检验和检测 2 个字节。

```
No.    Time         Source           Destination      Protocol  Length  Info
  4019 19.754432    192.168.199.214  192.168.199.1    DNS         86   Standa
  4026 19.779769    192.168.199.214  192.168.199.1    DNS         86   Standa
  4063 20.780165    192.168.199.214  192.168.199.1    DNS         86   Standa
  4102 22.281033    192.168.199.1    192.168.199.214  DNS        136   Standa
```

```
  Destination: 192.168.199.1
▽ User Datagram Protocol, Src Port: 51918, Dst Port: 53
    Source Port: 51918
    Destination Port: 53
    Length: 52
    Checksum: 0xb374 [unverified]
▽ Domain Name System (query)
  ▷ Transaction ID: 0xa93a
  ▷ Flags: 0x0100 Standard query
```

图 4-9 UDP 的首部格式案例

4.1.4　应用层的主要协议

TCP/IP 的应用层向用户提供了一组常用的应用层协议,包括以下几种。

(1) 虚拟终端协议 Telnet。实现远程登录。通过该协议,用户可以使计算机成为网上远程计算机的终端,对远程计算机进行操作。

(2) 文件传输协议 FTP。实现文件传输。在用户计算机和网络远程计算机之间复制文件,从远程计算机复制到本地计算机叫下载,从本地计算机复制文件到远程计算机叫上载。

(3) 简单邮件传输协议 SMTP。实现外发邮件服务。当用户使用某种应用程序编辑好邮件,单击发送按钮后,SMTP 负责将邮件送到邮件接收者的电子信箱。

(4) 域名系统 DNS。负责根据用户键入的主机域名解析出对应的主机 IP 地址。

(5) 超文本传输协议 HTTP。用于下载网页文件。

(6) 邮局协议 POP。用于将邮件服务器上的邮件下载到本地计算机。

(7) 简单网络管理协议 SNMP。用于在网络管理控制台和网络设备(路由器、网桥、交换机等)之间选择和交换网络管理信息。

以上列出的只是常用的应用层协议,应用层协议还有很多,而且,随着因特网上新的应用的不断出现,未来将出现更多的应用层协议。

4.2　IP 地址

4.2.1　物理地址与 IP 地址

物理网络中每个主机都有一个可识别的地址,这个地址叫物理地址。不同的网络技术有不同的编址方式;如以太网就是以48位二进制数来编址。物理地址一般被固化在网卡上,是网卡制造商在制造网卡时写进去的,一旦写入就不能更改,所以当一个主机在安装一块网卡后,其物理地址就被固定了。物理地址仅仅是将不同网络站点区别开来的简单标识符,它不包含位置信息,好比是生活中一个人的名字(假设每个人的名字是唯一的)。

在局域网以及若干通过网桥互联的网络中,各种设备都是以物理地址为标记来寻址的,寻址的方法有两种,一种是广播,另一种是逐点嗅探。例如,以太网中的设备就采用广播式,一个站点发送数据帧,其他站点收到数据后,检查自己的地址是否与收到的数据帧中的目的地址一致,若一致就将数据帧复制到主机,若不一致就将数据帧丢弃;令牌环网中的设备采用点对点的方式,一个站点发送数据,数据在环中逐个站点传输,每个站点收到数据帧后都检查其目的地址,若与本站点地址一致,就将数据帧复制到本机,否则丢弃。在网桥互联的环境中,网桥也是基于物理地址来决定是将数据帧转发出去还是丢弃(参见网桥的原理)。

在局域网以及小规模的网络互联情况下,使用没有位置信息的物理地址寻址是可行的,因为联网的主机很少,采用逐点传输方式可以很快就可以找到目的计算机,由于范围有限,即便采用广播的方式也不至于导致网络的瘫痪。但是在大规模的网络互联中,用物理地址寻址效率太低,试设想:如果用广播方式,每个站点发送数据都要在整个互联网的所有网络中广播,互联网还能正常工作吗?若采用逐点传输,何时才能传输到目的站点?

用生活中传递书信做比喻:如果在一个学校的班级内部传递信件,只需要写好接收者的姓名就行了(假设班级中所有学生都没有重名),这里的姓名相当于物理地址,不管用广播名字的方法还是逐个人传递的方法传输,接收者都可以很快收到信件。但是如果将信件传递的范围扩大到全中国甚至全世界(假设世界上的人都不重名),用人名来投递显然效率太低。

那么在生活中是怎样处理这个问题的呢?以中国为例:中国很大,人们可以将中国分成很多省市,在城市中再划分区,在区中再划分街道,街道再划分门牌号,这样当需要寻找某个人的时候,人们就可以先寻找这个人居住的地址,找到地址以后再根据姓名找到这个人。

在网络中,人们也采用了类似的做法,他们将全世界的物理网络划分成一个个逻辑网络,每个逻辑网络都赋予一个唯一的网络编号,使网上的每一个主机都属于一个逻辑网络,在逻辑网络中为其分配一个唯一的地址,这个地址描述了两个信息:一个是主机所属的网络号,一个是主机在网络中的编号,这样一个带有位置信息的地址被称为逻辑地址。在TCP/IP中这个逻辑地址叫IP地址。

物理地址和IP地址的区别体现在以下几个方面。

(1) IP地址是网络层的地址,物理地址是数据链路层的地址。

(2) IP地址带有位置信息(网络号),物理地址没有位置信息,仅仅是一个标识符。

(3) 当一个主机插上一块网卡后,这个主机的物理地址就被确定了,一般是不能更改的;与物理地址不同,IP地址是用户根据需要人为指定的,理论上讲,是可以被随意更改的,当然这种更改是以不与其他主机地址冲突和不影响主机正常工作为前提的。

(4) 物理地址的表示方法随网络技术的不同而不同,不同类型的网络物理地址的编址方案是不同的,而 IP 地址是全网统一编址的,不管具体的物理网络如何,在互联网上都使用 IP 地址来标识主机。

4.2.2 IP 地址的组成与分类

到目前为止,TCP/IP 先后出现了 6 个版本,目前使用的版本叫 IPv4,在不久的将来,新的 IPv6 将代替 IPv4 成为主流标准编址规范。

1. IP 地址的组成

在 IPv4 编址方案中,IP 地址由 32 位的二进制数字组成,这 32 位二进制数被分为 4 组,每组 8 位,各组之间用"."分割。由于二进制数不便于书写和阅读,为便于表示,人们将每组二进制数转写成十进制数,每组数的取值范围在 0~255 之间。

例如,一个 IP 地址的二进制表示为 10000010.00001001.00010000.0001000,则其可以用十进制数表示为 130.9.16.8。

从结构上看,IP 地址由两个部分组成,一部分代表网络号,用于标识主机所属的网络;一部分代表主机号,用于标识该主机是网络中的第几号主机,如图 4-10 所示。究竟哪些数是网络号?哪些数是主机号?这些都不是固定的,都与 IP 地址的类型有关。

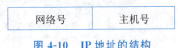

图 4-10 IP 地址的结构

2. IP 地址的分类

为了充分利用 IP 地址空间,因特网工程任务组(Internet Engineering Task Force,IETF)定义了五种 IP 地址类型以适合不同容量的网络,即 A、B、C、D、E 类,各类地址的特征如图 4-11 所示。图 4-11 中,(a)的 1、8、16、24、32 表示二进制数的位置,即第几位二进制数;(b)、(c)、(d)、(e)及(f)中的 X 代表网络标识,Y 代表主机标识,X 和 Y 均可以取 0 或 1。

1) A 类地址

从图 4-11(b)中可以看出,A 类地址用第 1B 来表示网络类型和网络标识号,后面 3B 用来表示主机号码,其中第 1B 的最高位设为 0,用来与其他 IP 地址类型区分。第 1B 剩余的 7 位用来表示网络地址,最多可提供 $2^7-2=126$ 个网络标识号;这种 IP 地址的后 3B 用来表示主机号,每个网络最多可提供大约 16777214($2^{24}-2$)个主机地址。A 类 IP 地址使用范围是 1.0.0.0~126.255.255.255,其网络的特征是:IP 地址的第一组数在 1~126 之间。这类网络地址支持的主机数量非常大,只有大型网络才需要 A 类地址,由于 Internet 发展的历史原因,A 类地址早已被分配完毕。

2) B 类地址

从图 4-11(c)中可以看出,B 类地址用前 2B 来表示网络类型和网络标识号,后面 2B 标识主机号码,其中第 1B 的最高两位设为 10,用来与其他 IP 地址区分开,第 1B 剩余的 6

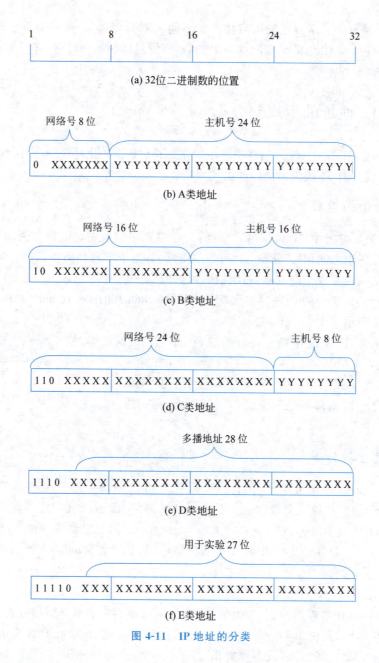

图 4-11 IP 地址的分类

位和第 2 字节(共 14 位)用来表示网络地址,最多可提供 $2^{14}-2=16384$ 个网络标识号。这种 IP 地址的后 2B 用来表示主机号码,每个网络最多可提供大约 $65534(2^{16}-2)$ 个主机地址。B 类 IP 地址的使用范围是 128.0.0.0~191.255.255.255,其网络的特征是 IP 地址第一组数在 128~191 之间。这类地址网络支持的主机数量较大,适用于中型网络,此类地址通常被分配给规模较大的单位。

3) C 类地址

从图 4-11(d)中可以看出,C 类地址用前 3 字节来表示网络类型和网络标识号,最后一字节用来表示主机号码,其中第一字节的最高三位被设为 110,用来与其他 IP 地址区分开,第一字节剩余的 5 位和后面两个字节(共 21 位)用来表示网络地址,最多可提供约 2097152($2^{21}-2$) 个网络标识号。最后一字节用来表示主机号码,每个网络最多可提供 254(2^8-2) 个主机地址。C 类 IP 地址的使用范围是 192.0.0.0~223.255.255.255,其特征是:IP 地址的第一组数为 192~223。这类地址网络支持的主机数量较少,适用于小型网络,此类地址通常被分配给规模较小的单位,如公司、院校等单位。

4) D 类地址

多播地址,不标识网络,地址覆盖范围为 224.0.0.0~239.255.255.255。D 类地址用于特殊用途,如组播地址。

5) E 类地址

保留在今后使用,地址覆盖范围为 240.0.0.0~247.255.255.255。

目前供用户使用的 IP 地址大多是 A、B 和 C 类。

3. IP 地址的分配

在基于 TCP/IP 的网络中,IP 地址是按网络接口分配的,每个联网的主机至少要插一块网卡,那么它至少有一个 IP 地址,如果主机插入了两块网卡,它就有了两个网络接口,每块网卡都需要指定一个 IP 地址,当然,一块网卡也可以指定两个或两个以上的 IP 地址。路由器是网络互联设备,它至少要有两个接口,以连接两个或两个以上的网络,因此一个路由器要拥有两个以上的 IP 地址,每一个端口都至少拥有一个 IP 地址。同一网络内的所有主机要分配相同的网络标识号,同一网络内的不同主机必须分配不同的主机号,以区分主机。如果两个以上的主机被分配同一个 IP 地址,那么这些主机将出现 IP 地址冲突,地址冲突的主机就不能正常访问网络。不同网络内的每台主机必须具有不同的网络标识号,但是可以具有相同的主机标识号。图 4-12 是使用 TCP/IP 实现网络互联时,主机 IP 地址的分配情况。

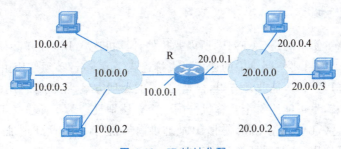

图 4-12 IP 地址分配

为了保证互联网中的主机 IP 地址的唯一性,这些 IP 地址由权威机构统一分配,因特网编号分配机构(Internet Assigned Numbers Authority,IANA)是全球最权威的 IP 地址管理机构,负责 IP 地址的分配。我国国内负责管理 IP 地址的机构是中国互联网信息中心 CNNIC。用户在使用 IP 地址时,需要向 IP 地址管理机构提出申请,申请获批后才能使用 IP 地址。

4.2.3 特殊地址与保留地址

1. 特殊的 IP 地址

IP 地址中网络号全为 0 或全为 1、主机号全为 0 或全为 1 的地址都被赋予了特殊的意义,不能被主机使用。

(1) 网络地址为 127 的地址是用来做循环测试的,不可用作其他用途。例如,Ping 127.0.0.1 是用来将消息传给自己的。

(2) 如果主机地址为全 1,则该 IP 地址表示这是一个网络或子网的广播地址。例如,发送消息给 192.168.1.255,分析可知它是 C 类网络地址,其主机地址为最后一个字节,即 255,二进制为 11111111,这表示将信息发送给该网络上的每个主机。

(3) 如果主机地址为全 0,则该 IP 地址表示其为网络地址或子网地址。例如,192.168.1.0,分析可知它是 C 类网络地址,其主机地址为最后一个字节即 0,二进制为 00000000,表示 192.168.1 这个网络的地址。

正是由于地址不允许全 0(表示网络或子网地址)或全 1(表示广播地址),所以在计算可用的网络数目和主机数目时都要减 2。例如,C 类网络只能支持 $2^8-2(254)$ 个主机地址。

(4) 如果主机地址中 32 位全 1,则其为受限广播地址,该广播不能跨越路由器。该地址用来将一个分组以广播方式发送给本网的所有主机,分组将被本网的所有主机将接收,而路由器则会阻挡该分组通过。

(5) IP 地址的网络号全 0 表示这是这个网的这个主机地址。

(6) IP 地址的网络号全 1 表示这是这个网络上的特定主机地址,如果路由器或主机向这个地址发送分组,该分组将被限制在本网络内部传输。

2. 保留 IP 地址

由于 Internet 使用的是 TCP/IP,所以要想使计算机连入 Internet 必须先使计算机拥有一个 IP 地址。如果要使网络中的计算机直接连入 Internet,必须使用由 IANA 分配的合法 IP 地址。但是 IP 地址非常有限,根据 IPv4 的编址方案,全世界可用的 A、B、C 类地址大约 43 亿左右,不可能给每个计算机分配一个合法地址。为了便于各组织在组织内部使用 TCP/IP 组网,IANA 保留了一批 IP 地址供内部组网使用,这些地址不需要申请,任何人都可以直接使用,这些地址如表 4-1 所示。

表 4-1 保留的 IP 地址分布范围

网络类型	地 址 范 围	网络总数
A	10.0.0.1~10.255.255.254	1
B	172.16.0.1~172.31.255.254	16
C	192.168.0.1~192.168.255.254	256

但这些地址只能在局域网内部使用,不能出现在 Internet 上。若要让这些配置保留地址的计算机也能访问 Internet,需要使用代理服务技术或网络地址转换技术。

4.2.4　IP 地址的管理与分配

1. IP 地址的管理机构

为了使 Internet 上的每一个主机都得到一个唯一的 IP 地址,需要由统一的机构来对 IP 地址规划、分配和管理。目前 IP 地址的管理机构分三个层次。

第一层次是互联网名称与数字地址分配机构(Internet Corporation for Assigned Names and Numbers,ICANN)。ICANN 成立于 1998 年 10 月,是一个集合了全球网络界商业、技术及学术领域专家的非营利性国际组织,负责互联网协议(IP)地址的空间分配、协议标识符的指派、通用顶级域名以及国家和地区顶级域名系统的管理,以及根服务器系统的管理。这些服务最初是在美国政府管辖下的 IANA 以及其他一些组织提供的,由 IANA 将地址分配到 ARIN(北美地区)、RIPE(欧洲地区)和 APNIC(亚太地区),然后再由这些地区性组织将地址分配给各个 ISP。现在,由 ICANN 行使 IANA 的职能。

为了保证国际互联网的正常运行和向全体互联网用户提供服务,国际上设立了国际互联网络信息中心(InterNIC),为所有互联网络用户服务。InterNIC 网站目前由 ICANN 负责维护,提供互联网域名登记服务的公开信息。

第二层次是地区 NIC,由三大区域性 IP 地址分配机构组成。

(1) ARIN(American Registry for Internet Numbers)。负责北美、南美、加勒比以及非洲撒哈拉部分地区的 IP 地址分配。同时还要给全球 NSP(Network Service Providers)分配地址。

(2) RIPE(Reseaux IP Europeens)。负责欧洲、中东、北非、西亚部分地区。

(3) APNIC(Asia Pacific Network Information Center)。负责亚洲、太平洋地区。我国申请 IP 地址要通过 APNIC,申请时要考虑申请哪一类的 IP 地址,然后向国内的代理机构提出申请。

第三层次是国内 NIC,如中国的 CNNIC,负责为我国的网络服务商(ISP)和网络用户提供 IP 地址和 AS(自治系统)号码的分配管理服务。与 IP 地址申请相关的机构如表 4-2 所示。

表 4-2　IP 地址分配相关机构

机构代码	机构全称	服务器地址	负责区域
INTERNIC	互联网络信息中心	whois.internic.net	美国及其他地区
APNIC	亚洲与太平洋地区网络信息中心	whois.apnic.net	东亚、南亚、大洋洲
RIPE	欧州 IP 地址注册中心	whois.ripe.net	欧洲、北非、西亚地区
CNNIC	中国互联网络信息中心	whois.cnnic.net.cn	中国(除教育网内)
CERNIC	中国教育与科研网网络信息中心	whois.edu.cn	中国教育网内
ARIN	美国 Internet 号码注册中心	whois.arin.net	北美、撒哈拉沙漠以南非洲

2. 申请 IP 地址

我国的 IP 地址申请分为两级结构，ISP 向各级网络信息中心申请，普通用户再向 ISP 申请。在互联网发展的早期，我国没有成立统一的 IP 地址及 AS 号码资源管理单位，ISP 都直接从 APNIC 申请地址。1997 年 1 月，CNNIC 以国家互联网络注册机构（NIR）的身份成为 APNIC 的联盟会员，成立了以 CNNIC 为召集单位的分配联盟，由 CNNIC 向 APNIC 申请 IP 地址，ISP 通过加入 CNNIC 分配联盟从 CNNIC 获得 IP 地址和 AS 号码，再向企业和学校等组织提供分配 IP 地址的服务。

普通的企业、学校等机构要获取 IP 地址需要向 ISP 提供详实的材料，下面以学校向中国教育与科研计算机网络（CERNET）申请 IP 地址为例，简单介绍 IP 地址申请过程。

1) 需要提供的材料

(1) 单位申请证明，需单位盖章，一式两份。

(2) 完整、正确的 IP 申请表。

(3) 正确的网络拓扑图。

其中，IP 地址申请表的内容包括以下内容。

(1) 单位规模介绍：单位简介、机构设置、师资规模、学生分布等。

(2) 校园网建设规模：校园网规划、联网楼群、院系；信息点分布；地址配置策略等。

(3) 项目资金支持说明：项目来源；资金数量、来源。

(4) 本次申请的地址的用途描述。

(5) 联网设备详细清单：设备名称、型号、数量。

2) IP 申请的程序

(1) 用户在网址为 http://www.nic.edu.cn/RS/templates/cindex.html 的站点下载申请表格。

(2) 用户将申请表和拓扑图以邮件方式提交给地区网络中心 NIC，同时向地区网络中心 NIC 提交一份单位签章证明原件。

(3) 地区网络中心 NIC 将完整无误的申请表和规定格式的拓扑图转发给国家网络中心 NIC。

(4) 国家网络中心 NIC 审查表格，合格则分配地址；不合格则给出修改建议回复地区网络中心。

(5) 国家网络中心 NIC 分配地址后以电子邮件方式通知地区网络中心和 CERNET 用户部，地区网络中心 NIC 通知用户。

4.3 子网与超网

4.3.1 子网与子网掩码

1. 子网的概念

对于 A 类和 B 类网络而言，其网络内部的主机数量是大量的，很少有一个单独的物理网络拥有如此多的主机,为了充分利用 IP 地址资源,可以在逻辑网络内部划分子网,让一个子网号对应一个物理网络,让多个物理网络共同使用一个网络号。当然,划分子网不仅针对 A 类和 B 类网络,C 类网络也可以划分子网。

划分子网的好处是可节省 IP 地址。例如,某公司具有 4 个分布于不同位置的物理网络,每个网络大约有 20 台左右的计算机,如果为每个物理网络申请一个 C 类网络地址,这显然非常浪费(因为 C 类网络可支持 254 个主机地址),而且还会增加路由器的负担(路由表记录增多),这时就可以考虑只申请一个网络号,然后在一个网络的内部进一步划分若干个子网,由于每个子网中 IP 地址的网络号部分相同,所以在外部的路由器看来,这些子网属于同一个网络,而单位内部的路由器应具备区分不同子网的能力。

2. 子网的划分方法

在划分子网时,可以从原来的主机地址中拿出几位用于标识子网地址。具体的说,如果一个 B 类网络原来主机地址有 16 位,如拿出 4 位用于表示子网地址,则一个 B 类地址可以划分成 $14(2^4-2)$ 个子网,每个子网可以容纳 $4094(2^{12}-2)$ 个主机。若拿出 8 位做子网号,则共可以分 $254(2^8-2)$ 个子网,每个子网可以容纳 $254(2^8-2)$ 台主机。B 类网络划分子网(拿出 8 位做子网号)前后 IP 地址结构变化如图 4-13 所示。

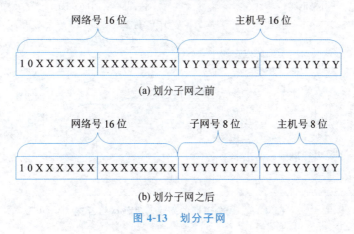

图 4-13 划分子网

划分子网后,一个 IP 地址可以被看成由三个部分组成:网络号、子网号和主机号,如图 4-14 所示。

图 4-14 划分子网后的 IP 地址的结构

至于从主机号中拿出几位做子网号和划分几个子网,则是一个单位内部的事务,单位的网络管理员可以根据本单位的实际需要来划分,不需要向 Internet 地址管理部门申请。

3. 子网掩码

划分子网后,因为每个子网都具有相同的网络号,所以其内部结构对于外部网络来说没有任何影响。外部路由器只要检查网络号是该单位的网络号，就可以把数据包丢给该单位的路由器，由该单位的路由器去处理。但是，对于内部网络来说，由于各个物理网络都是独立的网络，他们之间也要靠路由器互联才能够相互通信，而内部物理网络的网络号又是相同的，那么只能根据子网号来判断一次通信是子网内部的通信还是不同子网间的通信。如果是子网内部的通信，路由器就应该丢弃数据包，如果是不同子网之间的通信，则路由器就应该转发数据包。

图 4-15 展示了多个网络通过路由器互联，而网络内部又划分了多个子网的情况。例如，设内部网络申请到的网络号是 160.68.0.0，子网 1 有一台主机的 IP 地址是 160.68.1.1，该主机发送一个数据包。当目的地址是 180.16.1.15 时，内部路由器 R1 可以根据网络号将其转发给 R2，但当目的地址是 160.68.25.12 时，路由器究竟是否要转发呢？因为源地址和目的地址的网络号是相同的，所以路由器只能根据子网号来判断这两个地址是否属于同一个子网，属于同一个子网就丢弃，否则就转发。但是，前面强调，子网的划分不是固定的，而是灵活的，究竟拿出几位做子网号要完全根据需要而定。因此，为了让路由器能够正确地识别子网号，必须将子网的划分方案告诉路由器，TCP/IP 用子网掩码来表达子网划分方案，所以，要分配正确的子网掩码。

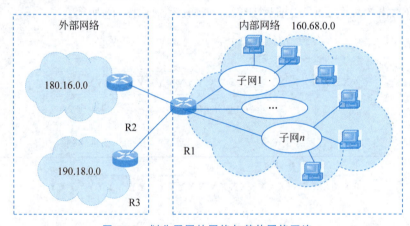

图 4-15 划分子网的网络与其他网络互连

子网掩码也是由 32 位二进制数组成，但是其规定网络号部分和子网号部分全为 1，主机号部分全为 0。在逻辑网络的内部，由于只能采用同一个子网划分方案，所以网络中的每台主机以及路由器与本网络相连的接口的子网掩码都是相同的。而不同的网络，由于子网划分方案的不同，其子网掩码则可能是不同的。

路由器收到分组后，会将源主机的 IP 地址与子网掩码做逐位相"与"（相乘），求出源主机的子网号，再将目的主机的 IP 地址与子网掩码逐位相"与"，求出目的主机的子网号，然后比较这两个子网号是否相同，若相同就丢弃，否则就转发。

例 4-1：设源主机 IP 地址：160.68.1.1，子网掩码是 255.255.240.0。
　　　　　目的主机 IP 地址：160.68.25.12，子网掩码是 255.255.240.0。
　　　　判断两个主机是否属于同一个子网？
　　　　路由器的判断过程如下：将源 IP 地址与子网掩码逐位相与：

	十进制数表示	二进制数表示
源 IP 地址	160.68.1.1	10100000　01000100　00000001　00000001
子网掩码	255.255.240.0	11111111　11111111　11110000　00000000
求出子网号	160.68.0.0	10100000　01000100　00000000　00000000

再将目的地址与子网掩码逐位相与：

	十进制数表示	二进制数表示
目的 IP 地址	160.68.25.12	10100000　01000100　00011001　00001100
子网掩码	255.255.240.0	11111111　11111111　11110000　00000000
求出子网号	160.68.16.0	10100000　01000100　00010000　00000000

于是得知源地址和目的地址不在同一个子网，需要转发。

由上述计算可知，在学习 IP 地址相关知识的时候经常会用到十进制与二进制数字之间的相互转换，通常可以在 Windows 的科学计算器帮助下实现快速计算。

因为子网号都是从靠近网络号的部分得到的，所以，子网掩码有一定的规律，下面以 C 类网络为例，说明子网号的位数与子网掩码、有效子网数、每个子网有效主机数的关系，如表 4-3 所示。

表 4-3　C 类网络划分子网的可能结果

子网号的位数	最后一个字节的子网掩码（二进制）	子网掩码（十进制）	划分的有效子网数	每子网有效主机地址数
1	10000000	255.255.255.128	0	—
2	11000000	255.255.255.192	2	62
3	11100000	255.255.255.224	6	30
4	11110000	255.255.255.240	14	14
5	11111000	255.255.255.248	30	6
6	11111100	255.255.255.252	62	2
7	11111110	255.255.255.254	126	0
8	11111111	255.255.255.255	—	—

A 类和 B 类网络的设计可以参照表 4-3，以此分析出划分子网后可能的结果。

划分子网后，每个子网的第一个地址（主机号全 0）为该子网的子网号，每个子网的最后一个地址（主机号全 1）为该子网的广播地址，同样，子网号全为 0、子网号全为 1、主机号全为 0、主机号全为 1 的地址都不能分配给用户使用，所以，每个子网的有效主机地址是该子网所有主机地址数减 2。

在没有划分子网的情况下，A、B、C 类网络默认的子网掩码如下。

A 类网络：255.0.0.0。

B 类网络：255.255.0.0。

C 类网络：255.255.255.0。

*4.3.2 子网的划分

划分子网是网络管理人员的任务,合理地划分子网可以充分利用有限的 IP 地址,同时也可以减轻路由器的负担。

子网划分一般经过以下步骤。

(1) 根据物理网络数确定子网数。

(2) 根据需要的子网数确定用几位数做子网号。

(3) 根据每个子网可以提供的主机数判断能否满足物理网络需要。

(4) 确定子网掩码。

(5) 确定每个子网主机地址的分布范围。

下面将以实例说明子网的划分过程以及与子网划分相关的一些问题。

例 4-2:某单位有 4 个分布于不同位置的局域网,每个网络有不超过 30 台的主机,该单位申请到了一个 C 类网络号(假设为 198.68.100.0)。为了充分利用 IP 地址,准备用划分子网的方法让这 4 个局域网共同使用一个网络号,请给出子网划分方案。

解:(1) 确定用几位做子网号。

本例有 4 个物理网络,因此划分的子网数要大于等于 4,对于 C 类网络而言,其原来的主机号有 8 位,若从中拿出 3 位做子网号,则可以划分 $2^3=8$ 个子网,由于子网号全为 0 和全为 1 的子网不能给用户使用,所以,划分的有效子网数为 6 个,而 6>4,因此满足要求。

(2) 判断提供的主机地址数量能否满足实际需要。

从原来的主机号中拿出 3 位做子网号后,主机号只有 5 位,可以提供 $2^5=32$ 个主机地址,考虑到主机号全为 0 和全为 1 的地址不能分配给用户使用,因此,每个子网可以提供 30 个有效的主机地址,而实际物理网络主机数量不超过 30,因此满足要求。

注意,对于一个具体的逻辑网络来说,不管其是 A 类、B 类还是 C 类网络,划分子网前,其表示主机地址的位数是固定的,在划分子网时,子网号用的位数多了,主机号可用的位数就少了,于是就可能出现这样的情况:满足了子网数量的要求就不能满足主机数量的要求,反过来,满足了主机数量的要求就不能满足子网数量的要求。如果发生这种情况则只能说明当前网络提供的主机地址数量太少,不能用划分子网的方法解决,只能再申请 IP 地址。

(3) 确定子网掩码。

确定子网掩码的方法是先将子网掩码写成二进制数,然后再将其转换成十进制数。

因为申请到的是一个 C 类网络,根据前面的分析可知,需要从原主机地址中拿出 3 位做子网号,所以二进制表示的子网掩码如下。

$$11111111 \quad 11111111 \quad 11111111 \quad 11100000$$

将其转换成十进制表示如下。

$$255.255.255.224$$

该结果也可以直接从表 4-3 查得。

(4) 确定每个子网主机地址分布范围。

确定每个子网的主机地址范围的方法是先固定一个子网号,考察主机地址的变化范围。为了便于叙述,下面将先用二进制的 IP 地址表示方法分析,最后用十进制表示。

第一个子网:

网络号	子网号	主机地址变化范围	十进制的 IP 地址范围
11000110 01000100 01100100	000	00000	198.68.100.0
	000	11111	198.68.100.31

第二个子网:

网络号	子网号	主机地址变化范围	十进制的 IP 地址范围
11000110 01000100 01100100	001	00000	198.68.100.32
	001	11111	198.68.100.63

这样分下去,就可以得到全部 8 个子网的 IP 地址分布范围,结果如表 4-4 所示。

表 4-4 例 4-2 子网划分结果

子网	IP 地址范围	有效 IP 地址范围	子 网 号
1	198.68.100.0~198.68.100.31	198.68.100.1~198.68.100.30	198.68.100.0
2	198.68.100.32~198.68.100.63	198.68.100.33~198.68.100.62	198.68.100.32
3	198.68.100.64~198.68.100.95	198.68.100.65~198.68.100.94	198.68.100.64
4	198.68.100.96~198.68.100.127	198.68.100.97~198.68.100.126	198.68.100.96
5	198.68.100.128~198.68.100.159	198.68.100.129~198.68.100.158	198.68.100.128
6	198.68.100.160~198.68.100.191	198.68.100.161~198.68.100.190	198.68.100.160
7	198.68.100.192~198.68.100.223	198.68.100.193~198.68.100.222	198.68.100.192
8	198.68.100.224~198.68.100.255	198.68.100.225~198.68.100.254	198.68.100.224

在表 4-4 中,子网 1 和子网 8 不能分配给用户使用,因为他们的子网号全是 0 或全是 1,每个子网的首地址是这个子网的子网号,每个子网的最后一个地址是这个子网的广播地址。

计算每个子网的 IP 地址分布范围也可以使用下面这种方法:

先计算出这个子网包含的主机数,设这个数为 n,然后,令每个子网的第一个地址是上个子网最后一个地址加 1,每个子网最后一个地址是该子网首地址加 $n-1$。这样可以计算得快一些。

对于上例:先算出每个子网包含的 32 个主机地址,$n-1=31$,所以第一个子网首地址为 198.68.100.0,最后一个地址为 198.68.100.31;第二个子网首地址为 198.68.100.32,最后一个地址为 198.68.100.63,依此类推。

例 4-3:有一个企业申请了一个 B 类网络号:180.120.0.0,在内部划分了子网,子网掩码是:255.255.255.128,问该企业划分了几个子网?每个子网包含多少主机地址?

解：这个问题可以从子网掩码入手。将子网掩码转换成二进制数。

      11111111 11111111 11111111 10000000

由于是 B 类网络，前十六位是网络号，后十六位是主机号，由此可知，该企业需要从主机号中拿出 9 位做子网号，主机号只剩 7 位，所以，该企业划分了 $2^9=512$ 个子网，有效子网数是 510 个，每个子网包含 $2^7=128$ 个主机地址，有效主机地址是 126 个。

例 4-4：有两个主机，其 IP 地址分别为 192.168.45.37 和 192.168.45.27，子网掩码均为 255.255.255.240，问：这两台主机能否直接通信？

解：解决这个问题关键是判断两台主机是否属于同一子网，判断方法有两种，一是将 IP 地址和子网掩码都转换成二进制数，然后比较其子网号部分是否相同（因为网络号是相同的）。

192.168.45.37	11000000	10101000	00101101	**0010**0101
255.255.255.240	11111111	11111111	11111111	**1111**0000
	11000000	10101000	00101101	**0010**0000
192.168.45.27	11000000	10101000	00101101	**0001**1011
255.255.255.240	11111111	11111111	11111111	**1111**0000
	11000000	10101000	00101101	**0001**0000

可见该划分方案是从主机号中拿出四位做子网号，192.168.45.37 对应的子网号部分是 0010，而 192.168.45.27 对应的子网号部分是 0001，所以，二者不属于同一个子网，不能直接通信。

第二种方法是求出每个子网 IP 地址分布范围，然后再判断两个地址是否在同一个子网，其判断过程与前一种方法相同，不再赘述。

*4.3.3 超网与 CIDR 技术

1. 超网的概念

IPv4 编址方案将 IP 地址分成两个部分，即网络号和主机号，其希望通过每个 IP 地址都能唯一地识别一个网络与一个主机。在分配 IP 地址的时候，也是按网络号来分配的，这种 IP 地址的划分与处理方法被称为分类 IP 地址。

但由于 Intenet 发展速度十分惊人，标准分类 IP 地址在使用过程中出现了明显的局限性。

（1）分类 IP 地址分配方法会导致大量 IP 地址的浪费。由于分类 IP 地址中的 IP 地址需要按网络号来分配，而每个网络号所包含的主机地址数量是固定的，所以这样就会导致大量的 IP 地址被浪费。例如，一个单位拥有由 2000 台计算机组成的中型网络，它申请并被分配到一个 B 类网络号，拥有 65534 个 IP 地址，但事实上它只需要 2000 个 IP 地址。所以，采用这种分配方式，将有 63534 个 IP 被闲置。

（2）Internet 路由表几乎饱和。目前 A 类地址早已经被用完，B 类地址也快被用完，

C 类地址则成为了全世界瓜分的对象。可供分配的 C 类网络共有 209 7152 个,而一个 C 类网络只有 254 个 IP 地址。大量地使用 C 类地址将会带来很多问题。首先是路由表饱和问题,C 类网络虽然包含的主机地址少,但是从在网络中的地位上看,其与 A 类和 B 类网络是相同的,都是一个网络号,因此,在路由器的路由表中,每个 C 类网络都与 A 类和 B 类网络一样拥有一条记录,假如二百多万个 C 类网络号都被分配,路由器中就要保存二百多万条路由信息,这将导致路由表饱和、路由选择效率降低等问题。第二,对于一个国家、地区、组织来说分配到的地址最好是连续的,而 C 类网络只有 254 个 IP 地址,对于一个大的机构来说,一个网络号是远远不够的。为了获取足够的 IP 地址,这些机构就要申请多个 C 类网络号,网络号并不能满足该机构的需求。例如,一个单位有 2000 台主机,如果按分类 IP 地址来处理,它可以将网络分为 8 个小型网络,然后申请 8 个 C 类网络号,因此,Internet 上的每个路由器都需要为这个单位储存 8 条路由信息,这样就增加了 Internet 路由表中的信息数量。

(3) IP 地址将被耗尽。因为分类 IP 编址方法会造成浪费,而且可用 IP 地址的数量有限,所以如果继续使用分类 IP 编址方法,那么将很快用完所有可用的 IP 地址。

正是由于分类 IP 地址存在上述问题,于是人们在 1993 年提出了无类别域间路由选择(Classless Inter-Domain Routing,CIDR)技术,也叫超网技术。"无类别"的意思是指路由选择不再依据网络号,而是依据掩码操作(不管其 IP 地址是 A 类、B 类或是 C 类)。

CIDR 是帮助减缓 IP 地址耗尽和路由表增大问题的一项技术,其基本思想是取消 IP 地址的分类结构,将多个地址块聚合在一起生成一个更大的网络,以包含更多的主机。CIDR 技术允许以可变长掩码的方式分配网络中的主机地址数量,支持路由聚合,能够将路由表中的大量路由条目合并为成更少的数目,因此可以限制路由器中路由表的增大。同时,CIDR 技术有助于充分利用 IPv4 的地址。

超网技术和子网技术的出发点是一样的,都是为了解决 IPv4 地址不足和浪费等问题,子网是通过将主机号拿出几位当做子网号来用,将一个大型的网络(A、B 类)分成多个小的子网,而超网技术是通过将 C 类网络的网络号拿出几位当做主机号用,从而将多个 C 类网络合并成一个更大的网络。

2. CIDR 技术下的地址分配方法

CIDR 地址采用"斜线记法",如:194.10.2.1/20,这里 194.10.2.1 是 IP 地址,/20 代表掩码中 1 的个数,其被称为网络前缀,意为 32 位 IP 地址中前 20 位为网络标识,12(32 − 20) 位为主机标识。如果用点分十进制数表示,则其相当于 255.255.240.0。

CIDR 技术将网络前缀相同的连续的 IP 地址组成一个"CIDR 地址块"。CIDR 地址块的大小可以按以下方法计算:设网络前缀为 n,则主机标识为 $32-n$,地址块包含的地址为 $2^{(32-n)}$。

在 CIDR 技术下的地址分配方案中,地址是按"块"分配的。具体地说,整个世界被分为四个地区,每个地区分配一段连续的 C 类地址,如下所示。

欧洲:194.0.0.0~195.255.255.255。
北美:198.0.0.0~199.255.255.255。

中南美：200.0.0.0～201.255.255.255。
亚太地区：202.0.0.0～203.255.255.255。

上述每个地区的网络服务商ISP向本地区的IP地址管理机构申请地址块，一般用户向本地ISP申请地址块。这种分配方式的优点是很明显的。

(1) 地址的分配是连续的。这种分配方法可以使一个地区、一个国家、一个企业分配到一片连续的IP地址块，每个单位或组织都可以根据自己的需要申请合适大小的地址块，最大限度地避免了IP地址的浪费。例如，一个企业有800台主机，如果按照分类IP地址的分类方法，它可以申请一个B类网络号，这将造成大量的浪费，如果申请C类网络地址则需要4个网络号，会导致IP地址不连续，而且Internet上的每个路由器都要有4条指向该企业的路径。如果采用CIDR分配法，它可以申请1024个地址，路由器上只需要建立一条指向该企业的路径就可以了。

(2) CIDR技术使路由表的设置更容易。分类IP地址的路由寻址是平面化的，它要求路由表为每一个网络路径做出一条记录。采用分块地址分配的方法后，路由寻址是树状结构的，有路径聚合功能。例如，在欧洲以外的一个路由器收到一个地址为194.x.y.z或195.x.y.z的数据包，那么可以直接把它丢到通往欧洲的路径上而不用考虑x,y,z的值是什么，只待这个数据包到达欧洲的路由器后欧洲的路由器才需要考虑、根据其网络前缀再投递给某个国家的路由器，直至最后投递到某个具体组织的路由器上，如图4-16所示。

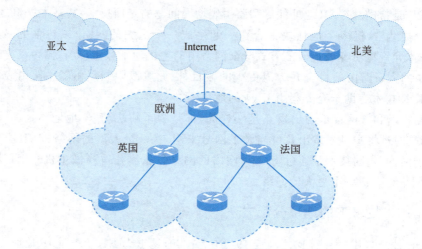

图 4-16　CIDR 技术的路径聚合功能

3. CIDR 技术的地址分配举例

CIDR技术的地址分配的步骤一般如下。
(1) 根据需要的地址数计算需要的主机位数。
(2) 计算网络前缀位数。
(3) 找到能够使主机地址连续的位置分配。

例 4-5：某ISP代理IP地址分配业务，它分配的IP地址从194.24.0.0开始。某学校有8个局域网，每个局域网需要512个IP地址，整个学校需要4096个IP地址。该学校向 ISP 提出申请,ISP 分配 IP 地址的过程如下。

解:根据学校需要 4096 个 IP 地址,可知主机号需要 $12(2^{12}=4096)$ 位,网络前缀 20 $(32-12=20)$ 位,从 194.24.0.0 起可以包含连续 4096 个地址,所以,学校获得的地址块是:194.24.0.0/20,获得的 IP 地址范围是:194.24.0.0~194.24.15.255。

分配完毕后,当 ISP 的路由器收到数据包,其 IP 地址和网络前缀为 194.24.0.0/20 时,就把它交给该学校的路由器。

194.24.0.0/20 这个地址块在学校内部将进一步被分配,由于每个部门有需要有 512 个地址,主机号需要 9 位,网络前缀为 23 位,故划分结果如下。

校园网地址:	194.24.0.0/20	11000010 00011001 00000000 00000000
网络中心地址:	194.24.0.0/23	11000010 00011001 00000000 00000000
信息学院地址:	194.24.2.0/23	11000010 00011001 00000010 00000000
物流学院地址:	194.24.4.0/23	11000010 00011001 00000100 00000000
管理学院地址:	194.24.6.0/23	11000010 00011001 00000110 00000000
经济学院地址:	194.24.8.0/23	11000010 00011001 00001000 00000000
机械学院地址:	194.24.10.0/23	11000010 00011001 00001010 00000000
外语学院地址:	194.24.12.0/23	11000010 00011001 00001100 00000000
能源学院地址:	194.24.14.0/23	11000010 00011001 00001110 00000000

划分 CIDR 地址块后的校园网如图 4-17 所示。或者用类似划分子网的方法在获得的地址块内部划分子地址块,将整个地址块分成 8 块地址,那么可以利用主机号的前三位充当每个子地址块的网络前缀,划分结果相同。

例 4-6:使用 CIDR 技术从 194.24.0.0 分配 IP 地址,甲公司需要 2048 个,乙公司需要 4096 个,丙公司需要 1024 个,试给出分配方案。

解:甲公司需要 2048 个地址,主机号需要 11 位,那么网络前缀就是 21 位。或者根据分类 IP 地址中的一个 C 类网络包含的 256 个地址为一个地址块,本例需要 8 个这样的地址块($256\times2^3=2048$),因此需要在 24 位网络号中拿出靠近主机号的低 3 位作主机号。总之,甲公司获得的地址块为:194.24.0.0/21,可以使用的 IP 地址是 194.24.0.0~194.24.7.255,掩码为 255.255.248.0。

现在乙公司需要 4096 个,主机号需要有 12 位,网络前缀为 20 位。如果从 194.24.8.0 开始分,则结果是 194.24.8.0~194.24.23.255。将这些地址转换成二进制数,具体如下。

194.24.8.0/20	11000010 00011001 00001000 00000000
194.24.9.0/20	11000010 00011001 00001001 00000000
……	
194.24.16.0/20	11000010 00011001 00010000 00000000
……	
194.24.23.0/20	11000010 00011001 00010111 00000000

可以发现以上地址中出现了两个网络前缀,说明分得的地址块是不连续的,为了使乙公司得到连续的地址块,必须从能够提供连续 4096 个地址的地方开始分配,对于本例而言应该从 194.24.16.0 开始分,地址块表示为 194.24.16/20,实际分得的 IP 地址范围是

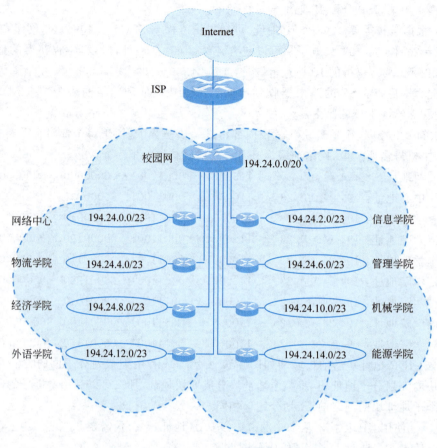

图 4-17 划分 CIDR 地址块后的校园网结构

194.24.16.0～194.24.31.255，掩码为 255.255.240.0。用二进制数表示的地址范围是如下。

194.24.16.0/20   11000010 00011001 00010000 00000000
                          ……
194.24.31.0/20   11000010 00011001 00011111 00000000

由此可见整个地址块的网络前缀是相同的，该片地址是连续的。

最后，丙公司需要 1024 个地址，主机号需要 10 位，网络前缀 22 位，可以从 194.24.8.0 开始分配，分得的地址块为 194.24.8.0/22，分得的地址 IP 范围是 194.24.8.0～194.24.11.255，掩码为 255.255.252.0。

甲、乙、丙公司的网络前缀与掩码的二进制表示如下。

甲公司：网络前缀   11000010000110000000000000000000
        掩码   11111111111111111110000000000000
乙公司：网络前缀   11000010000110000001000000000000
        掩码   11111111111111111110000000000000
丙公司：网络前缀   11000010000110000010000000000000
        掩码   11111111111111111100000000000000

当路由器收到一个数据包时,将分别用每个网络的掩码与数据包中的目的地址相"与",求出该地址的网络前缀,若求出的网络前缀恰好与掩码对应的网络前缀相同,则该数据包就会被送往这个网络。

例如,有一个数据包要发往 194.24.17.4 这个地址,路由器收到这个数据包后,会先将该地址与甲的掩码相"与",如下所示。

目的地址	194.24.17.4	11000010000110000001000100000100
甲的掩码	255.255.248.0	11111111111111111111100000000000
得到的网络前缀		11000010000110000001000000000000

以上结果与甲的网络前缀不匹配,所以再用乙的掩码与该地址相"与",如下所示。

目的地址	194.24.17.4	11000010000110000001000100000100
乙的掩码	255.255.240.0	11111111111111111111000000000000
得到的网络前缀		11000010000110000001000000000000

以上结果与乙的网络前缀相同,因此该数据包被送往乙。如果用丙的掩码与该地址相"与",则结果如下。

目的地址	194.24.17.4	11000010000110000001000100000100
丙的掩码	255.255.252.0	11111111111111111111110000000000
得到的网络前缀		11000010000110000001000100000100

由上可知,它与丙的网络前缀也是不相符的。

*4.4 IP 路由协议

4.4.1 IP 路由的相关概念

1. 自治系统

在 Internet 上,有众多的网络通过大量的路由器互联起来,为了获得正确的路由,路由器间要交换信息,那么究竟通过什么方法能提高交换信息的效率呢? Internet 采用了分层路由的方法,即将网络划分成一个个的"自治系统",先在这些自治系统内部的路由器间交换路由信息,再通过每个自治系统中充当"发言人"的路由器与其他自治系统交换路由信息。

所谓自治系统是指由一个独立的管理实体控制的一组网络设备和路由器。一个自治系统(AS)是一个有权自主地决定在本系统中应采用何种路由协议的小型单位,其与其他自治系统无关,其他自治系统也不关心别的自治系统内部使用的路由协议。每一个自治系统都会分配一个全局的唯一自治系统编号,该自治系统编号与 IP 地址一样,都由一个权威机构(IANA)进行分配,它唯一标识了对应的自治系统。

自治系统概念的提出实际上是将路由信息交换的任务分解到两个层次上完成,自治系统内部的路由信息交换是第一层次;自治系统间的路由信息交换是第二层次。自治系统通过主干路由器或"发言人"连接到主干区域,主干区域由各自治系统的主干路由器构成,自治系统之间的分组交换是通过主干路由器实现的,如图 4-18 所示。

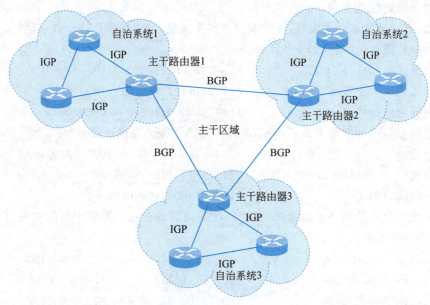

图 4-18 自治系统与路由选择协议

2. 内部网关协议与外部网关协议

划分自治系统后,自治系统网络内部进行路由信息的交换可以使用不同的路由协议,其被称为内部网关协议(Interior Gateway Protocols,IGP),典型的内部网关协议有路由信息协议(Routing Information Protocol,RIP)和开放最短路径协议(Open Shortest Path First,OSPF)。当不同的自治系统间交换路由信息,且两个自治系统使用不同的内部网关协议时,还需要使用外部网关协议(Exterior Gateway Protocol,EGP),目前主要的外部网关协议是边界网关协议(Border Gateway Protocol,BGP),如图 4-18 所示。

4.4.2 RIP

RIP 是内部网关协议的一种,它是一种分布式、基于距离向量算法(V,D)的路由选择协议。

1. RIP 的原理

RIP 也称距离向量协议,其以经过的路由站点数作为选择路由的依据,从源站点到目的站点如果有多条路径,则 RIP 会认为经过路由器最少的路径为最短路径,如果有两条路径相同,则其倾向于使用最先学习的路径。

运行 RIP 的路由器周期性地向物理连接上相邻的路由器发送路由刷新报文,该报文包含本路由器可到达的目的网络或主机信息(向量 V)以及到达目的网络或主机的跃点

（距离 D）信息。其他路由器在接收到某个路由器的(V, D)报文后，会按照最短路径原则对各自的路由表进行刷新。当网络拓扑结构发生变化时，路由表会自动更新，一般每 30s 更新一次。

运行 RIP 的路由器按照以下规律更新路由表。

（1）如果获取到本路由器没有的路由信息，则其将在本路由器的路由表中增加这条新的路由信息，将下一跃点指向提供该路由信息的路由器，同时将距离（跃点数）在获取的距离信息的基础上加 1。

（2）如果获取到本路由器已经存在的路由信息，若新获取的路由距离比本路由器原来的距离短，则用新路径更新原来的路径，否则，保留原来的路径。

图 4-19 给出了 RIP 开始工作 60s 后其路由表的变化情况。

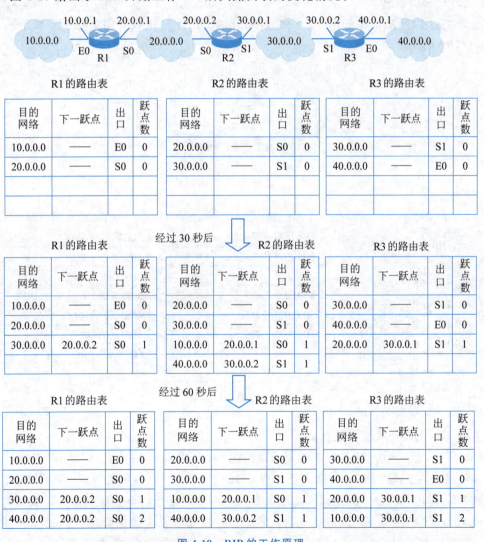

图 4-19 RIP 的工作原理

（1）原始情况。路由器开始工作后，将对其路由表进行初始化，初始化的路由器中只包含与该路由器直接相连网络的路由,由于网络与路由器直接相连,不再需要其他路由器转发,所以初始路由表中跳点(距离)均为0。

(2)经过30s后,R1和R2之间、R2和R3之间相互广播自己的路由表,R1从R2广播的路由表中获取到达网络30.0.0.0的信息,于是增加一条记录,目的地址是30.0.0.0,下一跳点是R2的20.0.0.2接口,由于30.0.0.0与R2直接相连,故跳点为0,所以从R1到达30.0.0.0的距离是R2的跳点加数1,即跳点数为1。类似地,R2从R1获取到达10.0.0.0的路由信息,从R3获取到达40.0.0.0的路由信息;R3从R2获取到达20.0.0.0的路由信息。

(3)又经过30s,R1从R2获取到到达40.0.0.0的路由信息;R3从R2获取到达10.0.0.0的路由信息。

例4-7:设网络环境如图4-20所示,R1和R2的原路由表如图下前两个表所示,求30s后,R2的路由表。

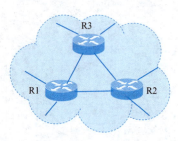

R1 的路由表

目的网络	路由	距离
10.0.0.0	R5	3
20.0.0.0	R3	4
30.0.0.0	R5	2
40.0.0.0	R4	5
50.0.0.0	R4	1

R2 的路由表

目的网络	路由	距离
10.0.0.0	直接	0
20.0.0.0	R1	8
40.0.0.0	R7	4
50.0.0.0	R1	2
60.0.0.0	R6	5

更新后的 R2 路由表

目的网络	路由	距离
10.0.0.0	直接	0
20.0.0.0	R1	5
30.0.0.0	R1	3
40.0.0.0	R7	4
50.0.0.0	R1	2
60.0.0.0	R6	5

图 4-20 路由表更新

解:R2 的路由表更新过程如下:

对于到达 10.0.0.0 路径,R2 的记录路径优于 R1,保留原来的路由记录;到达 20.0.0.0 的路径,R2 原来跳点是 8,R1 跳点是 4,优于 R2 原来的路径,故更新为下一跳点送 R1,跳点数为 5;到达 30.0.0.0 的路径,R2 原来没有,故补充新记录,下一跳点 R1,跳点数为 3;到达 40.0.0.0 的路径,R1 跳点是 5,R2 跳点是 4,故保留原来的记录;到达 50.0.0.0 的路径,R1 跳点是 1,R2 跳点是 2,新路径与原来的路径相同,保留原来的记录;到达 60.0.0.0 的路径,R1 没有带来路径信息,故保持原来的记录。

2. RIP 的特点

(1) 采用向量距离(V,D)算法,用跃点数作为唯一的路由选择度量标准,没有考虑链路带宽等因素。

(2) 路由器间交换的路由信息量大,接力式的信息传输方式容易导致信息传播时延较长。

(2) RIP 经过的最长路径是 15 个路由器(15 跃点),超过此数则会认为该目的地址不能到达。

(2) 每 30s 广播一次路由更新数据。

(3) RIP 版本 1 不支持可变长子网掩码(variable length subnet mask,VLSM)和不连续的子网,其版本 2 支持 VLSM 和不连续的子网,并使用组播地址发送路由信息。

RIP 实现简单,但由于其自身的特点,导致其在大型广域网和有大量路由器的网络中效率较低,不适合在大型网络或路由经常变化的网络中使用,适合于小型网络。

4.4.3 OSPF 协议

OSPF 协议也是一种内部网关协议(Interior Gateway Protocol,IGP),用于在同一自治系统(AS)中的路由器之间发布路由信息。与 RIP 不同,OSPF 协议具有支持大型网络、路由收敛快、占用网络资源少等优点,在目前应用的路由协议中占有相当重要的地位。

1. OSPF 协议的工作原理

在自治系统内,运行 OSPF 协议的路由器间要频繁地交换路由信息,交换的路由信息包括本路由器与哪些路由器相邻,以及链路状态的度量等,最后生成链路状态数据库(Link-State Database)。这里的链路状态是指费用、距离、带宽、延时等,路由器将根据链路状态值按照某种计算方法计算出该链路上的总开销,开销值越小越好。这样,每个路由器都将根据链路状态数据库掌握该区域上所有路由器的链路状态信息,也就等于了解了整个网络的拓扑状况。在此基础上,路由器利用最短路径优先算法(shortest path first,SPF)独立地计算出从本路由器到达任意目的地网络的路由,并生成路由表。

在 Internet 上,网络规模非常庞大,一个自治系统中可能包含成千上万的路由器,为了方便这些路由器间交换信息,OSPF 协议引入了分层路由的方法。

分层路由会先将自治系统划分成一个个的区域(Area),设其中一个区域为主干区域,用于连接其他区域,主干区域的路由器叫主干路由器,用于连接其他区域的路由器叫边界路由器。主干区域负责在区域之间交换链路状态信息。

每个区域就如同一个独立的网络,在区域内,路由器间要建立邻居关系,邻居之间要交换链路状态信息,但是,如果所有的路由器彼此都建立邻居关系,则交换的信息量太大,设网络中有 N 个结点,就会形成$(N*N-1)/2$ 个邻居关系,为了减少区域内交换信息的数量,OSPF 协议在运行时要选举一个指派路由器(designated router,DR),区域内的所有路由器都只和 DR 建立邻居关系,这样就可以大大减少交换链路状态信息的数量。

DR 负责收集区域内的链路状态信息,并发布给其他路由器。最后,通过边界路由器将本区域的链路状态信息发布给主干区域,与其他区域交换链路状态信息。

在选举 DR 的同时 OSPF 也会选举出一个备用指派路由器(buck-up designated router,BDR),在 DR 失效的时候,BDR 担负起 DR 的职责,一般来说,优先权值次高的路由器会被选举为 BDR。

2. OSPF 协议的路径选择过程

如图 4-21 所示为根据链路状态数据库生成的网络拓扑结构图,图中 R1、R2 等代表路由器,N1、N2 等代表目的网络,链路上的数字为代表该链路当前状态(开销)。

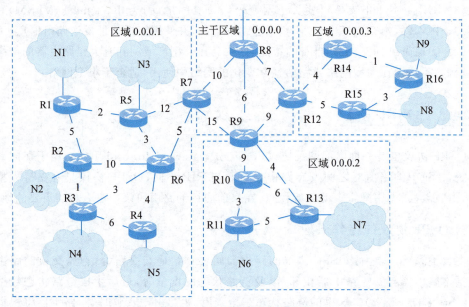

图 4-21 链路状态拓扑结构图

根据最小开销的原则计算从 R7 到达各网络的最短路径,选择开销值最小的为最佳路径,得到如图 4-22 所示的最短路径图。根据该图可以得到 R7 的路由表,如表 4-5 所示。

表 4-5 R7 的路由表

目的网络	下一路由	目的网络	下一路由
N1	R6	N6	R9
N2	R6	N7	R9
N3	R6	N8	R8
N4	R6	N9	R8
N5	R6		

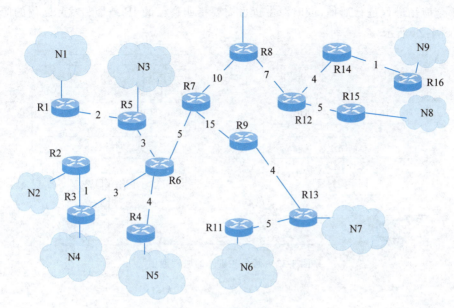

图 4-22　R7 到达各网络的最短路径

3. OSPF 协议的特点

（1）其采用链路状态算法，综合考虑了距离、带宽、延时等因素，可以根据网络结构和通信量的变化随时调整路由表，对网络变化适应性强。

（2）收敛快。由于采用了分层路由的思想，将自治系统分成多个区域，以区域为单位交换链路状态信息，然后再在区域之间交换链路状态信息，这种信息交换方式可以减少通信量，使路由更新过程更快。

（3）不会形成回路，由于每个区域都和主干区域相邻，区域内每个路由器都和指派路由器(DR)相邻，因此，永远不会形成信息交换的回路。

（4）带宽消耗少，由于 OSPF 协议交换的是链路状态信息，不是像 RIP 那样交换整个路由表，所以交换的信息量要少。

目前，OSPF 协议受到了大多数路由器厂商的支持，适合大型网络。

4.5　端口与进程通信

4.5.1　进程通信的基本概念

在 TCP/IP 网络上，两个主机之间的通信最终是两个主机上的应用进程间的通信。网络层的 IP 地址只是帮助一台主机找到了目的主机，但是目的主机上有许多应用进程，当源主机与另一个主机通信时，不仅要指明目的主机的 IP 地址，而且要指明与目的主机上的哪个应用进程进行通信,同时源主机也需要指明自己的 IP 地址和发起通信的应用进程,如图 4-23 所示。

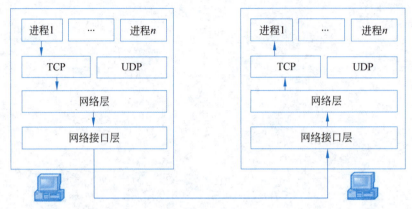

图 4-23　两个主机间的进程通信

4.5.2　端口的概念与常用端口

　　主机的应用层有许多应用进程,传输层如何对其加以识别?或者说,当 TCP 从网络层收到一个数据包后,究竟要送给应用层的哪个应用进程呢?TCP/IP 为了能够让传输层识别应用层上不同的应用进程,会在传输层给应用层的每一个应用都编列一个地址,这个地址叫端口号。

　　端口号是个预定义的内部地址,其提供从应用程序到传输层或从传输层到应用程序之间的通路,传输层使用端口号来标识执行发送和接收的应用进程,所以端口号可以帮助传输层来分离数据流并且把相应数据传递给正确的应用程序。

　　根据 IP 地址和端口号就可以唯一地确定信宿主机中某个特定进程。IP 地址是网络层的地址,通过它可以在互联网上找到目的主机,端口是传输层上的地址,通过它可以找到主机上具体的应用进程(通信对象)。发送端通过接收端的 IP 地址和端口号将数据送往目的地,接收端根据发送端的 IP 地址和端口号做出回应,如图 4-24 所示。

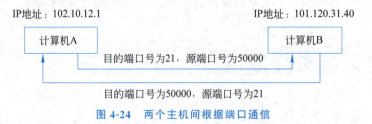

图 4-24　两个主机间根据端口通信

　　例如,发送端发送数据到 101.120.31.40:21,接收端返回数据到 102.10.12.1:50000。人们把这样一种既包含了 IP 地址又包含端口号的地址叫套接字(socket)。图 4-24 显示的就是使用 TCP/IP 的计算机之间是如何交换套接字信息的。

端口号是一个 16 位的二进制数，其取值范围为 0～65535，网络上的计算机中运行的任何网络应用程序都有一个或多个端口号与之对应。

服务器端使用的端口号一般都是静态绑定，在服务器端软件上配置的。如图 4-25 所示的 WWW 服务器端配置在了 TCP 80 号端口。当人们请求服务器上的网页时，TCP 默认自动连接服务器的 TCP 80 号端口，如图 4-25 所示。如果服务器管理员把 WWW 服务配置在了 TCP 8080 号端口，那么人们就需要额外指定该端口，如 http://www.bwu.edu.cn:8080 才能够访问。试想一下记住每个网站使用的端口号事件多么夸张的事情，所以为了避免混乱，服务端有必要确定监听端口号。IANA 负责登记协调端口号的分配。最常见的一类叫作知名的端口号（Well-Known port number），端口号数值范围为 0～1023。另一类叫作登记端口号，数值范围为 1024～49151。访问 IANA 网站：http://www.iana.org/assignments/port-numbers 可以查看服务名与端口号的相关信息。从 49152～65535 的端口号为私有端口或临时端口号，是非注册的，并且可以动态地分配给任何应用进程。

图 4-25　配置 IIS 绑定 HTTP 协议在 80 端口进行监听

表 4-6 和表 4-7 列出了常用 TCP 和 UDP 的端口。

表 4-6　常用的 TCP 端口号

服务程序	端口号	服务说明
FTP	20	文件传输协议（数据连接）
FTP	21	文件传输协议（控制连接）
telnet	23	虚拟终端协议
SMTP	25	简单邮件传输协议
Name	42	主机名服务器
DNS	53	DNS 服务器
Gopher	70	Gopher 服务程序
HTTP	80	超文本传输协议

续表

服务程序	端口号	服务说明
POP	109	邮局协议
POP3	110	邮局协议3
SFTP	115	安全FTP程序
News	144	网络新闻协议

表4-7 常用的UDP的端口号

服务程序	端口号	服务说明
Name	42	主机名称服务
DNS	53	域名服务
Bootps	67	引导协议服务程序/DHCP
Bootpc	68	引导协议客户程序/DHCP
Tftp	69	简单文件传输协议
Snmp	161	简单网络管理协议

服务器端总是在一个众所周知的或已注册的端口上来监听客户端的访问请求,客户端则通常使用临时端口在本地标识一个对话。客户端的端口只在使用TCP服务时候才存在,而服务器端口只要服务器进程在运行就一直存在。

下面结合图4-24介绍计算机A如何通过套接字来访问目的计算机B上的应用程序。

(1) 计算机A通过一个临时端口(如50000号)与计算机B的众所周知的端口(如21号)建立连接,此时,计算机B的IP地址和众所周知的端口就成为计算机A的目的套接字地址。计算机A发出的请求会包含自己的IP地址和本次连接的临时端口号(如50000),告诉计算机B在将信息发回给计算机A时使用哪个套接字号。

(2) 计算机B通过众所周知的端口接收来自计算机A的请求,并将应答信息发送至作为计算机A的源地址所列出的套接字,该套接字就是从计算机B上的应用程序送往计算机A上的应用程序目的套接字地址。

4.6 IPv6 协议

4.6.1 IPv4 协议的局限性

IPv4协议的设计者无法预见到20年来Internet技术发展得如此之快,应用如此广泛,所以如今IPv4协议面临的很多问题已经无法用"打补丁"的办法去解决,只能在设计新一代 IP 协议时统一加以考虑和解决。

IPv4 协议面临的问题主要表现在以下几个方面。

(1) IP 地址耗尽。尽管 IPv4 协议的 32 位地址空间可以提供多达 4 294 967 296 个地址，但是按照当时制定的 IP 地址分配规则，能够用于分配的 IP 地址数目非常有限。为了解决这个供需矛盾，人们提出了划分子网、构成超网、可变长度子网与网络地址转换等方法。实践证明，这些方法可以暂时地缓和 IP 地址短缺的问题，但要想从根本上解决问题，必须研究新的地址方案。

(2) 网络地址转换 NAT 给网络性能、安全带来隐患。为了避免可以分配的 IP 地址减少过快，IANA 保留了一批地址用于内部 IP 网络，但是这些地址不能直接访问 Internet，NAT 在内部网络与公用网络之间提供接口，可以将内部网络的私有地址转换成可以访问 Internet 的公网地址，这样，所有内部网络的主机就可以与外部主机通信。但是，这种转换会影响网络的性能，而且，NAT 只适用于那些不需要与其他网络合并或直接访问公用网络的网络，否则会引发安全问题。

(3) 骨干路由器路由表几近饱和。目前 IPv4 的路由是由扁平和多层等两种结构组成。根据 IPv4 地址的分配方法，目前 Internet 上的骨干路由器的路由表中通常都有超过 85 000 条路由和状态记录，骨干路由器查找和维护大路由表的能力与对它能够提供的服务质量的矛盾十分突出。

(4) 手动配置 IP 地址不方便。IPv4 协议的实现方案中，多数情况下主机 IP 地址都要通过手工方式配置，或者使用动态主机配置协议（Dynamic Host Cofiguration Protocol，DHCP）。随着越来越多的计算机和相关设备使用 IP，人们迫切需要一种更加简便和自动的地址配置方式，这也导致人们需要去研究一种新的地址配置方法。

(5) IP 级的安全性不高。为了在 Internet 上传输数据的安全性，人们已经制定了通信加密服务的 IPSec 标准，但是这个标准对 IPv4 来说是可选的，因而人们需要研究网络层通用的安全协议标准。

(6) 多媒体业务对网络层实时数据传送服务质量 QoS 提出了更高的要求。随着 Internet 应用的普及和发展，多媒体业务需求成倍增长，音频信息和视频信息逐渐成为网络中主要的传输数据，为了支持多媒体数据传输，人们在传统的 IPv4 协议中增加 IP 组播协议、资源预留协议、区分服务与多协议标识交换协议。尽管 IPv4 中已有 QoS 标准，但实时通信流传送还是依赖于传统的 IPv4 协议中的服务类型 TOS 字段以及报文标识。IPv4 的 TOS 字段功能有限，不能满足实时数据传送服务质量 QoS 的要求。

为解决以上这些问题，IETF 研究和开发了一套新的协议和标准——IPv6。IPv6 在设计中尽量做到了对上、下层协议影响最小，并力求考虑得更为周全，避免不断做新的改变。

4.6.2　IPv6 协议对 IPv4 协议的改进

与 IPv4 协议相比，IPv6 协议的主要特征可以总结为：新的协议格式、巨大的地址空间、有效的分级寻址和路由结构、地址自动配置、内置的安全机制、对 QoS 更好的支持。

1）新的协议头格式

IPv6 协议的协议头采用了一种新的分组格式，其可以最大程度地减少开销。为实现这个目的，IPv6 协议将一些非根本性的和可选择的字段移到了固定协议头之后的扩展协议头中。新 IPv6 协议中的地址的位数是 IPv4 协议地址位数的 4 倍，但是 IPv6 协议分组头的长度仅是 IPv4 协议分组头长度的两倍。这样，网络中的中间转发路由器在处理这种简化的 IPv6 协议的协议头时效率就会更高。

2）巨大的地址空间

IPv6 协议的地址长度固定为 128 位，因此它可以提供多达超过 3.4×10^{38} 个 IP 地址，地址空间是 IPv4 的 296 倍。如果将地球表面积按 $5.11 \times 10^{14} \, m^2$ 计算，那么地球表面每 $1 m^2$ 平均可以获得的 IPv6 地址数为 6.65×10^{23} 个。这样，今后所有的移动电话、汽车、智能仪器、个人数字助理 PDA 等设备都可以获得 IP 地址。接入 Internet 的设备数量将不受限制地持续增长，可以适应 21 世纪，甚至更长时间的需要。根据 RFC2373 对 IPv6 地址分类，IPv6 地址分为：单播地址、组播地址、多播地址与特殊地址等基本的 4 类。

3）有效的分级路由结构

人们在确定 IPv6 地址长度为 128 位的更深层次原因是：巨大的地址空间能够更好地将路由结构划分出层次，允许使用多级的子网划分和地址分配，这种层次的划分将可以覆盖从 Internet 主干网到各个部门内部子网的多级结构，更好地适应现代 Internet 的 ISP 层次结构与网络层次结构，使路由器的寻址更加简便。另外，这种方法还可以增加路由层次划分和寻址的灵活性，大大减少了路由器中路由表的长度，提高了路由器转发数据包的效率。

4）支持地址自动配置

为简化主机配置，IPv6 协议支持地址自动配置。链路上的主机会自动地为自己配置适合这条链路的 IPv6 地址（该地址被称为链路本地地址），或者是适合 IPv4 协议和 IPv6 协议共存的 IP 地址。同一链路的所有主机都可以自动配置它们的链路本地地址，这样不用手工配置这些主机也可以进行通信。

5）内置的安全性

IPv6 协议支持 IPSec 协议，这就为其网络安全性提供了一种基于标准的解决方案，用户可以在网络层对数据进行加密传输，并对报文进行校验，IPSec 协议提供了数据完整性、数据验证、数据机密性和重放保护等多种功能。

6）更好地支持 QoS 服务

IPv6 协议头中的新字段定义了如何识别和处理通信流，其通过使用通信流类型字段来区分优先级。IPv6 协议头中的流标记字段使得路由器可以对属于一个流的数据包进行识别和提供特殊处理，可以更好地支持 QoS 服务。

7）协议更加简洁

当 IP 分组在网络传输过程中出现问题时，IPv4 协议将通过 ICMPv4 协议控制信息返回出错信息，再由源结点重新发送该分组。ICMPv4 协议的报文都必须作为 IP 分组的数据来发送，从这一点上看，它好像是一个 IP 高层协议，而实际上它是 IP 协议的一部分。IPv6 协议的结构体系中同样设计了 ICMPv6 协议，ICMPv6 协议具备了 ICMPv4 协议的所有基本功能,不同之处主要是 ICMPv6 协议合并了 ICMP、IGMP 与 ARP 等多个协议的功能,使协议体系变得更加简洁。

8) 可扩展性

IPv6 协议通过在协议头之后添加新的扩展协议头,可以很方便地实现功能的扩展。IPv4 协议头中的选项最多可以支持 40B 的选项,而 IPv6 协议通过简单的"下一个报头"字段来实现扩展报头的作用。

4.6.3 IPv6 地址的表示方法

1. IPv6 地址的表示

IPv4 地址采用十进制点分表示法,32 位的 IPv4 地址中每 8 位被划分为一个位段,每个位段被转换为相应的十进制的值,并用点号"."隔开。

RFC2373 对 IPv6 地址空间结构与地址基本表示方法进行了定义。IPv6 协议的 128 位地址中每 16 位被划分为一个位段,每个位段被转换为一个 4 位的十六进制数,并用冒号":"隔开,这种表示法被称为冒号十六进制表示法(colon hexadecimal)。

例 4-8:用二进制格式表示 128 位的一个 IPv6 地址,如下所示。

0010000111011010000000000000000000000000000000000010111100111011
0000001010101010000000000000111111111111100000100010011100010111010

可以将这个 128 位的地址按每 16 位划分为 8 个位段,如下所示。

0010000111011010　0000000000000000　0000000000000000　0010111100111011
0000001010101010　0000000000001111　1111111000001000　1001110001011010

然后将每个位段转换成十六进制数并用冒号":"隔开,结果如下。

21DA:0000:0000:0000:02AA:000F:FE08:9C5A

由于十六进制和二进制之间的进制转换比十进制和二进制之间的进制转换更容易,每一位十六进制数对应 4 位二进制数,所以,IPv6 的地址表示通常采用十六进制。

2. IPv6 地址的简化表示

一个 IPv6 地址即使采用了十六进制数表示往往还是很长,为了能够简化表示,可以采用以下方法。

(1) 如果某个位段中有前导 0,则可以将其省略。例如,00D3 可以简写为 D3;02AA 可以简写为 2AA。但不能把一个位段内部的有效 0 也压缩掉,如 FE08 就不可以被简写为 FE8。同时需要注意的是,每个位段至少应该有一个数字,0000 可以被简写为 0。

根据前导零压缩法,上面的地址可以进一步简化表示如下。

21DA:0:0:0:2AA:F:FE08:9C5A

(2) 有些类型的 IPv6 地址中包含了一长串 0,为了进一步简化其 IP 地址,在一个以"冒号-十六进制"表示法表示的 IPv6 地址中,如果几个连续位段的值都为 0,那么这些 0 就可以被简写为"::",这被称为双冒号表示法。

那么，前面的结果又可以简化如下。

21DA::2AA:F:FE08:9C5A

在使用双冒号表示法时要注意：双冒号"::"在一个地址中只能出现一次，否则，IPv6协议将无法计算一个双冒号压缩了多少个位段或多少个0。例如，地址0:0:0:2AA:12:0:0:0，一种压缩表示法是::2AA:12:0:0:0，另一种表示法是0:0:0:2AA:12::，不能把它表示为::2AA:12::。

确定双冒号"::"之间代表了被压缩的多少位0，可以数一下地址中还有多少个位段，然后用8减去这个数，再将结果乘以16。例如，在地址FF02:3::5中有3个位段（FF02、3和2），可以根据公式计算：(8−3)×16=80，则双冒号"::"之间表示有80位的二进制数字0被压缩。

3. IPv6地址的前缀（format prefix）问题

IPv6协议不支持子网掩码，它只支持前缀长度表示法。IPv6地址的前缀是IPv6地址的一部分，用作IPv6协议下路由或子网的标识，其表示方法与IPv4中的无类域间路由CIDR表示方法基本类似。IPv6前缀可以用"地址/前缀长度"来表示。例如，21DA::D3/48、2IDA:D3:0:2F3B::/64等。

4.6.4 从IPv4协议过渡到IPv6协议

IPv4协议向IPv6协议的转换是必然的，但是目前Internet上使用IPv4的设备和软件太多了，不可能一夜之间就完成这一转换，需要有一个相当长的过渡阶段。因此，必须研究从IPv4协议到IPv6协议的过渡方法。从IPv4协议到IPv6协议的过渡方法有多种，最基本的包括双IP层或双协议栈技术和隧道技术。

1. 双IP层或双协议栈技术

双IP层是指在完全过渡到IPv6协议之前，为一部分主机和路由器安装两个协议，一个IPv4协议和一个IPv6协议。因此这种主机既能够与IPv6协议的系统通信，又能与IPv4协议的系统通信。具有双IP层的主机或路由器应当具有两个IP地址：一个IPv6地址和一个IPv4地址。这类主机在与IPv6主机通信时是采用IPv6地址，而与IPv4主机通信时就采用IPv4地址。双IP层主机的TCP或UDP都可以通过IPv4网络、IPv6网络或者是IPv6穿越IPv4的隧道的通信来实现，图4-26(a)给出了双协议层的结构。

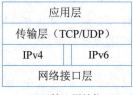
(a) 双协议层结构

(b) 双协议栈结构

图4-26 双协议层与双协议栈结构

Windows XP 与 Windows Server 2003 系列操作系统中的 IPv6 协议不使用双协议层结构,而使用双协议栈结构。它的 IPv6 协议的驱动程序 Tcpip6.sys 中包含着 TCP 和 UDP 的不同实现方案,这种结构如图 4-26(b)所示。

2. 隧道技术

1) 隧道(tunnel)技术的基本原理

隧道技术是 IPv6 分组在进入 IPv4 网络时,将 IPv6 分组封装成为 IPv4 分组,使整个 IPv6 分组变成 IPv4 分组数据部分的技术。当 IPv4 分组离开 IPv4 网络时,可以再将其数据部分交给主机的 IPv6 协议,这就好像在 IPv4 网络中打通了一个隧道来传输 IPv6 数据分组一样,其封装过程如图 4-27 所示。

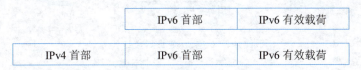

图 4-27　将 IPv6 分组封装在 IPv4 分组中

2) 隧道配置

RFC2893 协议将隧道配置分为路由器-路由器、主机-路由器或路由器-主机、主机-主机等 3 种情况,以及手动配置的隧道与自动配置的隧道等两种类型。

(1) 路由器-路由器隧道结构如图 4-28 所示。在这种结构中,隧道的端点是两台 IPv4/IPv6 路由器,隧道则是位于两个路由器之间的 IPv4 网络,其中可以包含多个 IPv4 路由器,由两个 IPv4/IPv6 路由器负责对提供 IPv6 数据穿越 IPv4 网络的隧道接口,以及对应的路由,实现过程如下。

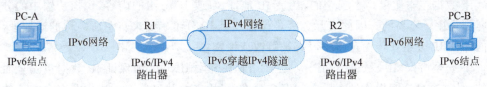

图 4-28　路由器-路由器隧道结构

① PC-A 将 IPv6 数据包发送至路由器 R1 上。

② 路由器 R1 接收到发往 PC-B 的数据包后,开始把该数据包封装在一个 IPv4 头部中,然后将其转发至路由器 R2。

③ 在路由器 R2(也即隧道的出口点)解开数据包的封装,将 IPv4 头部剥离,取出 IPv6 数据包,将其转发至最终的目的地 PC-B。

(2) 主机-路由器隧道结构如图 4-29 所示。

在主机-路由器隧道配置中,需要由 IPv4 网络中的 IPv4/IPv6 主机创建一个 IPv6 跨越 IPv4 网络的隧道,实现过程如下所示。

① PC-A 把 IPv6 数据包封装在一个 IPv4 头部中,然后转发至路由器 R。

② 在路由器 R(也即隧道的出口点)解开数据包的封装,将 IPv4 头部剥离,取出 IPv6

图 4-29　主机-路由器隧道结构

数据包,再路由器由选择路由并将其转发至最终的目的地 PC-B。

（3）主机-主机隧道结构如图 4-30 所示。

图 4-30　主机-主机隧道结构

在主机-主机隧道配置中,IPv4/IPv6 主机会创建一个 IPv6 跨越 IPv4 网络的隧道作为从源结点到目的结点的完整路径,实现过程如下所示。

① PC-A 把 IPv6 数据包封装在一个 IPv4 头部中,然后通过隧道将其传输给 PC-B。
② 在隧道的出口点,PC-B 解开数据包的封装,将 IPv4 头部剥离,取出 IPv6 数据包。

*4.6.5　IPsec 协议

1. IPSec 协议的基本概念

IP 数据包本质上是不安全的,伪造 IP 地址、篡改 IP 分组的内容、窥探传输中的分组内容都是比较容易的。因此实际上很难保证一个 IP 分组确实来自它所声称的源地址,也不能保证 IP 分组在传输过程中没有被篡改或泄露。

IP 安全协议（IP Security,IPSec）是 IETF 在开发 IPv6 时为保证 IP 数据包安全而设计的,是一个可交互操作的 Internet 安全标准,可用来填补目前 Internet 在安全方面的空白。设计 IPSec 的目的是向 IPv4 与 IPv6 提供互操作、高质量与基于密码的安全性,该协议提供的安全服务包括访问控制、完整性验证、数据原始认证等。这些服务将在 Internet 的网络层提供,并向 Internet 的网络层与更高层提供保护。IPSec 能够减少 IP 欺骗的威胁,因此它可以大大促进对安全要求严格的应用（例如电子商务、VPN 与 Extranet）的发展。

IPSec 协议实际上是一个协议包,而不是单一的一种协议,其安全结构由 3 个主要的协议以及加密与认证算法组成,它包括认证头协议、封装安全载荷协议以及 Internet 密钥交换协议。

2. 认证头协议与封装安全载荷协议

认证头（Authentication Header,AH）协议提供 IP 分组认证服务。设计认证头协议的目的是增加 IP 分组的安全性。AH 协议提供无连接传输的完整性、数据源认证服务,以确保被修改过的数据包可以被检查出来。AH 协议用来验证数据的来源（包括主机、用户与网络）的合法性，提供分组从哪里发出、发到哪里去、使用哪些合法的编码方式、是否受到本地管理规程的限制等验证，这样可以减少基于 IP 欺骗的攻击机率，提供更好的安全服务。然而，AH 协议不提供任何保密性服务，它不加密所保护的数据包。RFC2402 协议对 AH 协议进行了定义。

封装安全负载（Encapsulating Security Payload，ESP）协议提供数据加密服务。设计 ESP 协议的目的是提高 IP 协议的安全性。ESP 协议提供数据保密、数据源认证、无连接完整性和有限的数据流保密等服务。实际上，ESP 协议提供和 AH 协议类似的服务，但增加了两个额外的服务：数据保密和数据流保密服务。其中，保密服务通过使用密码算法加密 IP 分组的相关部分来实现。ESP 协议中用来加密数据报文的密码算法都毫无例外地使用对称密钥体制，故无论是软件还是硬件都较容易实现。ESP 协议可以有两种工作模式：隧道模式与传输（transport）模式。在隧道模式中，整个 IP 数据报文都在 ESP 负载中被封装与加密；在传输模式中，IP 源地址与目的地址以及所有的 IP 包头域都是不加密发送的。RFC2403、2404 与 2405 等协议对 ESP 协议进行了定义。

3. Internet 安全关联密钥管理协议

IPSec 的密钥交换协议之一是 Internet 安全关联密钥管理协议（Internet Security Association and Key Management Protocol，ISAKMP）。ISAKMP 支持 IPSec 协议的密钥管理需求，不受限于任何具体的密钥交换协议、密码算法、密钥生成技术或认证机制。ISAKMP 以认证和保护形式为网络互联单元提供一种功能，通信双方可以向对方协商共同的安全属性。ISAKMP 的消息可以经由 TCP 和 UDP 传输。TCP 和 UDP 的端口号 500 为 ISAKMP 保留。RFC2408 协议对 ISAKMP 进行了定义。

IPSec 协议的应用取决于用户与应用程序对系统安全的需求。目前，Internet 上的很多重要应用（如电子商务）不能推广的重要原因之一是安全问题。IPv6 协议与 IPSec 协议的出现将有助于改善这一情况，但它们的成熟与广泛应用还需要较长的时间。

4.7　TCP/IP 常用命令

TCP/IP 提供了一组实用程序，用于帮助用户对网络进行测试和诊断，这组程序需要在命令行下运行，在 Windows 操作系统下的桌面按下 Windows+R 组合键，即可在"运行"对话框中的"打开"文本框中输入 CMD，单击"确定"按钮，打开命令行窗口，使用 TCP/IP 的各种命令。

4.7.1　IPconfig 命令

1. 命令介绍

IPConfig 命令可用于显示当前的 TCP/IP 属性的值，一般用来检验人工配置的

TCP/IP 属性是否正确。但是，如果计算机和所在的局域网使用了 DHCP，则这个程序所显示的信息就更加实用。这时，IPConfig 可以让用户了解自己的计算机是否成功地租用到一个 IP 地址，如果已租用到则可以了解它目前被分配到的是什么地址。IPconfig 不仅可以查看当前计算机的 IP 地址，还可以查看子网掩码、默认网关、DNS 服务器的地址等信息，这些信息对测试网络故障和分析故障原因而言是非常必要的。

2. IPConfig 命令的使用

1）ipconfig

使用 IPConfig 命令时如不带任何选项，则可以查看本计算机的 IP 地址、子网掩码和默认网关，当计算机上安装了多块网卡时，该命令格式将显示每个接口（网卡）的 IP 地址、子网掩码和默认网关。

2）ipconfig /all

当使用 all 选项时，IPConfig 能够显示计算机名、IP 地址、子网掩码、默认网关、网卡物理地址等信息，还可以显示该网卡有没有使用 DHCP 服务器、WINS 服务器，如果是通过 DHCP 服务器自动获取的 IP 地址，IPConfig 还将显示 DHCP 服务器的 IP 地址和该被租用地址预计失效的日期，如图 4-31 所示。

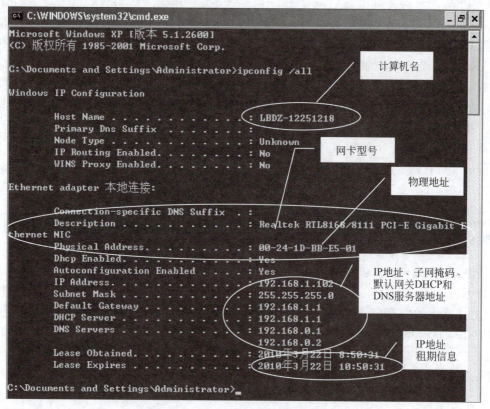

图 4-31　ipconfig /all 命令显示的信息

3) ipconfig /release 和 ipconfig /renew

这两个选项只在需要向 DHCP 服务器租用 IP 地址的计算机上起作用。

ipconfig /release 的作用是释放已经获取的 IP 地址,执行后本计算机所有接口所租用的 IP 地址将被释放,交还给 DHCP 服务器。

ipconfig /renew 的作用是重新获取 IP 地址。该命令使计算机便设法与 DHCP 服务器取得联系,并重新租用一个 IP 地址。在大多数情况下网卡获取的新 IP 地址与以前所获取的地址是相同的,原因是租期的因素在起作用,在一个租期未到期之前,客户机得到的总是同一个 IP 地址。

4.7.2 Ping 命令

1. 命令介绍

Ping 是个使用频率极高的实用程序,用于确定本地主机是否能与另一台主机发送与接收数据包,根据返回的信息,用户就可以推断 TCP/IP 参数是否设置得正确以及网络运行是否正常。

按照默认设置,Windows 操作系统上运行的 Ping 命令将会发送 4 个 ICMP 的数据包,每个数据包 32B,如果一切是正常的,该命令应能得到 4 个回送应答,如图 4-32 所示。如果收到 1 个、2 个或 3 个回答,说明网络有间歇性的故障。

```
C:\Documents and Settings\Administrator>ping 192.168.1.1

Pinging 192.168.1.1 with 32 bytes of data:

Reply from 192.168.1.1: bytes=32 time<1ms TTL=64
Reply from 192.168.1.1: bytes=32 time<1ms TTL=64
Reply from 192.168.1.1: bytes=32 time<1ms TTL=64
Reply from 192.168.1.1: bytes=32 time<1ms TTL=64
```

图 4-32 Ping 命令显示的信息

Ping 命令还能显示 TTL(生命周期)值,用户可以通过 TTL 值推算一下数据包已经通过了多少个路由器。如果 TTL 值是 2 的乘方(一般 Ping 本地计算机是 128,Ping 本地交换机或网关是 64),则说明没有经过路由器,如果返回一个比 2 的乘方数略小的值,例如,返回 TTL 值为 119,那么可以推算数据包离开源地址时的 TTL 起始值为 128,数据包经过了 9 个路由器。

2. Ping 命令的使用

1) Ping 127.0.0.1

127.0.0.1 被称为环回地址,用于测试本地 TCP/IP 是否被安装正确,这个 Ping 命令将被送到本地计算机的 IP 软件,且该命令永不退出当前计算机。

2) ping 本机 IP 地址

这个命令被送到当前计算机所配置的 IP 地址,如果当前计算机始终没有应答,则表示本地网络配置或安装存在问题。出现此问题时,局域网用户可断开网络电缆,然后重新发送该命令。如果网线断开后本命令正确,则表示另一台计算机可能配置了与本机相同的 IP 地址。

3) ping 局域网内其他 IP

该命令将经过网卡及网络电缆到达其他计算机,再返回。收到回送应答表明本地网络运行正确。但如果收到 0 个回送应答,那么可能子网掩码(进行子网分割时,将 IP 地址的网络部分与主机部分分开的代码)不正确、网卡配置错误或电缆系统有问题。

4) ping 默认网关 IP

这个命令如果收到应答正确,表示局域网中的作为默认网关的路由器或计算机正在正常运行。

5) ping 远程 IP

如果收到 4 个应答,表示成功的使用了默认网关。对于 Internet 用户而言,则表示能够成功的访问 Internet。

6) Ping 目的 IP 地址 -t

该格式将连续对目的 IP 地址执行 Ping 命令,直到被用户以 Ctrl+C 组合键中断。

7) Ping 目的 IP 地址 -l 数字

指定 Ping 命令中一个数据包的长度,默认为 32B。例如,Ping 192.168.1.1 -l 3000 表示发送的每个数据包的长度是 3000B,而不是默认的 32B。

8) Ping -n 数字

执行特定次数的 Ping 命令,默认为 4 次。例如,Ping 192.168.1.1 -n 10,表示发送 10 个数据包,而不是默认的 4 个。

9) Ping /?

获得帮助。显示 Ping 命令可以使用哪些选项,以及这些选项的含义。"/?"选项可以用于任何 TCP/IP 命令。

4.7.3　ARP 命令

1. 命令介绍

使用 ARP 命令,用户能够查看本地计算机或另一台计算机的 ARP 高速缓存中的内容。此外,使用 ARP 命令也可以用人工方式输入静态的网卡物理/IP 地址对,使用这种方式将默认网关和本地服务器等常用主机的网卡地址和 IP 地址对写入 ARP 高速缓存,有助于减少网络上的信息交换量。

2. ARP 常用命令的使用

(1) ARP -a 或 ARP -g:用于查看高速缓存中的所有项目,如图 4-33 所示。

```
C:\Documents and Settings\Administrator>ARP -a

Interface: 192.168.1.102 --- 0x2
  Internet Address      Physical Address      Type
  192.168.1.1           00-25-86-27-4a-e6     dynamic
  192.168.1.2           00-25-86-52-3b-f6     static

C:\Documents and Settings\Administrator>
```

图 4-33 ARP 命令显示的信息

当一个计算机上有多个网卡(接口)时,使用 ARP -a 接口的 IP 地址就可以只显示与该接口相关的 ARP 缓存内容。

(2) 使用 ARP -s:接口 IP 地址 接口物理地址,可以向 ARP 高速缓存中人工输入一个静态项目,例如,ARP -S 192.168.1.2 00-25-86-52-3b-f6。

(3) 使用 ARP -d IP 地址:可以删除 ARP 高速缓存中的一个静态的项目,例如,输入 ARP -d 192.168.1.2,可以删除 ARP 中与 192.168.1.2 匹配的记录项。

4.7.4 tracert 命令

1. 命令介绍

使用 tracert 命令可以跟踪通往远程主机的路径,当数据包从当前计算机经过多个网关传送到目的地时,tracert 命令可以用来跟踪数据包使用的路由。

2. Tracert 命令的使用

用法:tracert Hostname 或 URL。
选项:
-d 不解析目标主机的名称
-h 最大跟踪数量,指定搜索到目标地址的最大跃点数。
-w time out 的时间,指定超时时间间隔,程序默认的时间单位是 ms。

课程思政:我国 IPv6 技术应用正处于爆发式增长期

IPv6 技术对我国信息产业的数字化转型布局有多重要?可以说在未来 10 年中,5G、云计算、大数据、人工智能、物联网等各种应用都要在 IPv6 技术基础上实现。在过去的 IPv4 时代,我国由于起步较晚而未能掌握足够的话语权,也未能拥有足够的 IP 资源,所有 IPv4 根服务器均位于境外,使得我国的信息产业长期受制于人,发展举步为艰。与之相比,在 IPv6 时代我国已经拥有了 1 个 IPv6 主根服务器、3 个辅根服务器,而这一切都是建立在我国早在 20 年前就着手于 IPv6 研究和应用的布局之上。

2003 年,我国启动了"中国下一代互联网示范工程"(China's Next Generation

Internet,CNGI)项目,该项目是我国为布局 IPv6 产业而采取的第一个实质性行动,其催生了全球第一个 IPv6 主干网——CERNET2(The China Education and Research Network 2,第二代中国教育和科研计算机网)。此后,我国的网络设备生产商首先开始研究和生产支持 IPv6/IPv4 双栈的网络设备,随后我国的电信运营商也在设备采购过程中大批量采购支持 IPv4/IPv6 的双栈交换机、路由器等设备。

全球信息产业界实际上早在 20 年前就已经看到了 IPv4 地址即将耗尽的趋势,只是大量更替陈旧设备的高昂成本阻碍了大多数国家 IPv6 技术标准的推广。同时,网络地址转换、超网等技术又暂时缓解了 IPv4 地址资源紧缺的危机,延长了 IPv4 技术的使用寿命。但是在这 20 年中,我国坚定不移地布局 IPv6 技术,这为我们赢得了未来。

时至今日,移动互联网、物联网的发展使得互联网中接入的设备越来越多,网络的地址需求呈指数级增长。无论是从在网用户总数、上线的应用种类以及接入物联网的设备总量等任何一个方面看,我国的移动互联网都是全球规模最大的,网络地址不足已经成为制约我国信息产业发展的瓶颈,"腾笼换鸟"刻不容缓。

事实上,目前我国获得 IPv6 地址的活跃用户数从 2017 年的 7400 万增长到了 2021 年的 5.33 亿,四年增长了 6 倍多,但 IPv6 用户/设备在移动网络总流量中的占比仅有 22.87%,未来还有巨大的上升空间。可以说,我国 IPv6 技术的应用正处于爆发式增长期。

习题

一、选择题

1. TCP/IP 通信模型分为(　　)个层次。
   A. 3　　　　　　B. 4　　　　　　C. 5　　　　　　D. 7

2. 当网络 A 上的一台主机向网络 B 上的一台主机发送报文时,路由器需要检查目标主机的(　　)地址。
   A. 物理　　　　B. IP　　　　　C. 端口　　　　D. 其他

3. 在 TCP/IP 参考模型的层次中,解决计算机之间的通信问题是在(　　)。
   A. 主机——网络接口层　　　　B. 互连层
   C. 传输层　　　　　　　　　　D. 应用层

4. 下列关于 TCP 的说法中(　　)是错误的。
   A. TCP 可以提供可靠的数据流传输服务
   B. TCP 可以提供面向非连接的数据流传输服务
   C. TCP 可以提供全双工的数据流传输服务
   D. TCP 可以提供面向连接的数据流传输服务

5. 下列协议中不属于应用层协议的是(　　)。
   A. ICMP　　　　B. SNMP　　　　C. Telnet　　　　D. FTP

6. 将 IP 地址映射为物理地址的协议是（　　）。
   A. ARP　　　　　B. ICMP　　　　　C. UDP　　　　　D. SMTP
7. IP 地址由一组（　　）位的二进制数字组成的。
   A. 8　　　　　　B. 16　　　　　　C. 32　　　　　　D. 64
8. 111.251.1.7 的默认子网掩码是（　　）。
   A. 255.0.0.0　　　　　　　　　　B. 255.255.0.0
   C. 255.255.255.0　　　　　　　　D. 111.251.0.0
9. IP 地址可以用 4 个十进制数表示，每个数必须小于（　　）。
   A. 128　　　　　B. 64　　　　　　C. 1024　　　　　D. 256
10. B 类地址中用（　　）位来标识网络中的主机。
    A. 8　　　　　　B. 14　　　　　　C. 16　　　　　　D. 24
11. 以下合法的 B 类 IP 地址是（　　）。
    A. 100.100.100.0　　　　　　　　B. 190.190.100.150
    C. 212.23.55.1　　　　　　　　　D. 130.256.119.114
12. 下列 IP 地址中（　　）是私有的（或保留的、供内部组网用的）。
    A. 192.168.1.1　　　　　　　　　B. 200.168.1.1
    C. 192.68.1.1　　　　　　　　　　D. 9.2.1.1
13. HTTP 使用的 TCP 端口号是（　　）。
    A. 21　　　　　B. 23　　　　　　C. 25　　　　　　D. 80
14. 在下列协议中，（　　）是用户数据报协议。
    A. UDP　　　　　B. TCP　　　　　C. IP　　　　　　D. ARP
15. 把网络 202.112.78.0 划分为多个子网（子网掩码为 255.255.255.192），则各子网中可用的主机地址总数是（　　）。
    A. 254　　　　　B. 252　　　　　C. 128　　　　　D. 124
16. 现在要构建一个可连接 14 个主机的网络（与其他网络互联），如果该网络采用划分子网的方法，则其子网掩码为（　　）。
    A. 255.255.255.0　　　　　　　　B. 255.255.255.248
    C. 255.255.255.240　　　　　　　D. 255.255.255.224
17. 关于子网与子网掩码，下列说法中正确的是（　　）。
    A. 通过子网掩码，可以从一个 IP 地址中提取出网络号、子网号与主机号
    B. 子网掩码可以把一个网络进一步划分成几个规模相同或不同的子网
    C. 子网掩码中的 0 和 1 一定是连续的
    D. 一个 B 类地址采用划分子网的方法，最多可以被划分为 255 个子网
18. 假设有一组 C 类地址为 192.168.8.0～192.168.15.0，如果用 CIDR 技术将这组地址聚合为一个网络，其网络地址和子网掩码应该为（　　）。
    A. 192.168.8.0/21　　　　　　　　B. 192.168.8.0/20
    C. 192.168.8.0/24　　　　　　　　D. 192.168.8.15/24

19. TCP/IP 的传输层协议使用（　　）地址形式将数据传送给上层应用程序。
    A. IP 地址　　　　　　　　　　B. MAC 地址
    C. 端口号　　　　　　　　　　D. 套接字（socket）地址

20. RIP 允许的最大跃点是（　　）。
    A. 30　　　　B. 25　　　　C. 16　　　　D. 15

21. 关于 RIP 与 OSPF 协议，下列说法中正确的是（　　）。
    A. 都是基于链路状态的外部网关协议
    B. RIP 是基于链路状态的内部网关协议，OPSF 是基于距离矢量的内部网关协议
    C. 都是基于距离矢量的内部网关协议
    D. RIP 是基于距离矢量的内部网关协议，OSPF 是基于链路状态的内部网关协议

22. 使用距离矢量路由选择协议的路由器通过以下哪种方式获得最佳路径？
    A. 通过向相邻路由器发送一次广播以询问最佳路径
    B. 运行最短路径优先（SPF）算法
    C. 将接收到的路径的度量增加 1
    D. 测试每条路径

23. （　　）命令用于测试网络配置。
    A. ARP　　　　B. Ping　　　　C. Hostname　　　　D. IPConfig

24. Ping 命令的作用是（　　）。
    A. 测试网络配置　　　　　　　　B. 测试连通性
    C. 统计网络信息　　　　　　　　D. 测试网络性能

二、填空题

1. IP 地址是_____层的地址，MAC 地址是_____层的地址。

2. 在 TCP/IP 参考模型的传输层上，_____实现的是一种面向无连接的协议，不能提供可靠的数据传输，并且没有差错校验。

3. IP 地址被分为 5 类，若某计算机的 IP 地址是 130.10.20.1，则该地址是_____类地址，其网络号是_____，主机号是_____。

4. IP 地址的主机部分如果全为 1，则表示其为_____地址；IP 地址的主机部分若全为 0，则表示其为_____地址；第 1B 为 127 的 IP 地址（例如，127.0.0.1）被称为_____地址。

5. 将 IP 地址 11001010010111010111100000101101 按照点分十进制的方式应该表示为_____。这是一个_____类 IP 地址，所属的网络为_____，这个网络的受限广播地址为_____，直接广播地址为_____。

6. 某计算机的 IP 地址是 208.37.62.23，那么该计算机在_____类网络上，如果该

网络的地址掩码为 255.255.255.240,问该网络最多可以被划分为_____个子网;每个子网最多可以有_____台主机。

7. 进程通信的首要问题是解决进程标识方法。TCP/IP _____ 来标识进程。

8. 若一个 IPv6 地址为 645A:0:0:0:382:0:0:4587,采用零压缩后可将之表示为_____。

三、简答题

1. TCP、IP、ARP、UDP、HTTP 分别提供哪些网络服务?
2. 简述 TCP 和 UDP 的特点和适用场合。
3. 简述 TCP 建立连接和释放连接的过程
4. 简述 ARP 和 NAT 技术的作用。
5. 有了物理地址为什么还需要 IP 地址?
6. 简述 IP 地址的分类,以及常用 IP 地址的取值范围。
7. 简述子网掩码的作用?
8. RIP 的基本原理和主要特点是什么?
9. OSPF 的基本原理和主要特点是什么?
10. IPv6 协议对 IPv4 协议做了哪些改进?

四、应用题

1. 如果子网掩码是 255.255.192.0,那么下列哪些主机必须通过路由器才能与主机 129.23.144.16 通信?

A. 129.23.191.21　　　　　　　　B. 129.23.127.222;
C. 129.23.130.33　　　　　　　　D. 129.23.148.122

2. 某单位有四个个分布于各地的使用 TCP/IP 通信的局域网,每个网络都有 25 台主机,若只向 ISP 申请一个 C 类网络号,为 203.66.77.0,问:

(1) 从主机号中应拿出几位做子网号?
(2) 子网掩码应如何配置?
(3) 每个子网的 IP 地址分布如何?

3. 某 B 类网络的子网掩码配置为 255.255.255.128。问:

(1) 从主机号中可以拿出(　　)位做子网号。
(2) 共划分了(　　)个有效子网。
(3) 每个子网有(　　)个有效的主机地址。
(4) 整个网络共有(　　)个有效的主机地址。
(5) 前 4 个子网的 IP 地址分布如何?

4. 在一个网络中,采用 RIP,R1 和 R2 是相邻的路由器,其中表 1 是 R1 的原路由表,表 2 是 R2 发送的(V,D)报文,请在表 3 中填入 R1 更新后的路由表。

表 1

目的网络	距离	下一跃点
10.0.0.0	0	直接
30.0.0.0	7	R7
40.0.0.0	3	R2
50.0.0.0	4	R8
60.0.0.0	5	R2

表 2

目的网络	距离
10.0.0.0	4
20.0.0.0	5
30.0.0.0	4
40.0.0.0	2
60.0.0.0	4

表 3

目的网络	距离	下一跃点

第 5 章 计算机局域网

20 世纪 70 年代后期出现的微型机由于价格低廉,终于成为了一般用户能够买得起的计算机,因此许多机构都购买了大量的微型机。出于共享资源的需要,人们希望将这些计算机互联起来,于是出现了局域网。本章介绍局域网体系结构、标准;以太网的原理和介质访问控制方法;高速局域网技术;交换式以太网技术;虚拟局域网技术;无线局域网技术以及有线和无线组网技术。

5.1 局域网及其标准

5.1.1 局域网概述

1. 局域网的概念

局域网是在局部的地理范围内将各种计算机及其外围设备互相连接起来组成的计算机通信网,简称 LAN(local area network)。局域网可以实现文件共享、应用软件共享、打印机共享、通信服务共享等功能,其通常由一个单位或部门组建,仅供单位内部使用,具有覆盖地理范围小、传输速率高、误码率低等特点。

早期的局域网技术都由各不同厂家所专有,互不兼容。为了推动局域网技术的标准化,1980 年 2 月,IEEE 成立了一个专门的委员会从事局域网标准的研究,并制定了 IEEE 802 系列标准,后来这个标准被接纳为国际标准,使用户在建设局域网时可以选用不同厂家的设备,并能保证其兼容性。IEEE 802 系列标准覆盖了双绞线、同轴电缆、光纤和无线等多种传输媒介和组网方式,随着新技术的不断出现,这一系列标准仍在不断的更新发展之中。

局域网技术有多种,其中以太网是最常用的局域网组网方式。以太网可以使用同轴电缆、双绞线、光纤等传输介质,其数据传输速率有 10Mb/s、100Mb/s、1000Mb/s 和 10000Mb/s 等几个序列。

其他主要的局域网类型有令牌环(token ring)、令牌总线网(token BUS)以及 FDDI(fiber distributed data interface,光纤分布式数据接口)。令牌环网和令牌总线网现在已经很少使用。FDDI 采用光纤传输,网络带宽大,适于用作连接多个局域网的骨干网。

近年来,随着笔记本计算机和 PDA 等移动终端设备的增多和 802.11 标准的制定,无线局域网的应用成为了行业热点。

2. 介质访问控制方法

早期的局域网都是共享传输介质的,在共享介质的网络上,信道上任意一个时刻只能有一个站点发送数据,其他站点都只能处于接收的状态,在多个站点都想发送数据的情况下,需要解决信道归谁占用的问题,人们把这样一种控制对信道访问的规则叫介质访问控制方法。

局域网中的介质访问控制方法主要有两种类型,一种是以 CSMA/CD(carvier sense multiple access with collision detection,带冲突检测的载波监听多路访问)为代表的争用型方法,还有一种是以令牌控制为代表的轮询型方法。

*5.1.2　局域网层次模型

局域网的层次模型是 IEEE 提出的,其将局域网的体系结构分为 3 层,相当于 OSI 参考模型的底 2 层,如图 5-1 所示。这是因为当初在制定局域网标准时,只考虑了局域网如何在一个小的范围通信的问题,因此,局域网标准只有 OSI 参考模型的底 2 层即可,高层协议的实现通常由网络操作系统来完成。

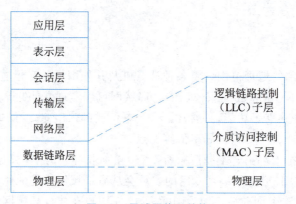

图 5-1　局域网体系结构

由于局域网可以采用多种传输介质,也可以使用多种介质访问控制方法,为了使局域网的体系结构适应不同的传输介质和不同的介质访问控制方法,IEEE 将数据链路层分为两个层次,一个是与介质访问控制方法和传输介质无关的逻辑链路控制(logical link control,LLC)子层,一个是与介质访问控制方法和传输介质相关的介质访问控制(medium access control,MAC)子层。所以,不同类型局域网在逻辑链路控制子层上的协议是相同的,它们的区别主要在介质访问控制子层上。

从目前局域网的实际应用情况来看,以太网(Ethernet)已经占据统治地位,几乎所有局域网(如企业网、办公网、校园网等)都采用以太网协议,因此局域网中是否使用 LLC 子层已变得不重要,很多硬件和软件厂商已经不使用 LLC 协议,而是直接将数据封装在以太网的 MAC 帧结构中,整个协议处理的过程也变得更加简洁,因此人们已经很少去讨论 LLC 协议。

5.1.3　IEEE 802 标准

IEEE 802 委员会从 1980 年开始着手制订局域网标准,到 1985 年公布了 IEEE 802 标准的五个相关标准文本,这些标准于同年被 ANSI 采纳为美国国家标准,ISO 也将其作为局域网的国际标准,对应标准为 ISO 8802。之后,IEEE 802 委员会对 IEEE 802 标准又陆续进行了多次扩充,至今其已经成为一个标准系列。

IEEE 802 系列中的主要标准包括以下内容。
(1) IEEE 802:概述和系统结构。
(2) IEEE 802.1:定义了寻址,网络管理和网际互联。
(3) IEEE 802.2:定义了逻辑链路控制子层的功能与服务。
(4) IEEE 802.3:定义了 CSMA/CD 总线访问控制及物理层规范(以太网)。
(5) IEEE 802.4:定义了令牌总线访问控制及物理层规范(Token Bus)。
(6) IEEE 802.5:定义了令牌环网访问控制及物理层规范(Token Ring)。
(7) IEEE 802.6:定义了分布式队列双总线访问控制及物理层规范(DQDB)。
(8) IEEE 802.7:定义了宽带 LAN 技术。
(9) IEEE 802.8:定义了光纤技术(FDDI 在 802.3、802.4、802.5 中的使用)。
(10) IEEE 802.9:定义了综合业务服务(IS) LAN 接口。
(11) IEEE 802.10:定义了互操作 LAN/MAN 安全(SILS)。
(12) IEEE 802.11:定义了无线局域网访问控制及物理层规范(Wireless LAN)。
(13) IEEE 802.12:定义了 DPAM 按需优先访问控制、物理层和中继器规范。
(14) IEEE 802.14:定义了基于 Cable-TV(有线电视)的宽带通信网。
(15) IEEE 802.15:定义了近距离个人无线网络访问控制子层与物理层的标准。
(16) IEEE 802.16:定义了宽带无线局域网访问控制子层与物理层的标准。

这些标准中,IEEE 802.1 标准用于说明网络互联以及网络管理与性能测试;IEEE 802.2 是逻辑链路控制 LLC 子层的标准,其余都是 MAC 子层的标准。在 MAC 子层标准中,目前应用最多的是 IEEE 802.3 标准和 IEEE 802.11 标准。

IEEE 在创建补充标准时会为它们分配字母代号。补充标准在完成标准化流程后会成为基本标准的一部分,而不再作为单个补充文件发布。但是,人们有时仍会看到用补充文件首次被标准化时分配的字母代号描述的以太网设备,如 IEEE 802.3u 被用来指代快速以太网。表 3-1 列举了一些标准的补充内容。

表中标出了各个补充标准正式写入标准的年份,并按字母顺序进行排序,但表中的年份并非顺序递增,这是因为标准化过程的速度各不相同,例如,IEEE 802.3ac 补充内容完成标准化的时间早于 IEEE 802.3ab 补充文件。资料显示 100Gb/s,200Gb/s 和 400Gb/s 相关标准在逐步完善中。

表 5-1 IEEE 802.3 补充标准示例

标准的补充内容	描　　述
IEEE 802.3a-1988	10BASE2 细以太网
IEEE 802.3c-1985	10Mb/s 中继器规范
IEEE 802.3d-1987	FOIRL 10Mb/s 光纤链路
IEEE 802.3i-1900	10BASE-T 双绞线
IEEE 802.3j-1993	10BASE-F 光纤电缆
IEEE 802.3u-1995	100BASE-T 快速以太网和自动协商
IEEE 802.3x-1997	全双工标准
IEEE 802.z-1998	1000BASE-X"千兆"以太网
IEEE 802.3ab-1999	1000BASE-T 双绞线"千兆"以太网
IEEE 802.3ac-1998	支持 VLAN 标识,扩展到 1522B 的"千兆"以太网
IEEE 802.3ad-2000	平行链路的链路聚合
IEEE 802.3ae-2002	10Gb/s 以太网
IEEE 802.3af-2003	以太网供电("通过 MDI 的 DTE 供电")
IEEE 802.3ak-2004	10GBASE-CX4 基于短程同轴电缆的 10 千兆以太网
IEEE 802.3an-2006	10GBASE-T 基于双绞线的 10 千兆以太网
IEEE 802.3as-2006	支持所有标识,尺寸扩展位 2000B 的帧
IEEE 802.3aq-2007	10GBASE-LRM 基于远程光纤电缆的 10 千兆以太网
IEEE 802.3az-2010	节能以太网
IEEE 802.3ba-2010	40Gb/s 以太网和 100Gb/s 以太网

5.2　共享介质以太网的工作原理

以太网(Ethernet)是 Xerox、Digital Equipment 和 Intel 三家公司于 20 世纪 80 年代初开发的局域网组网规范,初版为 DIX 1.0,1982 年修改后的版本为 DIX 2.0。此规范后来提交给 IEEE 802 委员会,形成了 IEEE 的正式标准 IEEE 802.3。

以太网是一种计算机局域网组网技术。IEEE 制定的 IEEE 802.3 标准给出了以太网的技术标准,它规定了包括物理层的连线、电信号和介质访问控制子层协议的内容。以太网是当前应用最普遍的局域网技术。

5.2.1　传统以太网的组成

传统以太网是指 10 兆以太网,传统以太网都是共享介质的。最初的以太网采用同轴电缆作为传输介质,网络拓扑结构为总线型,如图 5-2(a)所示。

同轴电缆以太网有两个标准,即 10BASE-5 和 10BASE-2,其中,10BASE-5 用粗同轴电缆为传输介质,10BASE-2 用细同轴电缆为传输介质,连接以太网时还需要在每个计算机上插入一块以太网卡,通过该网卡连接计算机和总线,并在网卡上实现 LLC 子层和 MAC 子层的功能,以对传输的信号进行变换。另外,在总线的两端需要加装端接器,如果没有端接器,信号广播到两端时会形成折射,从而对正常传输的信号带来干扰,而端接器的作用是吸收信号,使信号迅速衰减掉。

(a) 同轴电缆以太网　　　　　　　　(b) 双绞线以太网

图 5-2　以太网的组成

1990 年推出了以双绞线为传输介质的 10BASE-T 标准,其拓扑结构为星形结构,需要借助集线器将多个站点连接在一起,如图 5-2(b)所示。集线器的作用是连接各个计算机,其内部结构相当于总线,也是一点发送数据向多点广播。由于双绞线造价低、安装维护容易,故使用双绞线组网迅速流行起来。1993 年又推出了以光纤为传输介质的 10BASE-F 标准。

5.2.2　共享介质以太网的介质访问控制方法

1. 以太网的介质访问控制方法

以太网的介质访问控制方法的发展经历了 4 个阶段,第一阶段叫 ALOHA(阿罗哈),这种方法很简单,网络中的站点可以随时发送数据,发送数据后就等待确认,但当多个站点一起发送数据时,信号将叠加在一起,导致任何信号都无法被识别,网络中将这种现象叫冲突或碰撞,冲突将导致发送数据失败。产生冲突后,各站点需要随机退避一段时间,然后再次尝试发送数据,直到发送成功。

第二阶段叫时隙 ALOHA,与第一代 ALOHA 相比,其将时间分成时间片(时隙),一个时隙是发送一个数据帧所需的时间,然后,规定发送数据只能在时间片的开始发送,这样可以减轻无序竞争,缓解冲突。

第三阶段增加了载波监听功能,叫载波监听多路访问(CSMA),这里的载波监听是指在发送数据前先监听总线,如果总线忙(总线上有信号在传输)就继续监听,如果总线空闲(无信号在传输)就立即发送;这里的多路访问是指网络上的每个站点都有平等的发送数据的机会。

因为总线总有一定的长度,信号从一个站点传输到另一个站点总需要时间,因此 CSMA 中监听到的空闲可能是不可靠的,仍有可能出现冲突的情况(参见图 5-3):站点 1

在 t0 时刻发送了数据,当信号在站点上传输还没有到达站点 2 时,在 t1 时刻站点 2 监听到总线是空闲的,于是站点 2 也发送了数据,于是两个站点发送的信号在 t2 时刻发送了碰撞,发生冲突后,由于没有冲突停止机制,所以站点 1 和站点 2 继续发送自己的数据,导致冲突时间进一步延长。

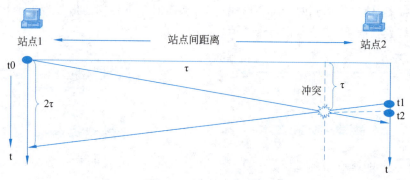

图 5-3　CSMA 中的冲突

第四阶段在 CSMA 基础上增加了冲突检测和冲突后就立即停止发送的机制,叫带冲突检测的载波监听多路访问(CSMA/CD)。CSMA/CD 介质访问控制方法可以如下方式叙述。

某站点在发送数据时需要先监听总线,如果总线忙就等待,如果总线空闲就立即发送,一边发送一边将刚发送的信号接收回来,与刚发送的信号做比较,如果一致说明没有冲突,继续发送;如果不一致,就立即停止发送,并发出一串阻塞信号瞬间加强冲突,使全网都知道网上出现了冲突;经过随机等待后再重新尝试,直到某站点发送数据成功。

以太网的这种介质访问控制方法好比是大家坐在一起开会,到会的每个人都想发言,所以每个人都监听会场,当会场上有人发言时就等待;当上一个人发言结束时就立即站起来发言,一边发言一边监听会场;若会场上只有自己一个声音说明没有冲突,继续发言;如果会场上有两个以上的声音就立即停止发言,经过退避等待后再重新尝试,直到发言成功。

这种控制方法由于引入了冲突检测和发现冲突后立即停止发送的机制,因此减少了冲突的时间,提高了网络工作的效率。以太网发送数据流程如图 5-4 所示。

*2. 以太网帧长度和传输距离与传输速率之间关系

为了说明数据传输速度和传输距离的关系,此处首先介绍冲突窗口、数据传输时延和信号传播时延这 3 个概念。

1) 冲突窗口的概念

参见图 5-3,考虑最坏的情况,设站点 1 和站点 2 是网络中相距最远的两个站点,站点 1 发送的数据经过时间 τ 在站点 2 的附近产生碰撞,则站点 1 收到碰撞信号的时间是 2τ,此时,可以把 2τ 称为一个冲突窗口或时间槽。

2) 数据传输时延

数据传输时延是一个站点从发送第一个 bit 到把全部 bit 发送完毕所需要的时间,它

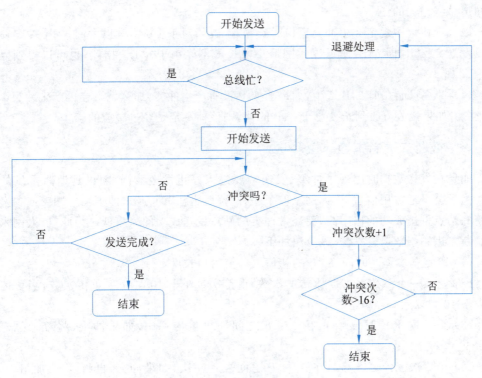

图 5-4 以太网发送数据的流程

的定义为：数据帧长度/数据传输速率(b/s)。

3) 信号传播时延

信号传播时延是一个站点发送的 bit 通过传输介质到达另一个站点所需要的时间，它的定义为站点间的距离/信号传播速度。信号传播速度一般可以被看成是常量：$200M/\mu s$。

为了保证以太网介质访问控制方法能够实现，发送端应该确保最后一个 bit 被发送出去之前应该能够检测到所有可能存在的冲突，否则，冲突停止机制就得不到执行，接收端会收到帧的结束标记而错误地把一个发生碰撞的帧当做正常的帧接收下来，这就失去了"冲突停止"的意义。为了达到这样的目的，以太网要求数据传输时延要大于 2 倍的信号传播时延，或者说数据传输时延要大于一个冲突窗口，如下。

数据帧长度/数据传输速率＞2(两点间距离/信号传播速度)

根据上式进行讨论，可以得到以下重要结论。

(1) 若使网络保持一定的数据传输速率，又要保持一定的数据传输距离，则数据帧的长度必须大于某个值。

(2) 当数据帧最小长度固定，提高传输速率就要减少传输距离，即数据传输速率和传输距离成反比。

(3) 冲突只可能在站点发送数据后的一个冲突窗口内发生，如果超过了一个冲突窗口却没有发生冲突，那么就不会再产生冲突。因为经过一个冲突窗口后，所有的站点都已经知道总线是忙的。

以太网协议中规定一个冲突窗口时长为 51.2μs,对于 10Mb/s 以太网,一个冲突窗口可以发送 512bit,即 64B,所以以太网最小帧长度不能小于 64B。据此,也可以得到以下结论。

(1) 冲突只能在前 64B 产生,如果前 64B 没有产生冲突,那么就不会再产生冲突。

(2) 如果接收方收到长度小于 64B 的帧,则该帧一定是经过碰撞的帧。

* 3. 截断二进制指数退避算法

如果在发送数据时出现了冲突,发送端要进入停止发送数据、随机延迟后重发的流程。为了公平地占用信道,以太网采取了一种"优胜劣汰"的方法,即不发生冲突或少发生冲突的站点发送成功的概率高,而经常冲突的站点发送成功的概率低。为此,以太网采用了截断二进制指数退避算法,该算法如下。

(1) 确定基本退避时间 T,T 的初值取冲突窗口长度 2τ。

(2) 定义一个参数 k,k 是重传的次数,重传次数小于 10 时,$k=$重传次数,当重传次数大于 10 时,$k=10$。

(3) 第一次重传时,$k=1$,在 $0\sim T$ 之间随机重传一次,如果冲突,将 T 值加倍,$T=4\tau$。

(4) 第二次重传时,$k=2$,在 $0\sim 2T$ 之间重传一次,如果冲突,再将 T 值加倍,$T=8\tau$,如此进行下去。

(5) 如果重传次数 k 大于等于 10,则会 $k=10$。

(6) 如果重传 16 次还冲突,则禁止该站点发送数据。

4. 以太网接收流程

以太网接收数据流程如图 5-5 所示,具体接收过程如下。

(1) 在收到发送端发送的同步信号以后,启动接收器。

(2) 检查收到的数据帧是否小于 64B。如果小于 64B 说明该帧是碰撞后的帧,将其丢弃。

(3) 检查数据帧中的目的地址是否是本站地址,若是本站地址则接收下来,否则将之丢弃。

(4) 对收到的数据帧进行差错检验,如果有错则丢弃。

(5) 检查 LLC 数据的长度,如果长度正确则将 LLC 数据送 LLC 层,否则丢弃。

5. 共享介质以太网的主要特点

共享介质以太网有以下特点。

(1) 采用 CSMA/CD 算法争用信道。

(2) 当网络负载增加时,网络性能将下降,当网络负载增加到一定程度时,将严重下降,所以它只适合于轻负载的场合。

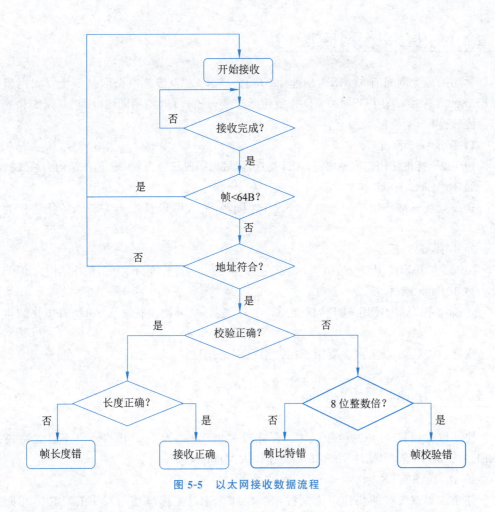

图 5-5　以太网接收数据流程

5.3　以太网系列标准

传统以太网传输速率只有 10Mb/s，之后又出现了快速以太网（速率为 100Mb/s）、"吉比特"以太网（速率为 1000Mb/s）乃至"10 吉比特"以太网（速率为 10 000Mb/s）。但他们都是从传统以太网演化而来的，基本原理趋于一致。

以太网的标准首先是按速率划分的，在同一速率下，根据物理层使用的传输介质不同，又可将其分成不同的标准，具体格式如下。

```
X BASE-Y
```

这里 X 代表数据传输速率，单位是"Mb/s"；中间的"BASE"表示"基带传输"；Y 如果是数字，就表示使用同轴电缆做传输介质，数字代表传输距离；若 Y 是字母，则代表其使用的是其他传输介质类型，如 T 代表双绞线，F 代表光纤等。

5.3.1 传统以太网标准

早期的以太网只有 10Mb/s 的速率,人们一般称之为传统以太网。传统以太网遵循 IEEE 802.3 标准,采用 CSMA/CD 介质访问控制方法,可以使用同轴电缆、双绞线和光纤作为传输介质,主要标准如下。

1) 10Base-5 标准

10Base-5 标准使用粗同轴电缆,AUI 连接器,最大网段长度为 500m,拓扑结构为总线型。

2) 10Base-2 标准

10Base-2 标准使用细同轴电缆,BNC 连接器,最大网段长度为 185m,拓扑结构为总线型。

3) 10Base-T 标准

10Base-T 标准使用双绞线电缆,RJ-45 连接器,最大网段长度为 100m,拓扑结构为星形。

4) 10Base-FL 标准

10Base-FL 标准使用光纤传输介质,ST 连接器,最大网段长度为 2000m,拓扑结构为点对点。

现在,10Mb/s 以太网主要用于用户桌面网络连接。

5.3.2 快速以太网标准

快速以太网(fast ethernet)专指"百兆以太网"速率为 100Mb/s),快速以太网遵循 IEEE 802.3u 标准,常见的 100Mb/s 快速以太网标准如下。

1) 100BASE-TX 标准

使用 5 类双绞线的快速以太网技术。100BASE-TX 标准使用与 10BASE-T 相同的 RJ-45 连接器,最大网段长度为 100m,支持全双工的数据传输。

2) 100BASE-FX 标准

使用单模($62.5\mu m$)或多模光纤($125\mu m$)的快速以太网技术,100BASE-FX 标准使用 MIC/FDDI 连接器、ST 连接器或 SC 连接器,其网段最大长度与使用的光纤类型和工作模式有关,最大网段长度可达 150m、412m、2km 甚至 10km,同样支持全双工的数据传输。

3) 100BASE-T4 标准

100BASE-T4 标准是使用 3、4、5 类双绞线的快速以太网技术,它使用 4 对双绞线,3 对用于传送数据,1 对用于检测冲突信号。100BASE-T4 标准使用与 10BASE-T 标准相同的 RJ-45 连接器,最大网段长度为 100m。

快速以太网主要用于桌面网络连接或楼宇内部的骨干网络连接。

5.3.3 "吉比特"以太网标准

"吉比特"以太网又叫"千兆"以太网,即速率为 1000Mb/s 的以太网,其技术标准有两个：IEEE 802.3z 和 IEEE 802.3ab。IEEE 802.3z 标准制定了光纤和同轴电缆连接方案的标准；IEEE 802.3ab 标准制定了 5 类双绞线上较长距离连接方案的标准。常见的 1000Mb/s 快速以太网标准如下。

1）1000Base-SX 标准

1000Base-SX 标准只支持多模光纤，可以采用直径为 62.5μm 或 50μm 的多模光纤为介质，工作波长为 770~860nm，传输距离为 220~550m，主要应用在建筑物内的骨干网络连接。

2）1000Base-LX 标准

1000Base-LX 标准可以采用直径为 62.5μm 或 50μm 的多模光纤，工作波长范围为 1270~1355nm，传输距离为 550m。1000Base-LX 标准可以支持直径为 9μm 或 10μm 的单模光纤，工作波长范围为 1270~1355nm，传输距离为 5km 左右，主要应用在园区网络的骨干连接。

3）1000Base-CX 标准

1000Base-CX 标准采用平衡的屏蔽同轴电缆，传输距离为 25m，其主要应用在高速存储设备之间的低成本高速互连，不过目前采用这一技术的产品比较少见。

4）1000Base-T 标准

1000Base-T 标准是 100Base-T 标准的自然扩展，与 10Base-T、100Base-T 等标准完全兼容，是基于 UTP 的半双工链路的"千兆"以太网标准，使用 5 类非屏蔽双绞线，传输距离为 100m，传输速度为 1000Mb/s。它主要应用于高速服务器和工作站的网络接入，也可作为建筑物内千兆骨干网络连接的低成本选项。

5.3.4 "10 吉比特"以太网标准

"10 吉比特"以太网又叫"万兆"以太网，其技术标准是 IEEE 802.3ae，于 2002 年完成。

10Gb/s 以太网并非将"吉比特"以太网的速率简单地提高到 10 倍，而是有很多复杂的技术问题要解决。10Gb/s 以太网主要具有以下特点。

（1）10Gb/s 以太网的帧格式与 10Mb/s，100Mb/s 和 1Gb/s 以太网的帧格式完全相同。

（2）10Gb/s 以太网仍然保留了 IEEE 802.3 标准对以太网最小帧长度和最大帧长度的规定，这就使用户在将其已有的以太网升级时，仍能够和较低速率的以太网进行通信。

（3）由于数据传输速率高达 10Gb/s，因此 10Gb/s 以太网的传输介质无法再使用铜质的双绞线，而只能使用光纤。它使用长距离（超过 40km）的光收发器与单模光纤接口，以便能够在广域网和城域网的范围内工作。它也可以使用较便宜的多模光纤，但传输距离限制在 65~300m。

（4）10Gb/s 以太网只能工作在全双工方式，因此不存在争用问题。由于不使用 CSMA/CD 协议，这就使得 10Gb/s 以太网的传输距离不再受冲突检测的限制。

除了应用在局域网和园区网外，10Gb/s 以太网也能够方便地应用在城域网甚至广域网,来构建高性能的网络核心。

5.4 交换式以太网的原理与特点

5.4.1 交换式以太网

所谓交换式以太网是以以太网交换机为核心设备而建立起来的一种高速网络,近年来以太网交换机的应用非常广泛,已经逐步取代集线器,成为主要的组网设备。

20 世纪 80 年代中后期,由于通信量的急剧增加,促使局域网技术得到了飞速发展,使局域网的性能越来越高,以太网技术从十兆提高到百兆乃至千兆,但是由于多站点共享同一个传输介质,当网络站点增加时,网络性能就会急剧下降,因此迫切需要新的网络技术的出现,20 世纪 90 年代初,交换式以太网应运而生。

交换式以太网就是在传统以太网的基础上,用以太网交换机取代共享式的集线器,从而大大提高了局域网的性能。交换式以太网不再共享介质,因此不会产生冲突,交换机可以为每两个端口的通信单独建立连接,因而每个端口都可以独享总线带宽。

二层以太网交换机的工作原理在 3.3.3 节中已有详细分析说明,在此,仅简单地复述如下:交换机检测从以太网端口来的数据包的源 MAC 地址和目的 MAC 地址,然后与交换机内部的动态地址表进行比较,若数据包的源 MAC 地址不在表中,则将该地址加入地址表中;若数据包的目的地址在地址表中,就将数据包发送到该地址对应的目的端口;若该数据包的目的地址不在地址表中,交换机就向所有端口广播。

以太网交换机有三种交换方式。

(1) 直通式。直通式的以太网交换机在输入端口检测到一个数据帧时,会检查该帧的目的地址,在地址表中查找该地址对应的端口,然后把数据帧直接送到相应的端口,实现交换功能。它的优点是不需要存储,延迟非常小、交换非常快。它的缺点是不能提供检查错误的功能。由于没有缓存,不能将具有不同速率的输入输出端口直接接通,而且容易丢包。

(2) 存储转发。它把接收的数据帧先存储起来,然后进行 CRC 检查,在对错误帧处理后才取出数据帧的目的地址,通过 MAC 地址表找到对应的端口发送出去。正因如此,存储转发方式在数据处理时延时大,这是它的不足。但是它可以对进入交换机的数据帧进行错误检测,有效地改善网络性能。尤其重要的是它可以支持不同速度的端口间的转换,维持高速端口与低速端口间的协同工作。

(3) 碎片隔离。这是介于以上二者之间的一种解决方案。它检查数据帧的长度是否够 64B,如果小于 64B,说明这是产生碰撞后的帧(以太网帧长度不得小于 64B),则丢弃该帧;如果大于 64B 则发送该帧。这种方式也不提供数据校验,但它的数据处理速度比存储转发方式快,仅比直通式慢。

5.4.2 交换式以太网的特点

1) 与共享以太网兼容

交换式以太网不需要改变网络其他硬件,包括电缆和用户的网卡,仅需要用交换机替换共享式 HUB,节省用户的网络升级费用。

2) 支持不同传输速率和工作模式

可以将以太网的端口设置成支持不同的传输速率,如有分别支持 10Mb/s、100Mb/s、1000Mb/s 的端口,交换机可在高速与低速网络间转换,实现不同网络的协同。同时,许多交换机的端口可以被设置成支持不同的工作模式,即半双工模式和全双工模式,对于 10Mb/s 端口,半双工时带宽为 10Mb/s,全双工时带宽为 20Mb/s。对于百兆端口也是一样,而千兆交换机都是全双工模式。许多交换机还提供 10/100Mb/s 自适应端口,端口能够自动检测网卡的速率和工作模式,并自动适应。

3) 支持多通道同时传输

交换机可以同时提供多个通道,传统的共享式 10/100Mb/s 以太网采用广播通信方式,每次只能在一对用户间进行通信,如果发生碰撞还得重试,而交换式以太网允许在不同用户间同时进行数据传送,比如,一个 16 端口的以太网交换机允许 16 个站点在 8 条链路间通信。

4) 低交换延迟

从传输延迟时间上看局域网交换机更显优势。如果交换机的延迟是几十微秒,那么网桥为几百微秒,路由器为几千微秒。

5) 支持虚拟网服务

交换式局域网是虚拟局域网的基础,目前,许多交换机都支持虚拟网服务。

5.5 虚拟局域网的原理与应用

5.5.1 虚拟局域网的概念

1. 虚拟局域网的概念

虚拟网络(virtual network)是建立在交换技术基础上的一种组网技术。虚拟网是将物理上属于一个局域网或多个局域网的多个站点按工作性质与需要,用软件方式将其划分成一个个的"逻辑工作组",一个逻辑工作组就是一个虚拟网络。同一虚拟网的成员之间可以直接通信,不同虚拟网的成员之间不能直接通信,需要借助路由器才能相互通信。

逻辑工作组的结点组成不受物理位置的限制,同一逻辑工作组的成员可以连接在同一个局域网交换机上,也可以连接在不同的局域网交换机上,只要这些交换机是互联的就可以实现组网。在将一个结点从一个逻辑工作组转移到另一个逻辑工作组时,只需要简单地通过软件设定,而不需要改变它在网络中的物理位置。

划分虚拟网后,一个虚拟网络就是一个独立的广播域,因此属于同一个虚拟网络的用户工作站可以不受地理位置的限制而像处于同一个局域网中那样相互访问,但是虚拟网络间却不能随意进行访问。图 5-6 给出了在一个交换机和两个交换机上划分虚拟网的情况。

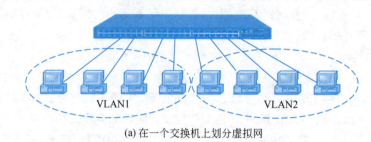

(a) 在一个交换机上划分虚拟网

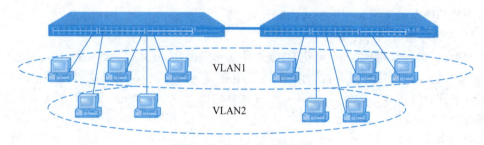

(b) 在两个交换机上划分虚拟网

图 5-6　在交换机上划分虚拟网

2. 虚拟局域网的意义

在实际的计算机网络中,由于企业或学校的建筑物是历史形成的,各职能部门的计算机在建筑物中的分布可能是集中的也可能是分散的,出于业务和安全等方面的需要,通常人们希望一个职能部门的计算机能够在一个网段上直接通信,不同职能部门计算机之间可以通过路由器通信。那么,如果没有虚拟网技术的话,就需要通过物理连接布线的方法将同一个部门的站点连接在一起,这必将会造成布线困难,而且会导致资源的大量浪费。有了虚拟网技术,人们在布线时就可以只考虑建筑物内站点的分布情况,按照实际物理位置简单布线,然后通过划分虚拟网的方法将应该属于同一网段的站点划分在一个虚拟网中。当一个站点的物理位置发生移动或将站点从一个工作组转移到另一个工作组时,只需要经过简单的设置就可以改变站点的虚拟网成员身份,不需要重新布线,这将给网络管理和布线工作都带来极大的便利。

例如,企业的各个职能部门分处在不同的楼层(如图 5-7 所示),如果用物理布线的方法将每个部门的计算机单独连入一个网络,那么,布线将非常复杂。实现了虚拟网络之后,每个部门都处于各自的虚拟网络中,尽管办公地点不同,但部门中的所有成员都可以像处于同一个局域网上那样进行通信。当某个成员从一个地方移动到另一个地方时,如果其工作部门不变,那么就不用对他的计算机重新配置,或者只经过简单的设置即可保障其逻辑网络身份不变。与此类似,如果某个成员调到了另一个部门,他可以不改变其工作地点,而只需网管人员修改一下其虚拟网络成员身份即可。

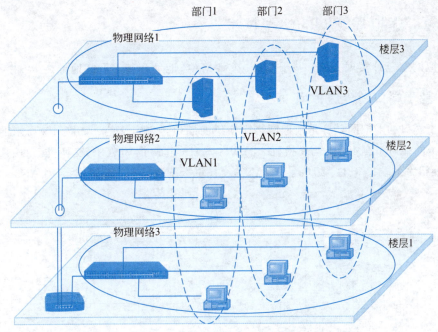

图 5-7 虚拟网与物理网络的关系

3. 虚拟局域网的优点

1) 提高管理效率

网络的设计、布线施工往往是一次性的,当用户的工作位置、性质发生变更时,重新规划网络结构就会非常困难。因为站点的变化意味着需要重新进行布线,地址要重新分配,交换机和路由器也要重新配置,所以网络中站点的移动、增加和改变一直以来是最让网管人员头疼的问题之一,同时也是网络维护过程中相对来说开销比较大的一部分。

虚拟局域网可以很好地解决上述问题,其允许用户工作站从一个地点移动至另一个地点,而无需重新布线甚至不用重新配置。另外,当用户的工作部门发生变化时,只要需要通过简单设置,改变其虚拟网成员地位即可。

2) 隔离广播

在较大规模的网络中,大量的广播信息很容易引起网络性能的急剧降低,甚至导致整个网络的崩溃。在没有虚拟网之前,人们使用路由器将大型网络分割成多个小型网络,从而抑制广播的滥用。划分虚拟网后,由于一个虚拟网就是一个广播域,虚拟网内部的信息不会被广播到其他的虚拟网络中,因此减少了广播通信量,提高了网络性能。而且,与使用路由器的解决方案相比,虚拟网络技术具有传输延迟小、价格便宜、维护和管理开销小的优点。

3) 增强网络安全性

这个优点也来源于虚拟网络可以隔离广播,因为隔离广播,虚拟网络成员内部的通信不会被传播到虚拟网络以外,外部的用户也不能随便访问虚拟网络内部的资源,因此,这可以提高网络安全性。

5.5.2 虚拟局域网的实现技术

虚拟网有三种实现方式:基于端口、基于MAC地址和基于网络地址。

1. 基于端口划分虚拟网

基于端口的虚拟网划分是根据网络交换机的端口号来定义的。如图5-8所示的例子,交换机1的端口1、2、4、6、7与交换机2的端口3、4、5组成了VLAN1,交换机1的端口3、5、8与交换机2的端口3、4、5组成了VLAN2,交换机2的端口6、7、8组成了VLAN3。

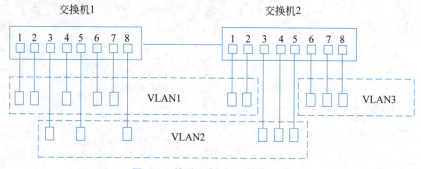

图 5-8 按端口划分 3 个虚拟网

这种划分方法属于静态虚拟网配置,即某个端口固定属于某个虚拟网。网管人员使用网管软件或直接在交换机上进行设置,即可决定端口所属的虚拟网。一旦设置好,这些端口属于哪个虚拟网就被确定并将一直保持不变,除非网管人员重新设置。这种方法容易配置和维护,但灵活性不好,当一个用户的计算机从一个端口移动到另一个端口时,其虚拟网成员的身份就可能发生变化,需要重新设置。

2. 基于MAC地址划分虚拟网

这种方法是根据网卡上的MAC地址来划分虚拟网,让某些地址属于一个虚拟网。因为网卡安装在用户的计算机上,所以即便计算机的物理位置发生移动时,虚拟网成员的地位也不会发生变化。因为每一个计算机的MAC地址都是唯一的,所以这也可以被看成是基于用户的虚拟网划分方法。在交换机设置好虚拟网后,当交换机收到计算机开始发送来的数据帧时,会根据数据帧中的源地址判断它属于哪个虚拟网。

这种方法特别适合于需要经常移动计算机的用户,如便携式计算机等。另外,这种方法允许将一个MAC地址划分到多个虚拟网,这对多个虚拟网访问共同的公共资源的场合非常适用。例如,多个虚拟网成员均需要访问某个网络服务器,这时就可以将服务器的MAC地址划分到多个虚拟网中去,以便让每个虚拟网中的用户都可以访问到它。

这种方法的不足是,当网络规模较大时,初始配置的工作量较大。

3. 基于网络地址划分虚拟网

与基于 MAC 地址的虚拟网定义类似，也可以 IP 地址或协议类型来划分虚拟网。即让某些 IP 地址属于一个虚拟网，而另一些 IP 地址属于另一个虚拟网。这种方法的好处是允许按照协议类型组成虚拟网，这有利于组成基于服务或应用的虚拟网。另外，由于 IP 地址存在于计算机上，所以即使当计算机的物理位置移动时，其虚拟网成员地位也不会被改变。这种方法的不足是：与前两种方法相比，性能比较差，因为检查某台计算机网络层地址比检查 MAC 地址需要更多的时间，因此速度较慢。

*5.5.3 IEEE 802.1q 协议与 Trunk

当一个交换机被划分为多个虚拟网，一个虚拟网又跨越多个交换机时，不同交换机上的虚拟网成员间要通过连接两个交换机的传输介质进行通信，这个传输介质所占用的端口都应该属于同一个虚拟网。这就意味着，若在两个交换机上划分了三个虚拟网，就要在两个交换机上各拿出三个端口，通过三条传输介质分别传输三个虚拟网中的信号。这将导致网络资源的浪费。IEEE 802.1Q 协议解决了这个问题，该协议允许交换机用一组端口，一条电缆传输多路虚拟网络信号。这种在一根电缆上传输多个虚拟网络信息的链路被称为主干（trunk），用于连接两个交换机的端口被称为主干端口（trunk port），在 IEEE 802.1Q 协议支持下，每个虚拟网成员在发送信息时都要在帧的头部加上一个标签，用于识别这个信息是哪个虚拟网中的信息，在信息到达目的网段时才将标签去掉。图 5-9 描述了使用主干同时传输多个虚拟网信息的过程。

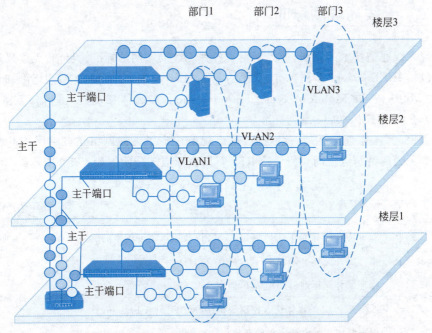

图 5-9 通过主干传输多个虚拟网信息

5.6 无线网络与移动网络

5.6.1 无线局域网概述

无线局域网(wireless local area networks,WLAN)是计算机网络与无线通信技术相结合的产物。

无线局域网是有线局域网的一种补充和扩展,其利用电磁波发送和接受数据,无需物理传输介质即可达到网络延伸之目的。

与有线网络相比,无线局域网具有以下优点。

(1) 安装便捷。无线局域网不需要网络布线施工,一般只要安放一个或多个 AP(access point,接入点)设备就可建立覆盖整个建筑或地区的局域网络。

(2) 使用灵活。网络设备的安放位置没有限制,在无线网的信号覆盖区域内任何一个位置都可以接入网络,进行通信。

(3) 易于扩展。无线局域网有多种配置方式,既适用于只有几个用户的小型局域网,也可以用于上千用户的大型网络,并且能够提供像"漫游(roaming)"等有线网络无法提供的特性。

由于无绒局域网具有多方面的优点,所以其发展十分迅速,已经在企业、学校、写字楼和住宅小区等场合都得到了广泛的应用。

5.6.2 无线局域网标准

随着无线通信技术的发展,业界制定了各种无线局域网的标准。目前,无线局域网标准主要包括 IEEE 802.11 系列标准、欧洲的 HiperLANI/HiperLAN 2 系列标准和日本的 MMAC(Multi-media Mobile Access Communication,多媒体移动接入通信)系列标准。这里简单介绍 IEEE 802.11 系列标准。

IEEE 802.11 系列标准是一组规范,这组规范规定了无线网络结点和网络基站之间或者两个无线网络结点之间如何传输 RF 信号,该标准部分示例如表 5-2 所示。

表 5-2 IEEE 802.11 标准部分示例

标 准	描 述
IEEE 802.11	首份物理层标准 1997。制定 MAC 以及原本速度较慢的跳频与直接序列调制技术
IEEE 802.11a	物理层补充标准(54Mb/s,广播在 5GHz)
IEEE 802.11b	物理层补充标准(11Mb/s,广播在 2.4GHz)
IEEE 802.11c	匹配 802.1d 的媒体接入控制层桥接(MAC layer bridging)
IEEE 802.11d	根据各国无线电规定做的调整

续表

标　准	描　述
IEEE 802.11e	对 QoS 的支持
IEEE 802.11g	物理层补充(54Mb/s,广播在 2.4GHz)
IEEE 802.11h	无线覆盖半径的调整,与室内(indoor)和室外(outdoor)信道(5GHz 频段)相关
IEEE 802.11i	无线网络在安全方面的补充
IEEE 802.11k	规定了无线局域网络的频谱测量规范
IEEE 802.11n	更高传输速率的改善,基础速率提升到 72.2Mb/s,可以使用双倍带宽 40MHz,此时速率提升到 150Mb/s。支持多输入多输出技术(multi-input multi-output,MIMO)
IEEE 802.11o	针对 VOWLAN(voice over WLAN)而制定,更快速的无线跨区切换,并使读取语音(voice)比数据(data)有更高的传输优先权
IEEE 802.11p	主要用在车载电子的无线通信上。它设置上是来自 IEEE 802.11 的扩展延伸,来匹配智能运输系统(intelligent transportation systems,ITS)的相关应用

1) IEEE 802.11 标准

IEEE 802.11 标准是 IEEE 于 1997 年推出的,它工作于 2.4GHz 频段,物理层采用红外线(IrDA,IR)、直接序列扩频(direct sequence spread spectrum,DSSS)或跳频扩频(frequency hopping spread spectrun,FHSS)技术,共享数据速率最高可达 2Mb/s。它主要用于解决办公室局域网和校园网中用户终端的无线接入问题。

由于 IEEE 802.11 标准的数据速率不能满足日益发展的业务需要,于是 IEEE 在 1999 年相继推出了 IEEE 802.11b、IEEE 802.11a 两个标准。

2) IEEE 802.11b 标准

IEEE 802.11b 标准工作于 2.4GHz ISM(工业、科技、医疗)频段,采用直接序列扩频和补码键控,能够支持 5.5Mb/s 和 11Mb/s 两种速率,可以与速率为 1Mb/s 和 2Mb/s 的 IEEE 802.11 DSSS 系统交互操作,但不能与 1Mb/s 和 2Mb/s 的 IEEE 802.11 FHSS 系统交互操作。

3) IEEE 802.11a 标准

IEEE 802.11a 标准工作于 5GHz 频段,它采用 OFDM(orthogonal freguency division multiple xing,正交频分复用)技术。IEEE 802.11a 标准支持的数据速率最高可达 54Mb/s。IEEE 802.11a 标准速率虽高,但与 IEEE 802.11b 标准不兼容,并且成本也比较高。

4) IEEE 802.11g 标准

同 IEEE 802.11b 标准一样,IEEE 802.11g 标准也工作于 2.4GHz 频段,但其采用了 OFDM 技术,可以实现最高 54Mb/s 的数据传输速率,与 IEEE 802.11a 标准相当;IEEE 802.11g 标准与已经得到广泛使用的 IEEE 802.11b 标准是兼容的,这是 IEEE 802.11g 标准相比于 IEEE 802.11a 标准的优势所在。

目前在市场上占主导地位的是 IEEE 802.11b 标准和 IEEE 802.11g 标准。

5) IEEE 802.11 标准的扩展标准

除了上述标准外,IEEE 在 IEEE 802.11 标准的基础上又提出了扩展标准。所谓扩展标准是在现有的 IEEE 802.11b 标准及 IEEE 802.11a 标准的 MAC 层追加了 QoS 功能及安全功能的标准。标准名定为"802.11e"及"802.11f"。追加的 QoS 功能可以提高传输语音数据和数据流数据的能力。而另一个扩展标准"802.11i"则被称为无线安全标准,它增强了 WLAN 的数据加密和认证性能。

6) 蓝牙技术

蓝牙是一种支持设备短距离通信(一般 10m 内)的无线通信技术,其由爱立信、诺基亚、Intel、IBM、东芝等厂商共同开发,可以在 10m 范围内通信和交换信息,个别产品通信距离甚至可以达到 100m,速率为 1Mb/s。

蓝牙技术可以实现用户与 Internet 的无线连接,能在包括移动电话、PDA、无线耳机、笔记计算机、外设等众多设备之间进行无线信息交换。蓝牙采用分散式网络结构以及快跳频和短包技术,支持点对点及点对多点通信,工作在全球通用的 2.4GHz ISM 频段,通过时分双工传输方案实现全双工传输。

蓝牙主要是点对点的短距离无线传输,采用 RF 或者红外线技术。而且,蓝牙有低功耗、短距离、低带宽、低成本的特点,可以安装在多种设备内。但严格来讲,蓝牙技术不是真正的局域网技术,蓝牙技术原来只是一个行业规范,目前,IEEE 802.15 已经接受了蓝牙规范,并把它发展成标准。

5.6.3 无线局域网的模式

1. 无线局域网的拓扑结构

无线局域网的模式与有线网络拓扑结构类似,具体有两种,即无基础设施模式和有基础设施模式。

1) 无基础设施模式

无基础设施模式又被称为临时结构网络或特定结构网络(ad hoc networking,ad hoc),相当于有线网络中的对等网,这种网络没有接入点,无线站点之间的连接都是临时的、随意的、不断变化的,它们在互相能到达的范围内动态地建立并配置它们之间的通信链路。这种网络结构适用于需要临时搭建网络的场合,如用便携式计算机进行会议交流等,如图 5-10 所示。

图 5-10 ad-hoc 网络

ad-hoc 网络中的结点通过虚拟通信路径进行通信,由于其中没有接入点 AP,所以每个结点都必须具备把网络信号从一个结点转发到另一个结点的能力,并允许一个结点通过中间结点向另一个结点进行通信。

2) 有基础设施模式

有基础设施的无线局域网位置是相对固定的,简单的可以仅包含一个 AP,区域内的无线设备通过一个访问点连接起来,形成网络,其结构如图 5-11 所示。另一种有基础设施的无线网络是将无线访问点 AP 用电缆连接到有线局域网中,使无线站点能够与有线局域网中的设备进行通信,如图 5-12 所示,起到扩展有线局域网的作用。在有线局域网中可以安装多个无线访问点 AP,从而把多个无线网络通过有线网络连接起来。

图 5-11　只有一个 AP 的无线网络　　　　图 5-12　无线网络通过 AP 连接有线网络

在有基础设施的无线局域网中,接入点 AP 是通信的中心,无线设备之间的通信以及有线结点和无线结点之间的通信都通过 AP 实现,为了与 AP 相连,每个结点的服务集标识(SSID)都要配置得与接入点一样,并且他们使用的无线局域网的标准也必须与接入点使用的标准一样。这种结构常常用于扩展一个有线网络,使无线局域网的结点能够访问有线网络。目前,企业、家庭、小型办公场所都广泛地使用这种结构。

2. 基本服务集与扩展服务集

1) 基本服务集(basic service set,BSS)

服务集相当于有线网络中的工作组,BSS 是一个地理区域,在这个区域中,遵循同一或兼容标准的无线站点能够互相进行通信,如图 5-13 所示。BSS 的服务区域范围和形状取决于它所使用的无线介质类型和使用该介质时所处的环境。例如,使用基于射频介质的网络拥有一个大体上球形的 BSS,而红外线网络则更多地使用直线 BSS。当信号传播路径上有障碍时,BSS 的边界会变得非常不规则,当一个站点在 BSS 的服务区内时,它能够与此 BSS 中的其他站点通信,当它移出这个 BSS 服务区时,通信将会中断。在实际应用中,为了保证安全,同一 BSS 中的站点都要预先设定统一的名称(BSSID,相当于工作组名),只有 BSSID 相同的站点才能互相通信,如图 5-13 所示。

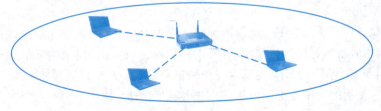

图 5-13　BSS

2) 扩展服务集(extended services set,ESS)

一个无线局域网可以包括多个 BSS,各个 BSS 之间可以互相离得很远,以便提供特定区域中的无线网络连接。当然,它们也可以重叠在一起,以便提供大范围的连续的无线连接。这种将多个 BSS 整合在一起的无线网络构成了一个扩展服务集(ESS)。移动站点可以在 ESS 上进行漫游和访问其中的任意一个 BSS。为了保证移动站点在 ESS 中漫游,ESS 中所有的 AP 必须设定相同的名称(ESSID),如图 5-14 所示。

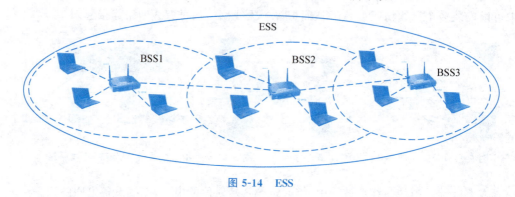

图 5-14　ESS

5.6.4　无线网络安全

由于无线 AP 或无线客户端范围内的任何人都能够发送和接收帧以及侦听正在发送的其他帧,这使得无线网络中对帧的偷听和侵入非常容易。针对这样的问题,无线网络采用了帧加密和身份验证技术。加密用于在通过无线网络发送无线帧之前加密帧中的数据;身份验证要求无线客户端首先验证自己的身份,然后才允许它们加入无线网络。

1. 帧加密

该技术可以对 IEEE 802.11 网络使用两种类型的加密,即 WEP 和 WPA。

1) WEP 加密

为了加密无线数据,IEEE 802.11b 标准定义了有线对等保密(WEP)技术。

WEP 使用共享的机密密钥来加密发送结点的数据,而接收结点使用相同的 WEP 密钥来解密数据。对于有基础设施模式,其需要在无线 AP 和所有无线客户端上配置 WEP 密钥。对于无基础设施模式,其需要在所有无线客户端上配置 WEP 密钥。为了使密钥不被破解,该密钥最好使用由数字 0~9 和字母 A~F 构成的随机字符,并且定期更换。

2) WPA 加密

IEEE 802.11i 标准规定了一个新的加密标准 WPA,WPA 是对无线局域网络安全的改进,其使用临时密钥完整性协议(TKIP)来实现加密,该协议使用更强的加密算法代替了 WEP。与 WEP 不同,TKIP 为每次身份验证提供唯一起始单播加密密钥,并为每个帧提供单播加密密钥的同步变更。由于 TKIP 密钥是自动生成的,因此不需要用户为 WPA 配置加密密钥。

2. 身份验证

身份验证技术可以对 IEEE 802.11 标准的网络使用两种类型的身份验证,即开放系统和共享密钥。

1) 开放系统

开放系统身份验证并不是真正的身份验证,它使用网卡的物理地址来识别工作组中的无线结点。对于有基础设施模式,虽然有些无线 AP 允许配置指定物理地址的无线结点加入 SSID,但是恶意用户可以轻而易举地捕捉到无线网络上发送的帧,并确定出被允许的无线结点的硬件地址,然后使用该硬件地址来执行开放系统身份验证并加入无线网络。

2) 共享的密钥

共享密钥身份验证检验加入无线网络的无线客户端是否知道某个机密密钥,在收到一个连接请求后,接入点将产生一个随机数,并将其发送给请求接入结点,请求接入结点使用一定算法用共享密钥对随机数签名,并将签名发送给接入点,接入点用同样的算法和共享密钥对随机数签名,然后比较签名结果,若一致则通过验证。对于有基础设施模式,所有无线客户端和无线 AP 都使用相同的共享密钥;对于无基础设施模式,其所有无线客户端都使用相同的共享机密密钥。

3) IEEE 802.1x

IEEE 802.1x 是为有线以太网设计的,经过改进可以供 IEEE 802.11 系列标准使用。IEEE 802.1x 在网络结点开始与网络交换数据之前,IEEE 802.1x 标准将强制该结点进行身份验证。如果身份验证过程失败,与网络交换帧的尝试将被拒绝。IEEE 802.1x 使用可扩展身份验证协议(Extensible Authentication Protocol,EAP)和被称为 EAP 类型的特定身份验证方法来对网络结点进行身份验证。

IEEE 802.1x 提供了比开放系统或共享密钥更安全的身份验证机制,但其需要有 Active Directory 域、远程身份验证拨入用户服务(RADIUS)服务器以及向 RADIUS 服务器和无线客户端颁发证书的证书颁发机构(CA)等基础设施,这种身份验证适用于大型企业和企业级组织,但是不适合家庭和小型企业办公室。

4) 带预共享密钥的 WPA

对于无法进行 IEEE 802.1x 身份验证的中小企业,WPA 为有基础设施模式的无线网络提供了一种预共享密钥的身份验证方法。预共享密钥配置在无线 AP 和每个无线客户端上。初始的 WPA 加密密钥来自身份验证过程,该过程将同时检验无线客户端和无线 AP 是否具有预共享密钥,其每个初始的 WPA 加密密钥都是唯一的。

WPA 预共享密钥应该是至少 20 个字符长度的键盘字符(大小写字母、数字和标点符号)或至少 24 个十六进制数字长度的十六进制数字(数字 0~9,字母 A~F)的随机序列,WPA 预共享密钥越具有随机性,使用起来就越安全。与 WEP 密钥不同,WPA 预共享密钥不易通过收集大量加密的数据来破解,因此,不需要经常更改 WPA 预共享密钥。

5.7 局域网络基本模型

5.7.1 家庭与办公室网络

随着个人计算机价格的不断降低,越来越多的家庭已经拥有了两台以上的计算机,但是,一个家庭通常只有一个网络接口,两台以上的计算机却要同时上网,于是出现了联网需求。家庭网络最主要的功能是共享 Internet,当然,有了家庭局域网后也可以利用它共享文件、传输文件、共享外部设备等,图 5-15 是典型的家庭网络,由 ADSL 专线、带无线功能的宽带路由器以及台式计算机、笔记本计算机等组成,其宽带路由可以实现自动分配 IP 地址、防火墙、网络地址转换等功能。

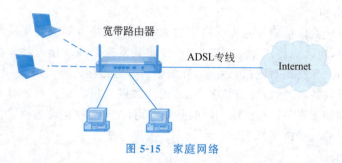

图 5-15 家庭网络

办公室网络通常是学校网络或企业网络的一部分,其与家庭网络类似,除了共享 Internet 外,还需要共享打印机、共享文件、磁盘等,典型的办公室网络如图 5-16 所示,由交换机、无线访问点 AP、台式计算机、笔记本计算机等组成,通过交换机和无线访问点 AP 将有线和无线设备互联成局域网,然后通过有线电缆连接到园区网络。

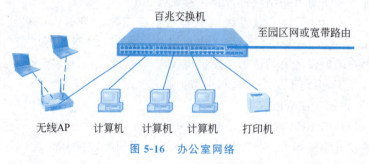

图 5-16 办公室网络

5.7.2 校园网

校园网是在学校范围内,为学校教学、科研和管理等日常事务提供资源共享、信息交流和协同工作等服务的计算机网络。校园网通过连接学校主要建筑的主干网,将学校的教学、实验、办公、生活区域内的计算机连接起来,为学校师生提供教学、科研和综合信息服务。

典型的校园网由三层结构组成,即核心层、汇聚层和接入层。

核心层的主要任务是高速交换数据包,汇聚层的作用是将大量从接入层连接过来的低速链路通过少量的高速链路接入核心层,减少接入层的变化对核心层的影响,隔离接入层拓扑结构的变化,减少核心路由器路由表的大小;汇聚层存在与否取决于网络规模的大小,当信息点较多时,就需要汇聚层交换机,否则就不需要;接入层有三个作用,一是将用户流量导入网络,二是通过采取包过滤策略控制用户访问,三是划分虚拟网。

典型的校园网如图 5-17 所示。

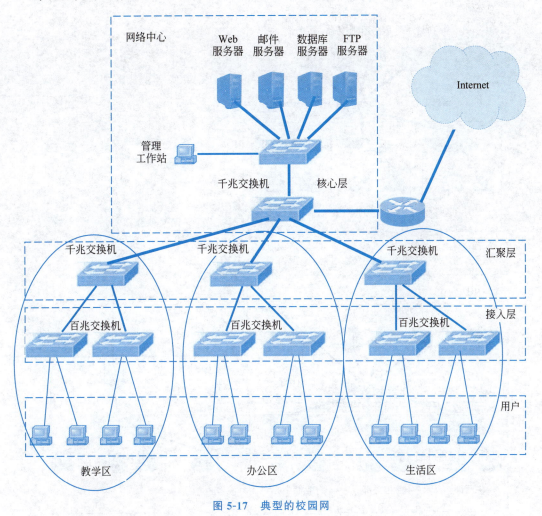

图 5-17　典型的校园网

5.7.3　企业网

企业网是指覆盖企业范围的网络,是把企业的通信资源、处理器资源、存储器资源以及企业的信息资源等组织在一起的网络,通过这个网络,企业员工可以很方便地访问这些资源。企业网络与校园网络的服务对象不同,但基本结构和服务内容是相近的,有些大型企业拥有许多子公司,这些子公司可能分处在不同的地域,这时企业网络就是一种局域网连接广域网再连接局域网的互联结构,如图 5-18 所示。

内联网(intranet)是企业网的一种,是采用因特网技术组建的企业网。在内联网中除了提供 FTP、E-mail 等功能外,还可以提供 Web 服务。在内联网中采用 Web 技术后,可以使企业定时和按需发布信息,使员工得到最新、最急需的信息,从而提高工作效率。内联网的主要特征如下。

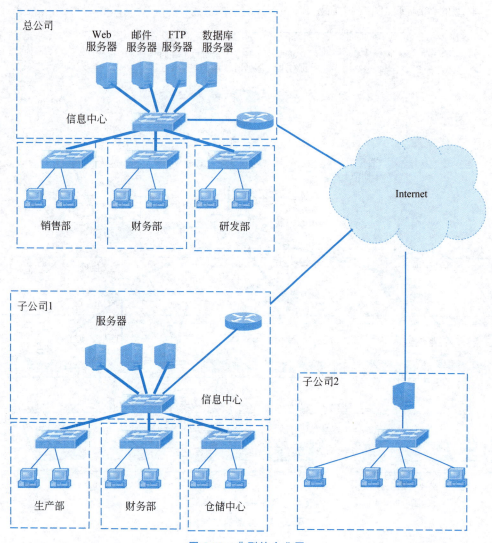

图 5-18 典型的企业网

(1) 采用 TCP/IP 作为通信协议。
(2) 采用 Web 技术。
(3) 仅供单位内部使用,并具有明确的应用目标。
(4) 对外具有与因特网连接的接口。
(5) 有安全设施,可防止内部和外部的攻击。

内联网与因特网的区别是内联网上的绝大部分资源仅供企业内部使用,不对外开放。为了防止外界的非法侵入,通常可以采用防火墙或者其他安全技术将内联网和因特网隔离开来。

外联网(extranet)则是一种使用因特网技术使企业与其客户或其他企业相连,完成共同目标的合作网络。严格地说,外联网是一种企业网(如内联网)通过公用网进行互联的技术,其也可被视为一个由多个企业合作共建的、能被合作企业的成员访问的更大型的虚拟企业网。与内联网类似,外联网也采用了 TCP/IP 作为通信协议,但其访问权是半私有的,其用户是由关系紧密、相互信任的企业结成的小组,信息在信任的圈内共享。由于外联网主要用于互联合作企业的网络,并且仅交换这些企业共享的信息,因此,安全性和可靠性是外联网建设时要考虑的主要因素。外联网可采用的技术包括隧道技术、访问控制技术、身份认证技术等。

*5.8 其他局域网技术简介

5.8.1 令牌环网

1. 令牌环网概述

IEEE 802.5 标准定义了令牌环网的介质访问控制规范和物理层技术规范,采用 IEEE 802.5 标准协议的网络叫令牌环网(token-ring)。环形网是由一段段点到点链路连接起来的闭合环路,信息沿该环路单向地、逐点地传输。这类环路中的每个结点都具有地址识别能力,一旦发现环上所传输的信息帧的目的地址与本站地址相同,便立即接收此信息帧,否则,便将之继续向下站转发。环形网使用的介质访问控制方法是令牌轮询法。

令牌环访问控制方法最初是 1984 年由 IBM 公司推出的,后来由 IEEE 将其确定为国际标准,这就是 IEEE 802.5 标准。

令牌环访问控制方法采用一种被称为令牌的特殊帧来控制各个结点对介质的访问。所谓令牌(token),实际上是一个只有 24bit 的特殊帧,其沿着环网单向循环,依次通过各个结点,使每个结点都得到发送数据的机会。

2. 令牌环的简单工作原理

(1) 开始。当令牌被初始化后,若每个站点都不发送数据帧,则只有空令牌在环上流动,如图 5-19(a)所示。

(2) 发送。某个站点要发送数据帧时,会先将数据组装成帧,等待空令牌的到来。获得空令牌后,其会将空令牌置换成"忙"令牌,并将数据插入忙令牌后将之发送到环上,如图 5-19(b)所示。

(3) 接收。数据帧经过其他站点的收发器时,收发器将帧内的目的地址与本站地址相比较,如果一致就将帧的数据内容复制到本站,并作出标记,再转发到下一站。否则,便将该数据帧直接转发到下一站,如图 5-19(c)所示。

(4) 释放令牌。当帧沿环返回到发送站时,发送站将数据撤消,同时将令牌置成"闲"状态。交给下一站,如图 5-19(d)所示。

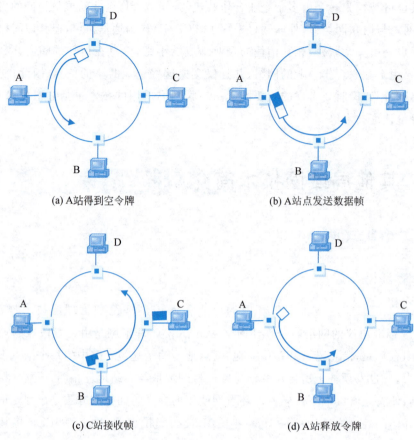

图 5-19 令牌环网的工作原理

3. 令牌控制介质访问控制方法的特点

(1) 由于环上只有一个令牌,所以该方法解决了各站点对传输介质的争用问题,也就不可能产生任何冲突了。

(2) 无论网络负载如何,令牌帧总是沿着环网依次通过各个结点,以此来实现介质访问控制。网络负载较少时,令牌环网传输效率比较低;负载较重时,由于各结点访问介质的机会均等,并不会出现冲突,因此相对而言其传输效率比较高。

(3) 令牌环访问方法采用由发送结点从环上收回数据帧的策略,这将有利于广播式传输,可使多个结点接收同一个数据帧,同时还具有目的结点对源结点的捎带应答功能。

(4) 令牌环访问方法的优点是它能保证要发送数据的结点在一个确定性的时间间隔内访问介质,并可以用多种方法建立访问的优先级;缺点主要是令牌维护比较复杂,令牌的丢失将会降低环网的利用率,而令牌重复也会破坏环网的正常运行。

从技术角度而论,令牌环网技术要比以太网技术先进,令牌传递机制的效率也比以太网的冲突检测机制强得多。然而,现实市场情况却不尽然,以太网拥有很高的市场占有率;令牌环网则只有很少的市场份额。其原因是以太网产品价格低廉,具有很强的竞争力;而令牌环网产品的价格是以太网同类产品的5~10倍,这足以使许多用户望而却步。以太网的另一个优势是具有较灵活的扩展性,用户很容易将现有的共享式以太网升级为交换式以太网。虽然令牌环网也朝着交换式和高速网络的方向发展,但由于其价格过于昂贵,故仍无法与以太网竞争。

5.8.2 令牌总线网

IEEE 802.4 标准协议规定了令牌总线访问方法和物理层技术规范,采用 IEEE 802.4 标准协议的网络叫令牌总线网(token bus)。

CSMA/CD 采用总线竞争方法,具有结构简单、在轻负载下延迟小等优点,但随着负载的增加,冲突概率增加,其性能明显下降。令牌环访问控制方法不出现冲突,在重负载下利用率高,能进行公平访问;但这种方法的控制和管理较复杂,并存在检错和可靠性问题。令牌总线介质访问控制方法是在综合了以上两种介质访问控制方法优点的基础上形成的一种介质访问控制方法,其适用于总线型 LAN,故这种 LAN 也称令牌总线网。

从物理结构上看,令牌总线网在物理连接上看是总线型,各站共享总线传输信道;但从逻辑(信号传输)上看,它又是一种环形网络,如图 5-20 所示。在这类网络上,连接在总线上的各站组成了一个逻辑环,这种逻辑环中的上下站点相邻关系与站的物理位置无关。令牌总线网上的每个站都设置了标识寄存器,以此来存储上一站 PS(前趋站)、本站 TS 和下一站 NS(后继站)的逻辑地址或序号,最后一站与第一站序号相连,从而构成逻辑环。令牌总线网的信号按逻辑环顺序传递,图 5-20 所示的逻辑环为 1—3—5—7—8—6—4—2—1。

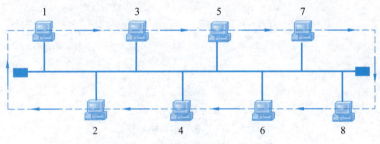

图 5-20 令牌总线网的工作原理

令牌总线介质访问控制方法的访问控制原理与令牌环介质访问控制方法相同,都是通过在网络中设置令牌来控制各站对总线的访问,只有得到令牌的站点才有权向总线上发送数据,而其余没有得到令牌的各站只能监听总线或从总线上接收数据。令牌总线网络中令牌的传递是有序进行的,而数据的传输是按物理结构在两站之间直接进行的,所以这样的网络被称为逻辑环网,相对地也可称令牌环网为物理环网。逻辑环的形成是随机的,在网络工作过程中,逻辑环是动态变化的。

与传输数据必须按环路进行的物理环网相比,逻辑环网的传输数据有直接通路,所以其延迟时间短。与竞争型总线网相比,逻辑环网的冲突和系统开销不会随着网络负载的增大而增加,效率也不会因负载的增大而下降。另外,竞争型总线网在访问竞争中各站平等,访问和响应都具有随机性,不能满足实时性要求;而逻辑环网则可以引入优先权策略,以此来实现数据的优先传输,且逻辑环网的响应时间和访问时间都具有确定性,因而具有良好的实时性。

5.8.3 FDDI

光纤分布式数据接口是使用双环令牌传递的网络拓扑结构,其使用光纤作为传输介质,是目前各种成熟的 LAN 技术中传输速率较高的一种。

FDDI 的基本结构为逆向双环,如图 5-21 所示。其中,一个环为主环,另一个环为备用环。当主环上的设备失效或光缆发生故障时,通过从主环向备用环的切换可继续维持 FDDI 的正常工作,如图 5-22(a)所示;当两个环的电缆在一个地方均断裂时,FDDI 会在断裂处附近的结点将两个环合并成一个环继续工作,如图 5-22(b)所示。

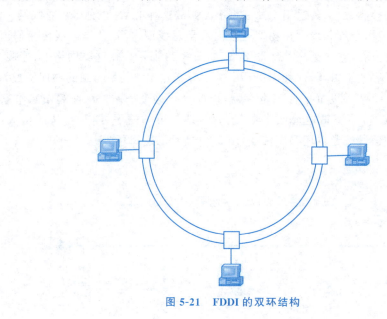

图 5-21　FDDI 的双环结构

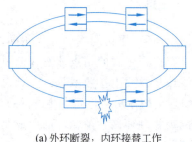
(a) 外环断裂,内环接替工作

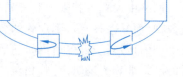
(b) 双环断裂,组成新环

图 5-22　FDDI 的容错原理

FDDI 通常被用于骨干网,用于连接局域网段,或用于各种需要图形传输、语音和视频会议等要求带宽较大的大型网络。

FDDI 一般用于校园环境的主干网,尤其适于各站点分布在多个建筑物中的校园网络。FDDI 也常常被用于城域网 MAN 的组网。

由于 FDDI 采用了光纤作为传输介质,同时又增加了容错处理能力,故其具有很多优越性,概括起来主要有以下几方面。

(1) 速度高。FDDI 充分利用了光纤通信技术带来的高带宽,可实现 100Mb/s 甚至更高的速率。

(2) 多帧传输。FDDI 的传输距离可达 100km,采用单个令牌会极大地降低其效率,因此 FDDI 允许多令牌存在,允许同时有多个数据帧传输,其接收端收致数据后即将令牌释放,这可大大提高网络带宽的利用率。

(3) 容量大。由于 FDDI 具有多帧同时传输的特点,极端情况下其环路将始终处于满负荷的工作状态,即使在网络负载很重的情况下,FDDI 仍能保持很高的带宽利用率,真正实现了大容量数据传输。

(4) 传输距离远。光纤具有其他传输介质所不具备的低损耗特性,这可使得其传输线路的无中继传输距离变长,如多模光纤可达 2km,单模光纤可达 100km,网络环线长可达 200km。因此,FDDI 的覆盖范围远远超过传统局域网定义的范围,达到了城域网的组网规模要求。

(5) 可靠性高。由于 FDDI 网络采用了双环结构,故其网络的可靠性大为提高。这种连接方法可使网络系统即使是在多重故障的环境下仍可自行重构,并保证系统的安全可靠运转。另外,光纤技术还避免了信号传输过程中的电磁干扰和射频干扰现象。同时,光纤传输还具备很好的阻隔性,使介质两端设备的电源不直接作用,有效地解除了电源对设备可能造成的严重威胁。因此,FDDI 可在强电流和强干扰等多种恶劣环境下使用,并仍能保持数据传输的高可靠性,这是其他网络系统无法做到的。

课程思政:软件定义网络

软件定义网络(software defined network,SDN)是由美国斯坦福大学 Clean-Slate 课题研究组的 Mckeown 教授提出的一种新型网络创新架构,是网络虚拟化的一种实现方式,其核心技术 OpenFlow 通过将网络设备的控制面与数据面分离开来,从而实现了对网络流量的灵活控制,使网络作为管道变得更加智能,为核心网络及应用的创新提供了良好的平台。

回顾网络创新的发展历史,在 20 世纪 90 年代中期人们认为"推动网络的创新,需要在一个简单的硬件数据通路上编程",即动态网络,它的问题在于隔离性、性能、复杂度。20 世纪 90 年代后期人们认为,"为了推动网络创新,我们需要底层的数据通道是可编程的",也即网络处理器,它的问题在于加剧了数据通道底层的复杂度。事实上在网络领域,人们一直以来没有分清一个简单通用的硬件底层与一个开放的上层编程环境之间的界限。之前的尝试往往犯了以下错误。

(1) 假设当前的 IP 路由底层是固定的,并试图在其外部编程,包括路由协议。

(2) 自上而下地定义编程和控制模型(但事实上 Intel 在选择 x86 指令集的时候并没有定义 Windows XP、Linux 或者 VMware)。在经过多次的挫折、失败后,网络创新终于取得了突破,新一代互联网技术的代表——SDN 终于诞生了,其利用分层的思想,将数据与控制相分离。在控制层,SDN 包括具有逻辑中心化和可编程的控制器,可掌握全局网络信息,方便运营商和科研人员管理配置网络和部署新协议等;在数据层,SDN 包括哑的交换机(与传统的二层交换机不同,仅提供简单的数据转发功能),可以快速处理匹配的数据包,适应流量日益增长的需求。两层之间通过开放的统一接口(如 OpenFlow 等)进行交互。控制器通过标准接口向交换机下发统一标准规则,交换机仅需按照这些规则执行相应的动作即可。

SDN 的思想是通过控制与转发分离,将网络中交换设备的控制逻辑集中到一个计算设备上,为提升网络管理配置能力带来新的思路,其本质特点是控制平面和数据平面的分离以及开放可编程性。通过分离控制平面和数据平面以及开放的通信协议,SDN 打破了传统网络设备的封闭性。此外,南北向和东西向的开放接口及可编程性也使得网络管理变得更加简单、动态和灵活。

2012 年 12 月 6 日,以"未来网络的演进之路"为主题的 2012 中国 SDN 与开放网络高峰会议在北京隆重召开,本次峰会获得国际组织 ONF(Open Network Foundation,开放网络基金会)的大力支持,Justin Joubine Dustzadeh 博士代表 ONF 向大会致辞并发表主题演讲,指出 SDN 这一颠覆性的技术将对未来网络产生的革命性影响。

2013 年 8 月 29 日,2013 中国 SDN 与开放网络高峰会议(第二届)在京举办,众多国内外运营商、厂商及业界专家学者将云集于此,共同探讨 SDN、开放网络等相关主题。

近年来,我国不断地推动产业智能化发展,而数字化转型又是布局产业智能化的重要方向之一。在这一过程中,网络基础设施的构建对转型成功与否的重要性不言而喻,无论是实现自动化、可视化的网络基础架构,还是增强网络的自优化能力或是融合人工智能等新一代信息技术以提升网络支撑能力,均离不开 SDN 架构技术的保障。

根据 CCW Research 数据,2017-2019 年中国 SDN 市场规模呈现逐年增长态势,且增速处于较高水平。其中,2019 年中国 SDN 市场规模达到 18.8 亿元,同比增长 38.2%。

习题

一、选择题

1. 局域网中的 MAC 子层与 OSI 参考模型(　　)相对应。
   A. 数据链路层　　B. 传输层　　C. 网络层　　D. 应用层

2. 在以太网中,一个数据帧从一个站点开始发送,到该数据帧完全到达另一个站点的总时间等于(　　)。
   A. 信号传播时延加上数据传输时延　　B. 数据传输时延减去信号传播时延

C. 信号传播时延的 2 倍　　　　　　　　D. 数据传输时延的 2 倍

3. 以太网最小帧长度是（　　）。
   A. 32B　　　　　B. 64B　　　　　C. 128B　　　　　D. 60B

4. 以太网规定，帧的最大重传次数是（　　）。
   A. 4 次　　　　　B. 8 次　　　　　C. 12 次　　　　　D. 16 次

5. 10BASE-2 标准规定连网的距离最长为（　　）。
   A. 185m　　　　B. 150m　　　　C. 200m　　　　D. 180m

6. 以下各项中，令牌总线网的标准是（　　）。
   A. IEEE 802.3　　B. IEEE 802.4　　C. IEEE 802.6　　D. IEEE 802.5

7. 10Mb/s 和 100Mb/s 自适应系统是指（　　）。
   A. 既可工作在 10Mb/s，也可工作在 100Mb/s
   B. 既工作在 10Mb/s，同时也工作在 100Mb/s
   C. 端口之间 10Mb/s 和 100Mb/s 传输率的自动匹配功能
   D. 以上都是

8. 交换式局域网的核心设备是（　　）。
   A. 集线器　　　　B. 中继器　　　　C. 路由器　　　　D. 局域网交换机

9. 局域网交换机首先完整地接收数据帧，并进行差错检测。如果没有出现差错，则根据帧的目的地址确定输出端口号再将之转发出去。这种交换方式为（　　）。
   A. 直接交换　　　　　　　　　　　　B. 改进的直接交换
   C. 存储转发交换　　　　　　　　　　D. 查询交换

10. 利用 Internet 技术建立的企业内部信息网络叫（　　）。
    A. Ethernet　　　B. extranet　　　C. ARPAnet　　　D. intranet

11. FDDI 标准规定网络的传输介质采用（　　）。
    A. 非屏蔽双绞线　　　　　　　　　　B. 屏蔽双绞线
    C. 光纤　　　　　　　　　　　　　　D. 同轴电缆

12. 当以太网帧长度保持不变时，扩大网络覆盖范围，数据传输速率会（　　）。
    A. 提高　　　　　B. 降低　　　　　C. 不变　　　　　D. 不好说

13. IEEE 802.11b 与（　　）标准兼容。
    A. IEEE 802.11a　B. IEEE 802.11g　C. IEEE 802.15　　D. 蓝牙

二、填空题

1. 决定局域网性能的三要素是_____、_____和_____。
2. 在传统的、采用共享介质的局域网中，主要的介质访问控制方法有_____和_____。
3. 带有冲突检测的载波侦听多路访问技术是为了减少_____，在源结点发送数据帧之前，首先侦听信道是否_____，如果侦听到信道上有载波信号，则_____发送数据帧。其工作原理可以简单地被概括为_____，_____，_____和_____。
4. 令牌环网在网络通信负载_____时表现出较好的吞吐率与延迟特性。

5. 10Base-2 要求使用_____作为其传输介质,单段传输介质的最大长度为_____。

6. IEEE _____标准定义了 CSMA/CD 总线网络介质访问控制子层与物理层的规范。

7. 10BASE-T 以太网采用的网络拓扑结构为_____型、使用的传输介质是_____。

8. 虚拟网络是建立在_____基础上的。虚拟网是将物理上属于一个局域网或多个局域网的多个站点按工作性质与需要,用_____方式将站点划分成一个个的"逻辑工作组",一个逻辑工作组就是一个虚拟网络。

9. 虚拟网有三种实现方式：_____、基于_____和基于_____。

10. 以太网交换机的帧转发有 3 种方式.分别是_____、_____和_____。

11. 无线局域网的模式相当于是有线网络的拓扑结构,其两种模式,即_____和_____模式网络。

三、简答题

1. 试述 CSMA/CD 技术的基本工作原理。
2. 简述交换式局域网的原理和特点。
3. 简述虚拟网的原理和实现方法。
4. 说明什么是有基础设施的无线局域网络和无基础设施的无线局域网络。
5. 说明基本服务集和扩展服务集的概念。
6. 无线局域网采取了哪些安全措施。
7. 一个办公室有 4 台计算机,现在由于工作需要,需组建一个小型对等网络。
  (1) 列出需要采购的材料的详细清单。
  (2) 画出网络结构草图。
  (3) 画出双绞线接线的线序。
  (4) 简要叙述组网的过程。
8. 访问局域网共享资源有哪些方法？

第 6 章　接入网与网络接入技术

现在,各个单位都有大量的计算机,计算机已经走进了千家万户,成为普通百姓都买得起的商品。这些计算机都要连入 Internet,但是 Internet 主干网并没有连接到千家万户,要想连入 Internet 必须通过某种接入网络才能实现。本章首先介绍几种主要的广域网技术,然后重点介绍各种网络接入技术。

*6.1　广域网与接入网

广域网(wide area network,WAN)也称远程网,其通常跨接很大的地理范围,所覆盖的范围从几十千米到几千千米,它能连接多个城市或国家,或横跨几个洲并能提供远距离通信,形成国际性的远程网络。与局域网不同,广域网的通信子网主要使用分组交换技术,常用的广域网技术有公共电话交换技术、DDN、X.25、帧中继、ISDN 等,并通过接入网与商业客户和个人客户互联。

6.1.1　公共电话网

公共电话交换网(public switched telephone network,PSTN)是以电路交换技术为基础的用于传输模拟话音的网络。目前,全世界的电话数量早已达几亿部之多,并且还在不断增长。要将如此之多的电话连在一起并使之能很好地工作,唯一可行的办法就是采用分级交换方式。

电话网概括起来主要由三个部分组成:本地回路、干线和交换机。其中干线和交换机一般采用数字传输和交换技术,而本地回路(也称用户环路)基本上采用模拟线路。由于 PSTN 的本地回路是模拟的,因此当两台计算机想通过 PSTN 传输数据时,中间必须通过双方的 modem 设备实现计算机数字信号与模拟信号的相互转换。

PSTN 是一种电路交换的网络,其可被看作是物理层的一个延伸,在 PSTN 内部并没有上层协议进行差错控制。在通信双方建立连接后,电路交换方式将独占一条信道,即便在通信双方无信息时,该信道也不能被其他用户所利用。

在 PSTN 下,用户可以使用普通拨号电话线或租用一条电话专线进行数据传输,使用 PSTN 实现计算机之间的数据通信成本较低,但由于 PSTN 线路的传输质量较差,而且带宽有限,再加上 PSTN 交换机没有存储功能,因此 PSTN 只能用于对通信质量要求不高的场合。目前 PSTN 进行数据通信的最高速率一般不超过 56Kb/s。

6.1.2 DDN

　　DDN(digital data network,数字数据网)是利用数字信道传输数字信号的数据传输网,其主要作用是向用户提供永久性和半永久性连接的数字数据传输信道,提供点对点及点对多点的数字专线或专网。DDN 的主干网传输介质主要有光纤、数字微波、卫星信道等,其工作在 OSI 参考模型的数据链路层。

　　DDN 既可用于计算机之间的通信、局域网之间的通信,也可用于传送数字化传真、数字话音、数字图像信号或其他数字化信号。永久性连接的数字数据传输信道是指用户间建立固定连接,传输速率不变的独占带宽电路。半永久性连接的数字数据传输信道对用户来说是非交换性的,但用户可提出申请,由网络管理人员对其提出的传输速率、传输数据的目的地和传输路由进行修改。ISP 向广大用户提供了灵活方便的数字电路出租业务,供各行业构成自己的专用网。

　　DDN 适合于数据业务量较大、通信时间较长、要求通信实时性很高、需跨市或跨省进行组网互联的广大企事业单位用户,对于通信时间较短的个人用户来说,DDN 成本较高。

　　DDN 的特点如下。

　　(1) 传输速率高。在 DDN 网内的数字交叉连接复用设备能提供 2Mb/s 或 N×64Kb/s(≤2Mb/s)速率的数字传输信道。

　　(2) 传输质量较高。DDN 的数字中继大量采用光纤传输系统,用户之间使用专有固定连接,网络时延小。

　　(3) 协议简单。采用交叉连接技术和时分复用技术,由智能化程度较高的用户端设备来完成协议的转换,本身不受任何规程的约束,是全透明网,面向各类数据用户。

　　(4) 灵活的连接方式。可以支持数据、语音、图像传输等多种业务,不仅可以和用户终端设备进行连接,也可以和用户网络连接,为用户提供灵活的组网环境。

　　(5) 电路可靠性高。采用网状拓扑结构,某个结点发生故障,路由会迂回改道,使电路安全可靠。

　　(6) 支持多种协议。DDN 的一个重要技术优势即网络传输的透明性。所谓透明传输是指经过 DDN 传输通道后数据比特流不会发生任何变化。因此,通过 DDN 网络可以传输两端设备认可的基于任何通信协议和各种通信业务的数据。

　　(7) 安全性好。由于 DDN 的传输介质为光纤,自身又为点对点的通信方式,通信的安全性很好。

　　(8) 网络覆盖范围很大。全国绝大多数县以上地方以及部分发达地区的乡镇皆已开放了 DDN 业务。它可广泛用于跨省市大范围组网。

　　(9) 可以很方便地为用户组建 VPN(virtual private network,虚拟专网)。大型企业常常需要将分布于各地的局域网连接起来,使用 DDN 可以相对很小的投资组建 VPN。

6.1.3 X.25

分组交换是一种存储转发的交换方式,它将用户的报文划分成一定长度的分组,以分组为单位存储转发,因此,它比电路交换的线路利用率高,比报文交换的时延要小,而且具有实时通信的能力。分组交换网对应于 OSI 参考模型低三层,分别为物理层、数据链路层和网络层,主要用于数据通信。

X.25 是 CCITT(Consultative Committee for International Telegraph and Telephone,国际电报电话咨询委员会,国际电信联盟(ITU)电信标准化部门的前身)制定的"在公用数据网上以分组方式工作的数据终端设备 DTE 和数据通信设备 DCE 之间的接口",所以,分组交换网又叫 X.25 网。

分组交换的基本业务有交换虚电路(SVC)和永久虚电路(PVC)两种。其中,交换虚电路如同电话电路一样,即两个数据终端要通信时先用呼叫程序建立电路(即虚电路),然后发送数据,通信结束后用拆线程序拆除虚电路;永久虚电路如同专线一样,在分组网内两个终端之间在申请合同期间提供永久逻辑连接,无需建立连接与拆除连接的过程,在数据传输阶段,其与交换虚电路相同。

X.25 网络是在物理链路传输质量很差的情况下开发出来的。为了保障数据传输的可靠性,它在每一段链路上都要执行差错校验和出错重传,这种复杂的差错校验机制虽然使它的传输效率受到了限制,但确实为用户数据的安全传输提供了很好的保障。

X.25 网络的突出优点是可以在一条物理电路上同时开放多条虚电路供多个用户同时使用,且网络具有动态路由功能和复杂完备的误码纠错功能,可以满足不同速率和不同型号的终端与计算机、计算机与计算机间以及局域网 LAN 之间的数据通信。X.25 网络提供的数据传输率一般为 64Kb/s。

X.25 分组交换网具有如下特点。

(1) 具有多逻辑信道的能力,故电路利用率高。

(2) 具有协议转换、速度匹配等功能,适合不同通信规程、不同速率的用户设备之间的相互通信。

(3) 由于具有差错检测和纠正的能力,故电路传送的误码率极小。

(4) 网络管理功能强。

(5) 速率低,只有 64Kb/s。

6.1.4 帧中继

帧中继(frame relay,FR)技术是由 X.25 分组交换技术演变而来的,其是在分组交换网的基础上结合数字专线技术而产生的数据网络业务,是对分组交换网的改进,在某种程度上它可被认为是一种"快速分组交换网"。与 X.25 相比,由于用光纤取代了早期的铜线作为传输介质,所以帧中继的误码率低得多,免去了 X.25 在每段链路上都进行差错控制的过程,以减少结点的处理时间,提高网络的吞吐量。帧中继只完成 OSI 七层协议中物理层和数据链路层的功能,而将流量控制、纠错等功能留给智能终端自行完成,故其数据链路层协议(LAPD 协议)在可靠的基础上相对简化,减小了传输时延,提高了传输速度。

把帧中继看作一条虚拟专线,用户可以在两结点之间租用一条永久虚拟电路并通过该虚拟电路发送数据帧,其长度可达 1600B。使用帧中继技术,用户也可以在多个结点之间通过租用多条永久虚拟电路进行通信。

帧中继技术只提供最简单的通信处理功能,如确定帧开始标记和帧结束的标记以及检查帧传输的差错。帧中继技术不提供确认和流量控制机制,当帧中继交换机接收到一个损坏的帧时只是将其丢弃。

帧中继网和 X.25 网都采用虚拟电路复用技术,以充分利用网络带宽资源、降低用户通信费用。但是,由于帧中继技术不对差错帧进行纠正,简化了协议,因此,其交换机处理数据帧所需的时间大大缩短,端到端用户信息传输时延低于 X.25 技术,而帧中继技术的吞吐率也高于 X.25 技术。帧中继技术还提供一套完备的带宽管理和拥塞控制机制,在带宽动态分配上比 X.25 技术更具优势,可以提供 2Mb/s~45Mb/s 速率范围的虚拟专线。

帧中继适合突发性较强、速率较高、时延较短且要求经济性较好的数据传输业务,如公司间进行网络互联、开放远程医疗等多媒体业务、电子商务以及 VPN 组网等。

帧中继的特点如下。

(1) 数据传输速率高,可达 9.6Kb/s~2.048Mb/s。

(2) 中间结点不再纠错,而把纠错功能放在端到端去执行。

(3) 支持多协议封装。它所采用的 LAPD 链路层协议能够顺利承载 IP、IPX、SNA 等常用协议。

(4) 采用 PVC 技术。帧中继网络可提供的基本业务有两种,即永久虚拟电路 PVC (permanent virtual circuit)和交换虚拟电路 SVC(switched virtual circuit),但目前的帧中继网络只提供 PVC 业务。所谓 PVC 是指在网管定义完成后,通信双方的电路在用户看来是永久连接的,但实际上只有在用户准备发送数据时网络才真正把传输带宽分配给用户。

(5) 采用了统计复用技术。它使得帧中继的每一条线路和网络端口都可由多个终端用户按信息流(即 PVC)的方式共享,即能在单一物理连接上提供多个逻辑连接。显然,它大大地提高了网络资源的利用率。

(6) 用户费用相对经济。由于网络的信息流基于数据包,采用了 PVC 技术和统计复用技术后帧中继的电路租用费用低廉,其费率一般仅为同速率 DDN 电路的 40%。另外,在网络空闲时,它还允许用户突发地超过自己申请的 PVC 速率(CIR)占用动态带宽。对于经常传递大量突发性数据的用户而言,使用帧中继技术非常经济合算。

6.1.5 ISDN

ISDN(integrated service digital network)即综合业务数字网,其利用公众电话网向用户提供了端对端的数字信道连接,用来承载包括话音和非话音在内的各种电信业务。现在面向公众普遍开放的 ISDN 业务为 N-ISDN,即窄带 ISDN。

ISDN 业务俗称"一线通",它有两种速率接入方式:基本速率接口(basic rate

interface，BRI)即 2B+D；一次群速率接口(primary rate interface，PRI)即 30B+D。BRI 接口包括两个能独立工作的 B 信道(64Kb/s)和一个 D 信道(16Kb/s)，其中两个 B 信道一般用来传输话音、数据和图像，一路用于传输语音信号，另一路用于传输数据信号，或者两路都用于传输数据信号；D 信道用来传输信令或分组信息(现尚未开放该业务)。BRI 一般用于较低速率的小容量系统中，适合家庭和较小的单位。

一次群速率接口 PRI 有两种：一种是在欧洲、大洋洲等地区使用的 PRI 接口，它提供 30 路 64Kb/s 的 B 信道和一路 64Kb/s 的 D 信道，即 30B+D，其传输速率与 2.08Mb/s 的脉码调制(PCM)的基群相对应；另一种是在美国和日本地区使用的 PRI 接口，它提供 23 路 64Kb/s 的 B 信道和一路 64Kb/s 的 D 信道，即 23B+D，其传输速率与 1.544Mb/s 的 PCM 基群相对应。同样，以上两种 PRI B 信道用于传输语音和数据，D 信道用于发送 B 信道使用的控制信号或用于用户分组数据传输。我国采用的是欧洲标准，即 30B+D。PRI 一般用于需要更高速率的、大容量的系统中，如大型企业事业单位。

同 DDN 和帧中继相比，ISDN 主要优势如下。

(1) 业务实现方便，提供的业务种类丰富。ISDN 基于现有的公众电话网，凡是普通电话覆盖到的地方，只要电话交换机有 ISDN 功能模块，即可为用户提供 ISDN 业务。而 DDN 和帧中继则需额外部署系统结点设备。同时，ISDN 业务的种类繁多，包括普通电话、联网、可视电话等基本业务及主叫号码显示等许多补充业务。

(2) 用户使用非常灵活便捷。对于 2B+D，用户既可以将其作为两部电话同时使用，又可以将其中一路 64Kb/s 信道联网，另一路 64Kb/s 信道用于普通电话；还可根据需要以 128Kb/s 速率联网。而 30B+D 更加灵活，可使用户高速联网。

(3) 适宜的性价比。因为 ISDN 按使用 B 信道进行通信计费，而 1B 信道的国内通信费率等同于普通电话通信费率，不难发现，对于通信量较少、通信时间较短的用户而言，选用 ISDN 的费用远低于租用 DDN 专线或帧中继电路的费用。对于 ISP 而言，其也可以较小的投资对现有的模拟用户外线进行数字化改造。

ISDN 适合个人家庭用户或 SOHO 用户接入 Internet、中小企事业单位 LAN 联网、连锁店的销售联网以及在公网开放可视电话、电视会议等增值业务，或被各中小企事业单位用于 DDN、帧中继等专线电路的备用通信方式。

6.1.6 接入网

1. 接入网的概念

Internet 是覆盖全球的网络，其各级主干网是由光纤敷设而成的，但是 Internet 并没有真正连入千家万户，因此，必须利用某种接入网把用户连入 Internet，如图 6-1 所示。

所谓接入网是指骨干网络到用户终端之间的所有设备，其长度一般为几百米到几千米，因而被形象地称为"最后一公里"。接入网的任务是把用户接入到核心网，为用户提供最近业务点的 Internet 连接。由于骨干网一般采用光纤结构，传输速度快，因此，接入网便成为了整个网络系统的瓶颈。随着通信技术的迅猛发展，人们对网络服务综合化、数字

图 6-1 将用户连入互联网的模型

化、智能化、宽带化、多媒体化的需求也不断提高,如何充分利用现有的网络资源增加业务类型、提高服务质量已成为电信专家和 ISP 日益关注的研究课题,"最后一公里"的解决方案也已经成为人们最关心的焦点。因此,接入网已经成为网络应用和建设的热点。

2. 互联网业务提供商 ISP

国内主要的 ISP 包括基础运营商如中国电信、中国联通、中国移动等,这些基础运营商拥有自己的网络,还有一类 ISP 自己不经营网络,而是从基础服务商处租用网络带宽,为用户提供网络接入服务。这些 ISP 就是接入网技术的主要提供者和使用者。

6.2 通过电话网接入 Internet

6.2.1 电话拨号接入及配置

1. 电话拨号接入概述

拨号接入是利用 PSTN 连入 Internet 的接入方式,其条件是有一条电话专线,由于电话线只能传输模拟信号,所以在用户端和 ISP 端都需要配置调制解调器(modem),如图 6-2 所示。调制解调器的作用是完成模拟信号和数字信号的变换。将计算机的数字信号转换为模拟信号叫调制,将模拟信号转换成数字信号叫解调。

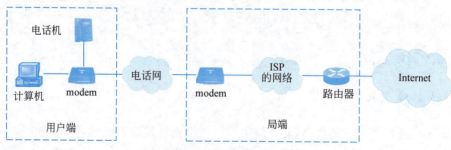

图 6-2 拨号接入方式

拨号接入还需要点对点协议(Point-to-Point Protocol,PPP)。PPP 用于串行通信的拨号线路上,是目前电话网接到 Internet 的主要协议。PPP 是一种有效的点对点的串行传输协议,它提供在串行通信线路上封装 IP 分组的简单方法,可以使用户通过电话线和

modem 方便地接入 TCP/IP 网络。PPP 不需要单独安装,现在各种操作系统都原生支持 PPP。

拨号上网具有以下特点:数据传输速度慢,最高速率只有 56Kb/s;在上网时不能打电话,打电话时不能上网;网络使用按时计费,费用由两部分组成,包括通话时长费用+网络服务费用,但相对其他接入方式而言,拨号上网总的费用还是比较低的。随着各种新型接入技术的出现,拨号上网显得有些过时了,但是一些仍然使用普通电话网、不具备使用其他接入方式的地区还必须使用这种方式,因为电话网覆盖面是最广泛的。另外,对于一些上网时间不很长,对速度要求不高的用户而言,拨号上网也不失为一种好方法。

2. 拨号账号的申请

使用拨号接入需要申请个人账号,也可以使用公用账号。若申请个人账号,可以到 ISP 处办理,好处是个人拥有独立账号,可以同时获得一个免费电子邮箱,上网费用分成两个部分,通信记次费(每 6s 为一次)在电话费中缴纳,信息服务费需要额外预付。

3. 调制解调器的安装与配置

将外置式调制解调器电缆插头 RS-232C(25 针)与主机后面板的插座连接,或者将内置式调制解调器插入计算机主板上,然后将带水晶头的电话线一端插入调制解调器上标有 Line 的插座内,另一端连在室内墙壁电话接口上,此连线将直接与 ISP 的交换机相连;若想同时连接电话,则需要将电话机连接在调制解调器上标有 Phone 的插座内。之后,还需要安装好调制解调器的驱动程序。

4. 建立拨号连接(以 Windows 7 操作系统为例)

(1) 在控制面板中双击【网络和共享中心】,如图 6-3 所示。

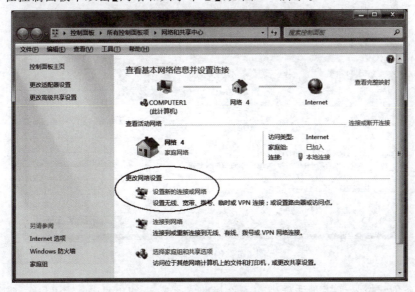

图 6-3 网络和共享中心

(2) 在【网络和共享中心】单击【设置新的连接或网络】,如图 6-4 所示。

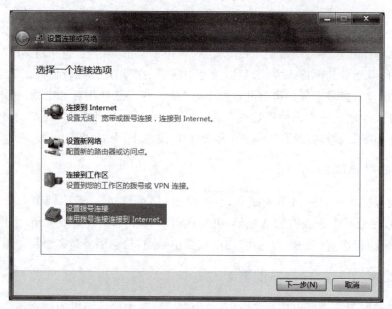

图 6-4　设置连接或网络对话框

(3) 单击【设置拨号连接】选项,然后单击【下一步】,更新至"创建拨号连接"对话框,如图 6-5 所示。

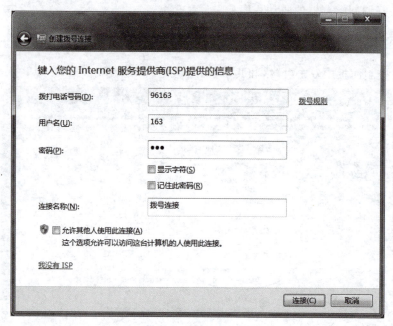

图 6-5　创建拨号连接

(4) 在创建拨号连接对话框中输入连接时需要拨打的电话号码、用户名、密码,然后单击【连接】按钮，随后经过尝试连接，若线路正常，将出现"连接已经可用"对话框，单击【关闭】按钮，即可结束配置，如图 6-6 所示。

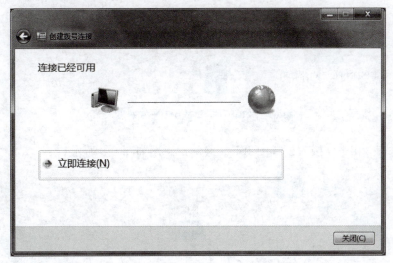

图 6-6 连接已经可用

6.2.2 ISDN 接入及配置

1. ISDN 接入概述

使用 ISDN 必须到 ISP 处申请账号，其费用一般是按月收取的，使用 ISDN 上网时不需要支付专门的通信费用。

2. ISDN 接入设备

1）网络终端 NT

ISDN 接入需要一台专门的网络终端（network terminal，NT），其安装于用户处，用于实现在普通的电话线上进行数字信号的发送和接收，是 ISP 程控交换机和用户终端设备之间的接口设备。

NT 分为两种：NT1 和 NT2。NT1 是基本速率接口终端，向用户提供 2B+D 的两线双向传输服务；NT1 是物理层的设备，不涉及比特流在上层构成帧，它能以点对点的方式最多支持 8 个 ISDN NT 的接入，可供一般家庭或小单位使用，具有网络管理、测试和性能监控等功能，能为用户的每一个设备分配唯一的地址，并解决多个用户设备使用总线时的优先级问题。图 6-7 为 ISDN 用户通过 NT1 接入 Internet 的示意图。

对于大一些的单位而言，NT1 性能和功能往往无法满足其需求，因此需要 NT2 和一个 ISDN 专用的小交换机（private branch exchange，PBX）。NT2 是一次群速率接口终端，向用户提供 30B+D 的四线双向传输能力，PBX 在概念上与 ISDN 交换局差别不大，只是能力小一些，可以在一个单位内部实现电话交换和数据交换，拨打内部电话只需拨 4

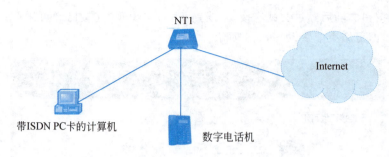

图 6-7　2B＋D 接口的 ISDN 终端接入

位号码。采用 30B＋D 接入模式的 ISDN 终端示意图如图 6-8 所示。

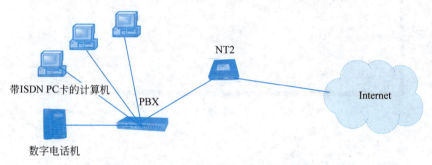

图 6-8　30B＋D 接口的 ISDN 终端接入

2）ISDN 终端适配器

ISDN 终端适配器（相当于调制解调器）的功能是使现有的非 ISDN 标准终端（如模拟电话、C3 传真机、PC 等）能够在 ISDN 上运行，为用户在现有终端上提供 ISDN 服务。ISDN 终端适配器分为内置和外置两种，内置 ISDN 终端适配器俗称 ISDN 适配卡；外置 ISDN 终端适配器俗称 ISDN TA（ISDN terminal adapter）。ISDN 终端适配器与计算机的连接通常有串口和并口两种方式，串口方式的最高速率为 112.5M/s；并口的最高速率为 128Mb/s。ISDN TA 提供 1 个 ISDN 接口、3 个用户接口、两个 RJ-11 的普通模拟电话接口和一个可以通过电缆连接计算机的 RS-232D 接口。图 6-9 为通过 ISDN TA 和 NT1 接入 Internet 的示意图。

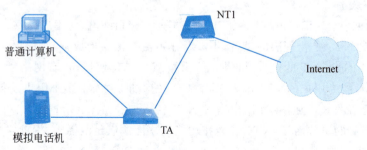

图 6-9　通过 ISDN TA 接入的设备

3. ISDN 设备的安装设置

1) 申请账号

先到当地 ISP 申请一条 ISDN 电话(如果家里已经有一部电话,也可以把原有的电话升级为 ISDN 电话);同时还要申请一个上网的账号;购买一个上网用的设备 TA(终端适配器,类似于 modem),然后 ISP 会上门为用户安装 NT1。NT1 一般由 ISP 免费提供,一旦将来不再使用,ISP 还要把它收回。

2) 安装硬件

将外来的电话线安装在 NT1 上,用电话线连接 NT1、TA 的 ISDN 接口,将 TA 的 RS232-D 接口连接在计算机上,如图 6-9 所示。

3) 安装 ISDN 适配器驱动程序

安装 ISDN 适配器驱动程序的过程类似于安装调制解调器驱动程序的过程。安装完成后,需要根据提示重新启动计算机,之后在任务栏的右下角会有一个绿色图标,表示已成功安装。

4) 建立拨号连接

建立过程与拨号上网完全相同,在此将不再赘述。

6.2.3 ADSL 接入及配置

1. ADSL 概述

ADSL 是 asymmetric digital subscriber loop(非对称数字用户线)的缩写,它能在现有的普通铜质双绞电话线上提供高达 8Mb/s 的高速下载速率和 1Mb/s 的上行速率,传输距离为 3~8km。虽然传统的 modem 也是使用电话线传输的,但它只使用了 0~4kHz 的低频段,而电话线理论上有接近 2MHz 的带宽。ADSL 正是使用了 26kHz 以后的高频带才能提供如此高的速率。

ADSL 的基本工作流程是这样的:经 ADSL modem 编码后的信号通过电话线传到 ISP 再通过一个信号识别/分离器,如果是语音信号就传到交换机上,如果是数字信号就接入 Internet 或其他网络上。

ADSL 通信线路会在普通的电话信道中分离出 3 个信息通道。

(1) 速率为 1.5Mb/s~8Mb/s 的高速下行通道,用于用户下载信息。

(2) 速率为 16Kb/s~1Mb/s 的中速双工通道,用于用户上传输出信息。

(3) 普通电话服务通道,用于普通模拟电话通信服务。

ADSL 的优势在于以下几点。

(1) 不需要重新布线,可充分利用现有的电话线网络,只需在线路两端加装 ADSL 设备即可为用户提供高速高带宽的接入服务。

(2) 帮助用户高速上网。ADSL 的速度是普通 modem 拨号速度所不能及的,就连 ISDN 的传输率也只有它的百分之一。这种上网方式不但降低了技术成本,而且大大提高了网络速度,因而受到了众多用户的欢迎。ADSL 是目前家庭用户的主要上网方式之一。

(3) 上网和打电话互不干扰。像 ISDN 一样,ADSL 可以与普通电话共存于一条电话线,使电话语音信号和 ADSL 数据传输同时进行,它们之间互不影响。

(4) ADSL 在同一线路上分别传送数据和语音信号,由于它不需拨号,因而其数据信号并不通过电话交换机设备,这意味着使用 ADSL 上网不需要缴付另外的电话费,这就节省了一部分使用费。

(5) ADSL 还提供不少额外服务,用户在通过 ADSL 接入 Internet 后,可独享 8Mb/s 带宽,在这么高的速度下,可自主选择流量需求更高的影视节目,同时还可以举行视频会议、高速下载文件和使用电话等。

ADSL 的用途是十分广泛的,商业用户可组建局域网共享 ADSL 专线上网,利用 ADSL 还可以实现远程办公、家庭办公等高速数据应用。对于公益事业来说,ADSL 还可以实现高速远程医疗、教学、视频会议的即时传送,达到比较好的效果。

ADSL 的安装也很方便快捷。用户现有线路不需改动,只须在 ISP 的交换机房内进行改造。

2. ADSL 的设备

1) ADSL 专用 modem

ADSL 专用 modem 的作用与普通 modem 一样,也是对信号进行调制和解调,只不过普通 modem 只能将信号调制在 4kHz 以下的频段中,而 ADSL 采用频分复用技术将信号调制在 26kHz~1.104MHz 的多个信道中。ADSL modem 与原来的 56Kb/s modem 一样,有内、外置之分,内置的是一块内置板卡,它被安装在主板的插槽上。但由于受性能制约,目前并不常见。外置方式的 ADSL modem 在外观上也基本与外置的 56Kb/s modem 一样,如图 6-10 所示的就是一款外置 ADSL modem。外置的 ADSL modem 根据不同的计算机接口可划分为 RJ-45 接口类型和 USB 接口类型,目前最常用的还是以太网接口类型,所以现在就此类型的 ADSL modem 进行相关介绍。

图 6-10　ADSL modem

以太网接口类型的 ADSL modem 有一个 RJ-45 以太网接口,这个接口是用来与计算机以太网卡进行连接的,另外各接口功能如下。

(1) PWR:18V 直流电源接口,直流电源变压器随 ADSL modem 一起提供。

(2) Phone:通过一条自带的电话线与信号分离器的 modem 接口相连。

(3) RS-232:这是用来对 ADSL modem 进行调试的,如 ADSL modem 固件恢复就要用到这个接口,一般用户不用。

2) 滤波器(分离器)

在早期的 ADSL modem 配件中,还会有一个信号分离器,它是用来对语音和数据信号进行分离的。正是有了这样一个设备,才使得人们可以通过一条电话线实现上网、接/打电话两不误的功能,即所谓的"一线双通"功能。信号分离器如图 6-11 所示,它有 3 个电话线接口,分别用于连接电话外线(loop)、ADSL modem 和电话(phone)。不过,现在新的 ADSL modem 已内置了这样一个信号分离器,直接在 modem 上提供两个电话线接口(分别用于连接外线和电话)。

除了以上两个主要设备外,还有一个 18V 的 ADSL modem 直流电源变压器,其是为 ADSL modem 提供工作电源的。另外还有的一条电话线,一条以太网双绞线。

图 6-11　ADSL 信号分离器

3) 网卡

在使用以太网接口的 ADSL 接入方式中,需要在计算机中安装普通以太网卡。

3. ADSL 的连接

当前 ADSL 有两种类型的连接方法:通过 RJ-45 网卡接口与计算机连接或通过 USB 接口与计算机连接。

ADSL modem 与 RJ-45 以太网接口的网络连接方式如下。

在局端方面,由 ISP 将用户原有的电话线中串接入 ADSL 局端设备,用户端的 ADSL 安装非常简易方便,只要将电话线连上信号分离器,信号分离器与 ADSL modem 之间再用一条两芯电话线连上,ADSL modem 与计算机的网卡之间用一条直通双绞网线连接,如图 6-12 所示。直通双绞线一般是随 ADSL modem 一起提供的,当然用户也可以自己制作。

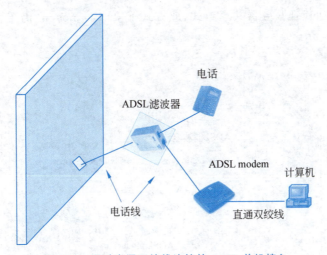

图 6-12　通过直通双绞线连接的 ADSL 单机接入

如果局域网用户需要通过 ADSL 上网,则需再多加一个交换机来集中连接多个用户,具体连接方式可以采取路由共享方式或桥接方式。

1) 路由共享方式

若采用路由共享方式,则 ADSL modem 需直接连接交换机(ADSL modem 自带路由功能)或者宽带路由器的 LAN 端,如图 6-13 所示。

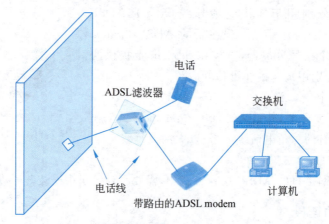

图 6-13　路由共享的 ADSL 多机接入

在路由模式下,不需要一台计算机专门来开机并设置共享上网功能来为其他计算机做网关,也不需要宽带路由器来做网关,直接与局域网交换机连接就可以共享上网了。开启路由的好处如下。

(1) 不必专门使用一台计算机做服务器,任何一台计算机开机都可上网。

(2) 唯一的 IP 地址由 ADSL 路由器获得,外部发起的攻击全部作用于 ADSL 路由器,其可以起到防火墙的作用,在一定程度上保护共享上网的计算机。

2) 桥接方式

桥接方式又叫代理服务器共享方式,此方式下 ADSL modem 仍需直接与一台主机相连,如图 6-14 所示。

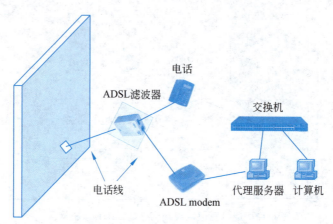

图 6-14　代理服务方式的 ADSL 多机接入

采用桥接模式时,ADSL modem 直接与某个计算机连接,通过交换机连接所有共享用户计算机。然后用户需要将与 ADSL 相连的计算机配置成网关服务器型共享,或者代理服务器型共享即可。这种方式所用设备最简单,仅需普通的 ADSL modem(不用带路由功能)和一台用来连接所有共享用户的交换机即可。

总的来说,如是家庭或者少数几人的 SOHO 小组,宜采用 ADSL 路由器(或者支持路由功能的 ADSL modem)的路由工作模式;如是人数较多的网吧、学校、企业、社区等大型网络,则宜采用桥接模式,再加之以宽带路由器来执行 PPPoE 虚拟拨号和路由功能。

4. ADSL 接入的软件配置

目前 ISP 提供的 ADSL 接入服务主要有专线接入和虚拟拨号两种方式。专线方式相对比较简单,只需要在计算机上配置固定 IP 地址,相当于将用户的计算机置于 ISP 的局域网中。但是这种方式在用户不开机上网时 IP 不会被利用,会造成公网 IP 资源的浪费,于是出现了 PPPoE 拨号的 ADSL 接入。PPPoE 拨号可以使用户开机时拨号接入局端设备,由局端设备自动分配给一个动态公网 IP(不是固定的),这样公网 IP 紧张的局面就得到了缓解,而且也便于多用户共享 ADSL 线路。目前国内家庭用户的 ADSL 上网基本上都是 PPPoE 拨号的方式。

使用 PPPoE 拨号的方式需要做以下设置。

(1) 安装网卡驱动,并设置 TCP/IP 属性。如果是专线上网,必须配置正确的 IP 地址和子网掩码、默认网关、DNS 等属性;如果是 PPPoE 拨号上网,将上述属性配置为自动获取(采用默认的设置就可以了),所有的设置数据均可从拨号服务器端获得。

(2) 建立拨号连接,在 Windows 7 操作系统下,可以直接建立拨号连接,建立拨号连接的过程中第 1、2 步与普通拨号是一样的,如图 6-3 和图 6-4 所示。在图 6-4 中单击【连接到 Internet】,然后单击【下一步】,将出现"连接到 Internet"对话框,如图 6-15 所示。单击【宽带(PPPoE)用要求用户名和密码的宽带连接】,在图 6-16 的对话框中输入在 ISP 注册的用户名和密码,单击【连接】按钮即可。

图 6-15 连接到 Internet 对话框

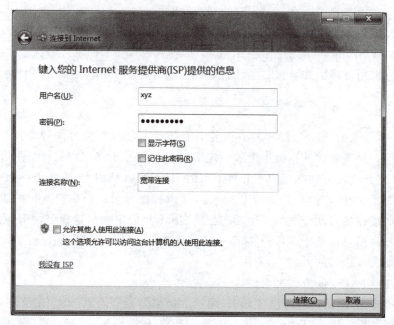

图 6-16　输入用户名和密码

6.3　局域网＋专线接入及配置

前面几节介绍了基于公用网络的不同接入方式,这些网络是所有用户共用的,需要时就接入,通常是按使用时间计费的。专线接入与拨号接入不同。这里所说的"专线接入"是指专门为用户建立线路,由用户专用,而不是指仅有固定公用网 IP 地址的静态专有链路。

与其他上网方式(如 ADSL)相比,专线上网方式有如下优势。

(1) 具有专线传输本身特有的稳定、速率快、上下行同速、时延小、多种速率可选,扩展容易等特点。

(2) 独享互联网出口上网,24h 全天在线,配有固定公网 IP 地址。

(3) 除高速访问互联网外,还可实现多种网络功能。如 Web 网站发布、建立自有 E-mail 电子邮件系统、FTP 文件下载服务、DNS 域名解析、IP 电话、VPN、视频会议及电子商务等。

但是,由于接入价格不菲,所以专线目前主要适用于企业用户,许多企业或学校会组建局域网,然后向 ISP 租用一条专线,通过路由器连接上网,如图 6-17 所示。

对于专线＋局域网的接入方式来说,用户计算机是局域网中的主机,所以,每台计算机都需要配置网卡并设置 IP 地址、子网掩码、默认网关及 DNS 服务器地址。

专线接入方式包括许多种,如 DDN、帧中继、光纤接入等。

图 6-17 专线接入

6.3.1 DDN 专线

DDN 专线可以提供 64Kb/s～2Mb/s 的速率,其以优质的传输质量、智能化的网络管理及灵活的组网方式著称,可以向客户提供多种业务,既可以提供各种速率的数字数据专线业务,又可以提供语音、数据轮询、帧中继、VPN(虚拟专用网)等其他业务。像证券公司、海关、外贸、金融等集团客户不仅可以利用 DDN 提供的数据通道组建自己的计算机通信网络和构成进入公用分组数据网的用户传输环路,还可以利用 DDN 系统提供的数据通道进行 G3 传真、智能用户电报、会议电视等通信。

DDN 接入方式非常灵活,用户可以通过模拟专线(用户环路)和 modem 入网(适用于大部分用户,尤其是光纤未到户的用户),但通信速率受用户入网距离限制,最高速率也只有 2.048Mb/s,当然,用户也可以通过光纤电路入网,此类用户的通信速率可灵活选择。

使用 DDN 需要先向 ISP 部门申请,通过与工作人员的反复探讨、研究,确定接入方案。在申请服务后,客户(特别是终端复杂的客户)应将必要的用户参数,如终端类型、软件版本、接口规程等提供给 ISP,同时配合 ISP 进行安装调测,以便尽快开通业务。

DDN 接入用户端的设备可以是 modem 或基带传输设备。

6.3.2 光纤接入

1. 光纤接入概述

光纤接入就是从主干网直接引光纤到企业、校园或小区。

光纤通信具有通信容量大、质量高、性能稳定、防电磁干扰和保密性强等优点,它在数据传输网和交换网中都有广泛应用,近年来在接入网中也得到了长足发展。

光纤到户(fiber to the home,FTTH)对家庭住宅而言是一种理想的接入方案,该技术把光纤送到了通往用户终端的所有通路,采用 SONET 和点到点技术,可以把电话、数据、电视会议及其他服务送到社区等处,而且该技术也很容易升级,可在未来提供更多的带宽,其存在的主要问题就是光纤接入的成本较高。

目前,光纤接入网业务正在各城市开展,以 2～10Mb/s 作为最低标准的光纤宽带网接入正走进寻常百姓家。光纤宽带接入将会取代现有的电话拨号、ISDN 和 ADSL,成为普通家庭用户接入 Internet 的主要方式。

光纤接入网属于 MAN 的范畴,其是通过光纤将 LAN 接入 MAN 的,在实现与其他同城 LAN 高速连接的同时,共享与上级结点的高速 Internet 连接。现已建成的 Internet 出口带宽通常都在 10Gb/s 以上。如此高的带宽,自然适用于各类 LAN 的 Internet 接入。

2. 光纤接入网的构成

光纤接入网的主要传输介质为光纤,而通过 ISP 局端交换和用户接收的均为电信号,所以在用户端和 ISP 交换端都要进行电/光(E/O)和光/电(O/E)转换,这样才能实现中间线路的光信号传输。

光纤接入在用户端必须有一个光纤收发器(或带有光纤端口的网络设备)和一个路由器。这些也被称为光网络单元(optical network unit,ONU)。光纤收发器用于实现光纤到双绞线的连接,进行光电转换;路由器需有高速端口,实现 10Mb/s 或更高速率的路由服务。在与 Internet 接入时,路由器的主要作用有二:一是连接不同类型的网络,二是实现网络安全保护(防火墙)。

3. 光纤接入网的拓扑结构

光纤接入网的拓扑结构有:总线型、环状、星状和树状等结构。

总线型结构的光纤接入网以光缆为公共总线,各用户端通过某种耦合器与总线直接连接,其特点是共享主干光纤、节省线路投资、互相干扰小;其缺点是有损耗积累、对主干的依赖性强等。

环状结构的光纤接入网是所有结点共用一条光纤线路,线路首尾相接构成封闭式回路,其突出优点是可实现自愈,即网络可在较短时间内自动从失效故障中恢复业务;其缺点则在于单环挂接主机数量有限,多环又很复杂,且不符合分配型业务等。

星状结构的光纤接入网各用户终端通过一个具有控制和交换功能的耦合器进行信息交换。该结构无损耗积累,易于实现升级和扩容,各用户间相对独立,保密性好,业务适应性强;但其所需光纤代价高、组网灵活性差、对中央结点的可靠性要求极高。

树状结构的光纤接入网为分级结构,其需采用多个分路器将信号逐级分配,最高端具有很强的控制和协调能力。

4. 光纤接入网的分类

根据终点 ONU 所在位置和与用户距离的不同,光纤接入网可分为多种类型。主要有光纤到路边(fiber to the curb,FTTC)、光纤到大楼(fiber to the building,FTTB)、光纤到社区(fiber to the zone,FTTZ)、光纤到家庭(fiber to the home,FTTH)等。

在 FTTC 结构中,ONU 是设置在路边的分线盒或交接箱,ONU 到用户之间部分是双绞线对,当然,该段也可采用同轴电缆,这时可传输宽带图像业务。

FTTB 是 FTTC 的一个变形,不同之处在于其将 ONU 直接放在楼内,并由多对双绞线将业务分送至各个用户。

如将 FTTC 设在路边的 ONU 换成无源光分路器,然后将 ONU 移到用户家中,就形成了 FTTH 结构。FTTH 也是接入网的最终解决方案,即从本地交换机到用户全部都采用光纤线路,从而为用户提供宽带交互式业务,且可避免外界干扰、便于供电。

从技术角度来看,FTTC、FTTZ、FTTB 这 3 种技术并没有实质性的区别;随着技术的逐渐成熟及相关设备成本的进一步降低,以上 3 种技术的应用正变得越来越广泛,目前,FTTx(包括 FTTC、FTTZ、FTTB 等技术)在我国已逐步取代了 ADSL,成为主流的民用 Internet 接入技术。

6.3.3 混合光纤同轴电缆(HFC)接入技术

1. HFC 网概述

HFC(hybrid fiber coax)网是一种以频分复用技术为基础,综合应用数字传输技术、光纤和同轴电缆技术、射频技术的智能宽带接入网,是有线电视网(CATV)和电话网结合的产物。从接入用户的角度看,HFC 是经过双向改造的有线电视网,但从整体上看,它是以同轴电缆网络为最终接入部分的宽带网络系统。

HFC 用户使用 cable modem(电缆调制解调制器)通过有线电视网连接网络,其传输速率可达 10~36Mb/s。由于有线电视网是覆盖整个城市的,所以通过 HFC 网传输数据可以覆盖大、中城市的大片城区。如果通过改造后的有线电视宽频网的光纤主干线能到大楼,实现全数字网络,则其传输速率可达 1Gb/s 以上。HFC 除了实现高速上网外,还可实现可视电话、电视会议、多媒体远程教学、远程医疗、网上游戏、IP 电话、VPN 和 VOD 服务,成为事实上的信息高速公路。HFC 具有覆盖范围大、信号衰减小、噪声低等特点,是理想的 CATV 传输技术。

2. HFC 的结构

HFC 网络充分利用现有的 CATV 宽带同轴电缆的频带较宽的特点,以光缆作为主干线、同轴电缆为辅线建立用户接入网络。该网络连接用户区域的光纤结点,再由结点通过 750MHz 的同轴电缆将有线电视信号送到最终用户处。caole modem 在网络中采用 IP 协议,传输 IP 分组。

HFC 网络是一个双向的共享介质系统,其由头端、光纤结点及光纤干线、从光纤结点到用户的同轴电缆网络 3 部分构成,如图 6-18 所示。其中,电视信号在光纤中以模拟形式传输,光纤结点把光纤干线与同轴电缆传输网连接起来,电缆分线盒可使多个用户共用相同的电缆。

3. cable modem

cable modem 是适用于电缆传输体系的调制解调器,其主要功能是将数字信号调制到射频信号,以及将射频信号中的数字信息解调出来,此外,cable modem 还提供标准的以太网接口,可完成网桥、路由器、网卡和集线器的部分功能。因此,它的结构比传统 modem 复杂得多。

有线通信的信号在电缆的某个频率范围内传输,接收时再被解调为数字信号。另外,

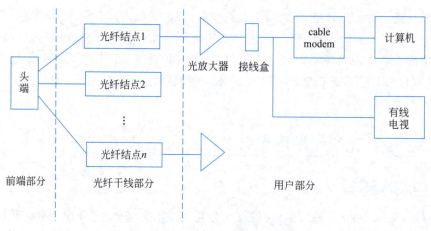

图 6-18 HFC 系统的结构

普通 modem 所使用的介质由用户独享,而 cable modem 属于共享介质系统,其余空闲频段仍可用于传输有线电视信号。

cable modem 类似 ADSL,其可以提供非对称的双向信道,其上行信道采用的载波频率范围在 5～42MHz,由于该频段易受家用电器噪声干扰,信道环境较差,因此多采用抗干扰能力强的 QPSK(quaternary phase shift keying,正交相移键控)或 16QAM(16 quadrature amplitude modulation,包含 16 种符号的正交辐度调制)调制方式,可实现 128kb/s～10Mb/s 的传输速率。下行信道的载波频率范围在 42～750MHz,一般将数字信号调制到电视载波上,采用 QPSK 和 64/256QAM 调制方式,可实现 27～36Mb/s 的传输速率。

cable modem 具有性能价格比高、非对称专线连接、不受连接距离限制、平时不占用带宽(只在下载和发送数据瞬间占用带宽)、上网看电视两不误等特点。

cable modem 在一个频道的传输速率达 27～36Mb/s。每个有线电视频道的频宽为 8MHz,HFC 网络的频宽为 750MHz,所以整个频宽可支持近 90 个频道。在 HFC 网络中,目前有大约 33 个频道(550～750MHz)留给数据传输,整个频宽相当可观。

6.4 无线接入

无线接入技术是指通过无线介质将用户终端与网络结点连接起来,以实现用户与网络间信息传递的技术。无线信道传输的信号应遵循一定的协议,这些协议即构成无线接入技术的主要内容。无线接入技术与有线接入技术的一个重要区别在于其可以向用户提供移动接入业务。

无线接入网由部分或全部采用无线电波传输介质连接业务接入点和用户终端构成,其提供的业务有电话、传真和短信息服务,现在已经扩展到图像和数据服务。

无线接入网可分为固定式无线接入网和移动式无线接入网两类。

固定式无线接入网是指从业务接入点到用户终端部分或全部采用无线方式,只为固定位置的用户或仅在小范围内移动的用户提供服务的接入网,其实现方式包括 VSAT

（卫星地面站）、一点多址微波系统［固定无线宽带（LMDS）接入技术］和直播卫星系统（DBS 卫星接入技术）、蓝牙技术、WiFi 技术等。

移动式无线接入网主要为处于运动中、无法使用固定式接入网的用户提供网络通信服务。在小范围（如住宅、商业楼宇建筑）内移动的用户通常可以采用 WiFi（wireless fidelity，威发，即无线保真）技术来实现网络通信，目前主流的技术版本有 WiFi 5（基于 IEEE 802.11ac，2014 年发布）和 WiFi 6（基于 IEEE 802.11ax，2019 年发布）等；在有地面基础设施支持的大范围区域（如城区、郊区、高速公路上）移动的用户可以使用蜂窝移动通信技术（cellular mobile communication）来实现网络通信，目前主流的技术版本为 4G（4th generation mobile networks，第四代移动通信技术）和 5G（5th generation mobile networks，第五代移动通信技术）等；在缺少地面基础设施支持的区域（如无人区、海上）活动的用户则需要使用卫星移动通信系统来实现网络通信。

6.4.1　WiFi 固定式无线接入

WiFi 是把有线网络信号转换成无线信号，供支持 WiFi 技术的计算机、手机、PDA 等联网的无线网络传输技术，是当今使用最广的无线网络传输技术。

WiFi 实际上就是把有线网络信号转换成无线信号，使用无线路由器将支持 WiFi 技术的计算机、智能手机等设备连入 Internet 的技术。

WiFi 是由无线接入点 AP 或无线路由器与无线网卡组成的无线网络，如图 6-19 所示。AP 或无线路由器是有线局域网与无线局域网之间的桥梁，只要在家庭中的 ADSL

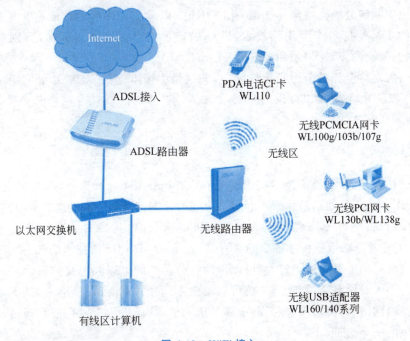

图 6-19　WiFi 接入

或小区宽带中加装无线路由器,就可以把有线信号转换成WiFi信号。而无线网卡则是负责接收由AP或无线路由器所发射信号的客户端设备。任何一台装有无线网卡的计算机或智能手机等设备均可通过AP或无线路由去分享有线局域网络甚至广域网络的资源。国外很多发达国家城市里到处覆盖着由政府或企业提供的WiFi信号供居民使用,在我国也有许多地方,如大学校园、机场、会展中心等大型公共场所实现了WiFi覆盖。

WiFi接入的优点是传输速度非常快,可以达到54Mb/s,不需要布线,非常适合移动办公用户的需要,并且由于WiFi发射信号功率低于100mW,低于手机发射功率,所以WiFi上网相对也是最安全的。WiFi技术的不足之处是传输的无线通信质量不是很好,数据安全性能比蓝牙差一些,传输质量也有待改进。

6.4.2 移动网络接入

1. 3G技术

3G(3rd generation mobile networks)是指将无线通信与国际互联网等多媒体通信结合的第三代移动通信技术,其支持网页、博客、邮件等互联网服务和电话会议、电子商务等多种信息服务。

3G与2G的主要区别是在传输声音和数据的速度上的提升,它能够在全球范围内更好地实现无线漫游,并处理图像、音乐、视频流等多种媒体形式,提供包括Internet各种服务、电话会议、电子商务等多种信息服务,同时也与第二代移动通信系统具有良好兼容性。为了提供这种服务,无线网络必须能够支持不同的数据传输速度,3G网络在室内、室外和行车的环境中能够分别支持至少2Mb/s、384Kb/s以及144Kb/s的传输速度。

3G将CDMA技术作为主流技术,ITU确定了三个无线接口标准,分别是美国的CDMA2000,欧洲的WCDMA和中国的TD-SCDMA。

目前国内支持全部三个无线接口标准,分别是中国电信的CDMA2000,中国联通的WCDMA以及中国移动的TD-SCDMA。

3G接入如图6-20所示。

2. 4G技术

4G是指第四代移动通信技术(4th generation mobile networks),其以3G技术为基础,并利用了一些新的通信技术来不断提高无线通信的网络效率和功能。4G通信是一种超高速无线网络,一种不需要电缆的信息超级高速公路,其最大的数据传输速率超过100Mb/s,是移动电话数据传输速率的1万倍,也是3G移动通信技术的50倍。4G手机可以提供高性能的汇流媒体内容,它可以传输高分辨率的电影和电视节目,并通过ID应用程序成为个人身份鉴定设备。4G还可以集成不同模式的无线通信——从无线局域网和蓝牙等室内网络、蜂窝信号、广播电视到卫星通信,从而成为合并广播和通信网络等新基础设施中的一个纽带。

目前通过ITU审批的4G标准有2个,一个是由我国研发的TD-LTE,它是由

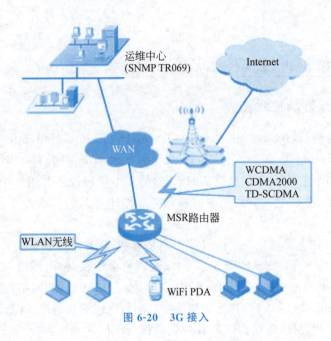

图 6-20　3G 接入

TD-SCDMA 演进而来的,另外一个是欧洲研发的 LTE-FDD,它是由 WCDMA 演进而来的。

3. 5G 技术

5G 即第五代移动通信技术(5th generation mobile networks),是具有高速率、低时延和大连接特点的新一代宽带移动通信技术,是实现人机物互联的网络基础设施。

ITU 定义了 5G 的三大类应用场景,即增强移动宽带(eMBB)、超高可靠低时延通信(uRLLC)和海量机器类通信(mMTC)。增强移动宽带(eMBB)主要面向移动互联网流量爆炸式增长,为移动互联网用户提供更加极致的应用体验;超高可靠低时延通信(uRLLC)主要面向工业控制、远程医疗、自动驾驶等对时延和可靠性具有极高要求的垂直行业应用需求;海量机器类通信(mMTC)主要面向智慧城市、智能家居、环境监测等以传感和数据采集为目标的应用需求。

为满足 5G 多样化的应用场景需求,5G 的关键性能指标被设计得更加多元化。ITU 定义了 5G 8 大关键性能指标,其中高速率、低时延、大连接成为 5G 最突出的特征,其用户体验速率达 1Gb/s,时延低至 1ms,用户连接能力达 100 万连接/km^2。

6.5　共享上网技术

由于 IPv4 地址非常有限,目前各企业、学校、家庭、网吧等内部网络都使用保留地址,但保留地址只能在局域网内部使用,不能在 Internet 上实现通信。如果需要让这些配置了保留地址的计算机也能访问 Internet,则应使用网络地址转换技术或代理服务器技术。

6.5.1 网络地址转换技术及其实现

1. 网络地址转换技术概述

网络地址转换(network address translation,NAT)技术是由 Internet 工程任务组 (Internet Engineering Task Force,IETF)制定的技术标准,其允许一个整体机构(如企业、政府机关、网吧、拥有多个联网设备的家庭)的多个联网设备共用一个公网 IP 地址访问 Internet。顾名思义,它是一种把内部私有网络的 IP 地址转换成为合法公网 IP 地址的技术。

NAT 技术往往需要依赖一个能将若干个私有网络 IP 地址转换为公网 IP 地址的设备(如路由器、支持 NAT 技术的服务器等)实现。简单地说,路由器或 NAT 服务器首先需要拥有两个以上的网络接口,其中一个接口要连接 ISP 的局端网络设备,获得公网 IP 地址并实现对 Internet 的访问,其他的网络接口则与内网的联网设备(如计算机、手机、智能电视、PDA 等)相连接,确保内网的各种设备都处于同一局域网中,可以实现相互的内网通信。其次,路由器或 NAT 服务器还需要通过软件实现具体的 NAT 数据转换。最终,以软硬结合的方式实现内网设备的 Internet 接入。

当内网的设备需要访问 Internet 时,路由器或 NAT 服务器使用外网侧端口的公网 IP 地址和端口号替换掉私有保留地址,并转发内网设备的 Internet 访问请求。在接收到远程主机的数据后,其再将这些数据转发给内网指定的设备,实现"桥接"式的通信。NAT 技术可以使内网多个设备共享 Internet 接入,这一功能很好地解决了公共 IP 地址紧缺的问题,同时其又能够将内部网络设备与公网隔离开,使之对公网而言处于不可见的状态,避免了内网设备暴露在公网的风险,大幅度提升了内网设备的安全性。NAT 技术对内网用户而言是透明的,内网用户通常不会意识到其存在。

2. NAT 的类型

NAT 有 3 种类型,即静态 NAT(Static NAT)、动态 NAT(Pooled NAT)和网络地址和端口翻译(network address and port translation,NAPT)。

其中,静态 NAT 是设置起来最为简单和最容易实现的一种,在该模式下,内部网络中的每个联网设备都被永久地映射成外部网络中的某个合法 IP 地址。这种映射是一对一的,内网设备对公网的映射关系将被存储在一张名为映射表的数据表中,该表将被存储在路由器或 NAT 服务器上。由于这个映射表是静态的,仅当联网设备发生变更时才会被更改,所以这种 NAT 方式被称为静态 NAT。

在动态 NAT 模式下,路由器或 NAT 服务器往往拥有多个公网的合法 IP 地址,其能够采用动态分配的方式将这些公网 IP 地址映射到内网的联网设备,每个映射都是临时的,并非永久不变的。提供拨号接入的 ISP 常常会使用这一技术来实现节约公网 IP 地址的目的,其典型的应用场景为 cable modem、xDSL 等需要拨号连接的网络,当内网设备通过 PPPoE 协议与 ISP 的局端设备建立连接后,局端 NAT 服务器就会分配给该内网设备一个动态的 IP 地址,当连接被断开时,这个 IP 地址则会被 NAT 服务器回收,再分配给其他内网设备使用。

NAPT 模式能够把内网设备映射到公网 IP 地址的不同端口上,以此来实现节省公网 IP 地址的目的,该模式被普遍应用于接入设备中,它可以将中小型的网络隐藏在一个合法的公网 IP 地址后面。NAPT 与动态 NAT 的区别在于其是将内网设备的 IP 映射到公网 IP 地址的某一个 TCP 端口上,而非像前两者那样是 IP 对 IP 的映射。

以上 3 种 NAT 方案各有利弊,在实际组网时应根据具体情况来灵活选择。

3. NAT 的工作原理

NAT 功能通常被集成到路由器、防火墙或其他 NAT 设备中,在企业接入 Internet 时比较多见。当前流行的网络操作系统大多都支持结合硬件设备实现 NAT 功能,能够实现 NAT 功能的其他软件也很多。

NAT 设备(或软件)可以维护一个映射表,以将内网设备的私有 IP 地址映射到公网的合法 IP 地址上。在建立这一映射关系后,当数据包通过 NAT 设备(或软件)时,其内嵌的地址信息都会被 NAT 设备更改。如当内网设备发送的数据包通过 NAT 设备访问外网时,NAT 设备(或软件)将把数据包中的源地址替换成自己的公网 IP 地址,然后将其发送给外部主机;当外部主机的响应数据包通过 NAT 设备(或软件)时,NAT 设备(或软件)则会将数据包中的目的地址转换成内网设备的私有地址,再将之转发给内网设备。

以上 NAT 的原理如图 6-21 所示。在该图中,设有 NAT 功能的路由器拥有公网合法 IP 地址 135.25.1.5 和与内网私有地址 192.168.1.100,内网设备(PC1、PC2、……、PCn 等计算机)均使用内网地址。

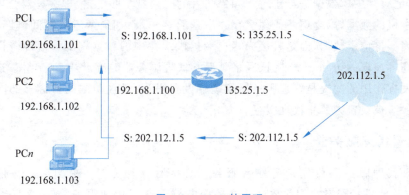

图 6-21 NAT 的原理

当 PC1 要访问公网中 IP 地址为 202.112.1.5 的主机时,其发出的数据包中源地址为 192.168.1.101,目的地址为 202.112.1.5,该数据包经过 NAT 路由器时,NAT 路由器会将数据包打开,将源地址改为自己的合法地址 135.25.1.5,目的地址 202.112.1.5 保持不变。当数据包从目的主机(IP 为 202.112.1.5 的公网主机)返回时,其目的地址为 135.25.1.5,源地址为 202.112.1.5,该数据包在经过 NAT 路由器时,目的地址将被 NAT 路由器更改为 192.168.1.101,源地址 202.112.1.5 保持不变。

若 NAT 路由器拥有多个合法地址,则每当有内网联网设备发来数据包时,该 NAT 路由器都会从当前闲置的 IP 地址中拿出一个去替换用户主机地址。

6.5.2 代理服务技术及其实现

1. 什么是代理服务器

代理服务器(proxy server)的作用就是代理其他网络用户(被称作代理客户端)去获取外部网络的数据,然后将这些数据发送给代理客户端。代理服务器的主要功能如下。

(1) 连接 Internet 与 Intranet 并充当网络防火墙(firewall)。由于所有内网的用户通过代理服务器访问外界时都会被映射为同一个 IP 地址,所以外界不能直接访问内网的主机。同时,代理服务器还可以实现 IP 地址过滤功能,限制内网对外部网络的访问权限。另外,两个没有互联的内网也可以通过第三方的代理服务器实现互联,以交换数据信息。

(2) 节省 IP 开销。代理服务器可以作为网关为内网的联网设备服务,在该模式下,所有内网设备对外只需要占用一个 IP,能够避免租用过多的 IP 地址,降低网络维护成本。

(3) 提高访问速度。代理服务器通常具有缓存功能,即所谓代理缓存。代理缓存是指代理服务器会在其内置的存储器上划分出一块较大的存储空间作为缓存。当客户端通过代理服务器请求获取外部网络的数据时,代理服务器在请求获得数据并将这些数据发送给客户端的同时,把数据的副本存放在这个缓存中。之后,再有客户端向代理服务器请求这类数据时,代理服务器会先向外部网络的主机发出请求,验证外部网络主机数据的时间戳,与本地缓存中的数据进行比对。如果两者的时间戳不匹配,代理服务器会再次请求外部网络主机的数据,以之更新代理缓存并发送给客户端;如果两者的时间戳匹配,则代理服务器将不再请求数据,而是直接为客户端提供缓存中的数据副本。这种缓存技术能显著地提高客户端的访问效率,降低网络延迟和代理服务器的流量开销。当然,这一机制能够正确发挥作用的前提是代理服务器的缓存设置得当,且被访问的目标外部网络主机上的数据没有被设置为禁止代理缓存。

2. 配置代理服务器

要实现代理服务需要先指定一台服务器作为代理服务器,该服务器应拥有访问 Internet 或其他目标网络的相关权限。在该服务器上运行代理服务软件,之后该服务器即可承担代理服务的功能。使用代理服务器上网的客户端设备通常不需要安装特定的代理服务器客户端软件,常用的网络操作系统、Web 浏览器、即时通信软件等一般都支持通过代理服务器访问网络,用户在设置界面配置代理服务器的 IP 地址和端口号即可启用代理服务。例如,Firefox 浏览器可以通过【设置】→【常规】→【网络设置】来进行代理服务器配置,如图 6-22 所示。用户可在此界面选择"使用系统代理设置"或"手动配置代理"选项。

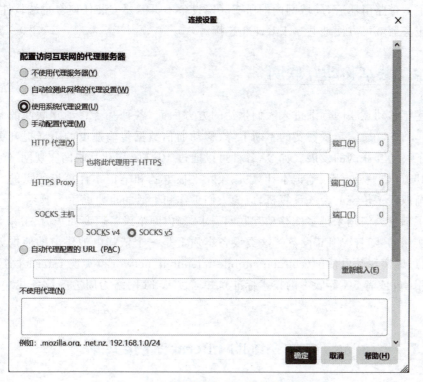

图 6-22 Firefox 浏览器的代理服务器配置界面

与 NAT 技术相比,显然使用代理服务器的设备需要用户进行较为复杂的操作,该技术的使用门槛也相对较高。

6.5.3 宽带路由器

宽带路由器是支持多种宽带接入方式,允许处于同一局域网的多用户或多设备共用同一上网账号及公网 IP 地址实现共享宽带接入的设备。

近年来,智能手机已成为人们的生活必需品,家用计算机、智能电视甚至各种物联网家电走入千家万户,商用计算机和各种联网的办公设备借着办公自动化、网络化和智能化的东风也全面进入了各政府机关与企业,ADSL、VDSL、FTTx+LAN 等各种高速 Internet 接入方式在国内迅速普及,许多办公室、住宅都拥有了大量需要联网的设备,用户迫切需要一种能方便、廉价地实现多用户共享网络的设备。宽带路由器的出现,以较低的投入解决了用户的共享联网需求,为用户提供了便利。

宽带路由器一般具备一个广域网接口和多个局域网接口,有的还带有无线接口,能自动检测或手工设定宽带运营商的接入类型,可支持 ADSL、VDSL、FTTx+LAN 等各种高速 Internet 接入方式,支持 PPPoE 虚拟拨号、DHCP(Dynamic Host Configuration Protocol,动态主机配置协议)、代理服务器、NAT 技术、网络防火墙、VPN 等,多数还提供可视化的管理界面,甚至提供基于智能设备的 App 远端管理功能。

有了宽带路由器后,局域网内的所有联网设备不再需要安装任何客户端软件,也不需要代理服务器就可方便地共享 Internet 连接。

6.5.4 共享移动互联网

近些年移动互联网逐渐进入人们生活的方方面面,各种基于移动互联网的 app 层出不穷,而 4G、5G 通信套餐资费的不断下降、移动通信数据传输速度的不断提升更进一步地加快了移动互联网的发展。如今,各种可以通过 4G、5G 移动互联网实现网络通信的设备大行其道,如平板电脑、笔记本计算机、兼顾平板电脑和笔记本计算机优点的"二合一"设备逐渐取代了传统的台式计算机,成为人们工作和生活的重要助手。

为了满足人们越来越多的移动互联网需求,国内网络设备厂商如华为、中兴等纷纷推出便宜实用的"随身 WiFi"设备。这类设备本质上是一个依赖电池供电的便携无线路由器,其通过蜂窝移动电话网(cellular mobile telephone network)实现 Internet 连接(具体可以采用 4G 或者 5G 等版本的技术标准),并通过 WiFi 网络为周边的设备共享 Internet 通信。

6.5.5 Windows 操作系统的 Internet 连接共享

Internet 连接共享(Internet Connection Sharing,ICS)是 Windows 操作系统所提供的一种 Internet 共享功能,通过该功能,用户可以将安装 Windows 操作系统且拥有两个以上网络适配器(可以是有线网络适配器或无线网络适配器)的计算机设置为路由器,组建一个局域网并为局域网中的各种设备提供 Internet 数据通信。

以 Windows 10 操作系统为例,在开始菜单中单击【设置】图标,在【Windows 设置】窗口中选择【网络和 Internet】→【移动热点】选项,即可进入 Windows 10 操作系统的"移动热点"设置界面,通过 WiFi 网络共享 Internet 连接,如图 6-23 所示。

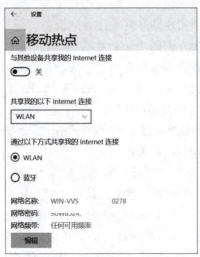

图 6-23 Windows 10 的"移动热点"设置界面

在该界面开启【与其他设备共享我的 Internet 连接】开关,然后即可在【共享我的以下 Internet 连接】列表菜单中选择要共享的 Internet 连接(即当前计算机已接入 Internet 的网络连接,并选择共享 Internet 连接的方式(如 WiFi 或蓝牙)。单击下方的【编辑】按钮,可以更改客户端访问此计算机的 WiFi 名称(即网络名称)、密码(即网络密码),并选择此移动热点的频带(即网络频带,一般较新的计算机可以支持 5GHz 和 2.4GHz 两种模式,当然,用户也可以选择"任何可用频率"以提高此移动热点与联网设备的兼容性)。

课程思政:我国 5G 技术应用全球领先

截至 2021 年初,我国已建立的 4G 基站数量占全球 4G 基站总量的一半以上,已建 5G 基站数量达 79.2 万个,规模更是全球第一。同时,我国的通信资费水平也随着技术的发展与普及而大幅降低,五年来,固定宽带和手机流量的平均资费下降幅度超过了 95%。

据彭博社统计,从 2020 年开始,全球的 5G 网络设备有三分之一由我国生产。另外,我国在 5G 基站建设方面更具成本优势,一个 5G 基站在我国单价大概为 3 万美元,而在发达国家则可能达 6.5 万美元以上。考虑到场地、人工等其他因素,据外媒估计,建设一个同等级的 5G 基站,美国运营商所需支付的费用将是我国的 5 倍以上。

我国 5G 技术应用规模领先全球的关键原因主要有 3 点。

首先,5G 应用的快速发展与我国政府主导的产业升级、制定的相关政策关系密不可分。早在第十三届全国人民代表大会第一次会议上,李克强总理就在政府工作报告上提出要"加快制造强国建设,推动集成电路、第五代移动通信、飞机发动机、新能源汽车、新材料等产业发展,实施重大短板装备专项工程,发展工业互联网平台,创建'中国制造 2025'示范区。"在各级政府的鼎力支持下,我国的华为、中兴等设备厂商得到了大力扶持,得以在 5G 技术标准制定、设备设计和生产方面全面领先其他国家的厂商。在电信运营商层面,我国的国有企业优势更为巨大,3 家主要电信运营商中国移动、中国电信、中国联通作为国资委下属的兄弟企业,在同为国资委下属的中国铁塔的支持下实现了资源共享、互帮互助,共同推进了从 3G 到 4G 再到 5G 的快速升级,共同推进了 5G 设备的大规模部署、全面平稳运维。

其次,经过多年的努力,我国主导了 5G 标准的制订工作,国内企业申请了大量相关专利,掌握了 5G 设备研发、制造、部署、维护等大量先进技术。早在 3G 时代我国就已开始着手研究 TD-SCDMA(time division-synchronous code division multiple,时分同步码分多路访问)这种基于时分双工(time-devision duplex,TDD)制式的技术标准,而后续的 4G 时代,我国主导开发的基于 TDD 制式的 TD-LTE(time division-long term evolution,长期演进的时分系统,又称 LTE-TDD,即 long term evolution time-devision duplex,长期演进的时分双工)技术成为了 4G 技术标准的两种主要制式之一。如今的 5G 技术标准主要采用的就是我国一直以来深入研究和应用的 TDD 制式,与我国主导制定的 3G、4G 技术标准一脉相承。长期以来,我国的华为、中兴、中国移动等企业持续深耕技术,掌握了大量技术专利,增强了我国在 5G 标准上的话语权,也避免了我国在通信技术标准和专利上

"受制于人",建立了几乎完整的 5G 全产业链,极大地降低了 5G 应用的成本。

最后,我国相关产业成熟,软硬件基础较好。5G 技术的推广离不开各种软件的开发、硬件设备的生产以及运营商在组网、应用方面的实践。如前所述,我国的电信设备厂商如华为、中兴、中国信科等在相关软件的开发、硬件设备的设计和制造方面具有丰富的经验,主导设计和生产了全球三分之一以上的 5G 相关设备。与此同时,我国的电信运营商中国移动一直坚持 TDD 组网,积累了大量的 TDD 组网经验,在我国已经拥有的全球最大规模 3G、4G 网络的基础上得以迅速升级换代,最终打造了全球规模最大的 5G 通信网络。

习题

一、选择题

1. 拨号上网的最高速率是( )。
   A. 54Kb/s   B. 56Kb/s   C. 128Kb/s   D. 2Mb/s
2. 下列接入方式中( )不是使用电话线。
   A. ISDN   B. HFC   C. ADSL   D. 拨号上网
3. 下列( )不是代理服务器的作用。
   A. 连接 Internet 与 Intranet,充当防火墙   B. 节省 IP 开销
   C. 提高访问速度   D. 地址转换
4. 下面对 HFC 的描述,不正确的是( )。
   A. 传输介质使用光纤+同轴电缆   B. 使用有线电视网传输数据信号
   C. 上网时不能看电视   D. 非对称连接
5. 下列( )不是专线上网的特点。
   A. 稳定性好,速率快,时延小   B. 配有固定公网 IP 地址
   C. 可以实现多种网络功能   D. 价格便宜

二、填空题

1. 公共电话交换网 PSTN 是以_____交换技术为基础的用于传输_____的网络。
2. DDN 是利用_____信道传输_____信号的数据传输网。它的主要作用是向用户提供_____性和_____性连接的数字数据传输信道,提供点到点及点到多点的数字专线或专网。
3. ISDN 又叫_____网。它利用_____网向用户提供了端对端的_____信道连接,用来承载包括话音和非话音在内的各种电信业务。
4. 拨号接入是利用_____网连入 Internet 的接入方式,其条件是有一条_____,由于电话线上只能传输模拟信号,所以在用户端和 ISP 端都需要配置_____,调制解调

器的作用是做_____信号和_____信号的变换,将计算机的数字信号转换为模拟信号叫_____,将模拟信号转换成数字信号叫_____。

5. ISDN 有两种速率接入方式:_____接口 BRI,即 2B+D;_____接口 PRI,即 30B+D。

6. ADSL 支持两种接入方式,即_____模式和_____模式。

7. 目前 ADSL 的 ISP 提供的接入服务主要有_____接入和_____接入两种方式。

8. 使用 cable modem(电缆调制解调器)通过有线电视网上网,传输速率可达_____Mb/s 之间。

9. NAT 有三种类型,分别是_____、_____和_____。

三、简答题

1. 列举接入 Internet 的各种方法?
2. 拨号上网需要设置哪些内容?
3. 使用 ADSL 拨号上网需要哪些设备?这些设备的作用是什么?
4. 简述代理服务器的原理。
5. 简述 NAT 技术的基本原理。
6. 试比较代理服务器技术和 NAT 技术的异同。

第 7 章 应 用 层

应用层是用户日常接触最直接的层面,丰富、高速发展的各种网络应用驱动计算机网络技术高速发展和普及,高速发展的计算机网络结合相关技术催生了云计算、分布式计算、区块链、大数据等各类新技术和新应用,它们正逐渐成为人们日常生活的一部分。自 Internet 全面发展以来不断呈现各种有趣的网络应用。20 世纪 70 年代和 80 年代开始流行的经典的基于文本的应用,如文本电子邮件、远程访问计算机、文件传输和新闻组(NNTP);20 世纪 90 年代中期万维网逐步走入大众生活,Web 冲浪、搜索引擎、网络营销和电子商务成为茶余饭后的热门话题;20 世纪末,即时信息和对等网络(P2P)文件共享在多年不断地优化改进、发展、用户群积累的基础上闯入人们的日常生活;自 2000 年以来,新型和极其引人入胜的应用持续出现,VoIP(voice over IP)、视频会议、视频点播与直播等不断涌现;近年来随着智能手机的发展,移动互联网资费地不断降低,WiFi 覆盖越来越普及,结合地理信息系统、定位技术、导航、签到、基于地理信息与轨迹的营销推送等等飞速呈现,远远超出书籍的速度。

网络应用大多以客户端/服务端的形式运行。客户端是请求的发起端,而服务端则表示提供服务的意思,客户端与服务端通过应用层协议通信。比如,客户端打开浏览器(WWW 客户端程序),在【地址栏】输入 http://www.bwu.edu.cn,回车就是一个请求的过程,请求服务端的网页,这个请求被封装为 HTTP 包在 TCP 网络上传输。服务端接收到请求后,IIS(服务器端程序)检索网页,将网页内容封装为 HTTP 包传输给客户端,客户端接收后通过浏览器显示收到的网页。网络应用可以被理解为由客户端、服务端、应用协议组成的请求响应系统。本章在网络应用的框架下着重介绍常用的应用层协议。

7.1 域名系统

域名系统(domain name system,DNS)是互联网使用的命名系统,用来把便于人们使用的机器名字转换为 IP 地址。许多应用层软件经常直接使用 DNS 中的主机名。用户与互联网上某台主机通信时必须要知道对方的 IP 地址,然而用户很难记住长达 32 位的二进制主机地址,即使是点分十进制 IP 地址也并不太容易记忆。在 ARPANet 时代,整个网络上只有数百台计算机,那时使用一个叫做 hosts 的文件,文件中会列出所有主机名字和相应的 IP 地址的对应关系,计算机通过查询该文件获得与主机名对应的 IP 地址,可想而知该文件的版本更新维护有多么复杂,分发新版本的 hosts 文件到各个需要的计算机有多么复杂。目前 UNIX、Linux、Windows[①]等操作系统依然都保留着该文件。互联网主机数呈几何式增长的时候，DNS 系统也快速发展起来，专门负责将主机名转换为 IP 的工作。

7.1.1 域名与域名系统

1. 域名的概念

在 Internet 上需要用 IP 地址来标识主机，因此要访问一个主机必须记住该主机的 IP 地址，例如：北京物资学院的网站主机地址是：183.136.237.222。引入域名后，访问者可以使用 www.bwu.edu.cn 访问该学校网站主机。域名是一种基于标识符号的名称管理机制，它允许用字符甚至汉字来命名一个主机，这样人们就容易记住一个主机的地址了。有了域名在 Internet 上的主机除了要有一个全世界独一无二的 IP 地址之外，还要有一个在全世界范围内独一无二的域名，这样，用户使用网络资源时就不再需要记忆网站的 IP 地址，只要键入该网站的域名就可以获得需要的资源。

Internet 上的网站众多，每一个企业、学校、政府机关甚至个人都可以申请域名，如果每一个网站都起一个简单的独一无二的名字，那么就很难管理。为了便于管理，人们按照该主机所处的地域或行业分类，然后给每一个地域或行业注册一个名字，在这个名字之下再注册一个具体组织的名字，在组织名字之下还可以再注册主机的名字，形成一种层次结构，这种结构与行政区域的划分很相似，分成不同的级，如图 7-1 所示。

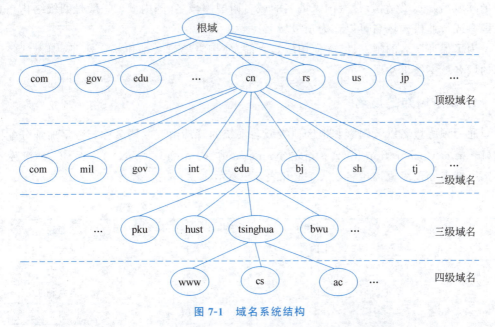

图 7-1 域名系统结构

---

① 如在 Windows 10 系统下该文件位于 C:\Windows\System32\drivers\etc 目录中。

第一级是根域名(root),在根域名的下面,可以注册国家域名(如 cn)和行业机构域名(如 com),在国家域名下也可以注册行业机构域名和地区域名,如在 cn 下可以注册 bj(北京)、sh(上海)、tj(天津)等等,在行业机构或地区域名下可以注册单位域名(如 pku,即北京大学),在单位注册域名下可以注册主机域名(如 www)。一个具体的域名,就是它自身的名字加上他的父域的名字。域名的一般结构如下。

主机名.单位注册名.国家或行业机构域名

例如,北京物资学院注册域名为:www.bwu.edu.cn

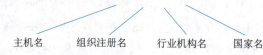

主机名　　组织注册名　　行业机构名　　国家名

采用层次结构的域名有以下好处。

(1)便于记忆。由于国家的名字和行业机构的名字都已经由权威机构分配好,一个信息服务网站的名字一般都叫 www,所以,记住一个网站的域名只要记住该网站所属单位(组织)的注册名就行了,例如,访问新浪网只需记住 sina 即可,www 和.com 都是固定的。

(2)便于查询。北京大学的注册名为:www.pku.edu.cn,可以先查询 cn,再查询 edu,在 edu 下即可查询到 pku。

(3)在不同的域下可以注册相同的名字。

在域名系统结构中,位于最右端的域名被称为顶级域名,国家域名和行业机构域名可以作为顶级域名,如果一个域名以行业机构域名为顶级域名,这个域名就叫国际域名,多数国际域名是三级结构,带有国家域名的域名叫国内域名,国内域名一般是四级结构。只有国家或行业机构域名可以作为顶级域名。

为了保证域名的唯一性,在使用域名之前,使用者要到权威机构去注册,别人已经注册的域名就不能再注册了。

2. 众所周知的域名

通用顶级域名以及国家和地区顶级域名系统的管理由互联网名称与数字地址分配机构(Internet Corporation for Assigned Names and Numbers,ICANN)负责,ICANN 发布的国家域名和顶级机构域名如表 7-1 和表 7-2 所示。

表 7-1　主要国家域名

域名	描述	域名	描述
cn	中国	it	意大利
fr	法国	ca	加拿大
us	美国	au	澳大利亚
jp	日本	br	巴西
ru	俄罗斯	in	印度
gb	英国	kr	韩国
de	德国	za	南非

表 7-2　顶级机构域名

域名	描述	域名	描述
com	以营利为目的企业机构	firm	公司企业
net	提供互联网服务的企业	shop	表示销售公司企业
edu	教育科研机构	web	表示突出万维网活动的单位
gov	政府机构	arts	表示突出文化娱乐活动的单位
Int	国际组织	rec	表示突出消遣娱乐活动的单位
mil	军事机构	info	表示提供信息服务单位
org	非营利机构	now	表示个人

3. 中文域名

域名主要是用英文来注册的,对于非英语的国家来说,英文域名并不符合自己的语言习惯。随着 Internet 用户爆炸式地增长,这一文化冲突也日益受到重视。2003 年 3 月 8 日,IETF 正式公布了三个多语种域名(IDN)技术标准(RFC3490、RFC3491、RFC3492),这三个标准与 2002 年 12 月发布的关于国际化字符串的标准(RFC3454)共同构成了整个国际化域名的技术体系规范,至此,国际化域名技术标准最终确定,目前,各种网络应用软件和服务器软件的提供商已经将支持多语种域名提上工作日程,中文域名在互联网的普及应用已是指日可待。

2000 年 1 月,CNNIC 中文域名系统就开始试运行;2000 年 5 月,美国 I-DNS 公司也推出中文域名注册服务;2000 年 11 月 7 日,CNNIC 中文域名系统开始正式注册;2000 年 11 月 10 日,美国 NSI 公司的中文域名系统开始正式注册。这些都为以汉语为母语的人群提供了方便。

中文域名的使用规则基本上与英文域名相同,只是它允许使用 2~15 个汉字的字词或词组,并且中文域名不区分简、繁体。CNNIC 中文域名有两种基本形式。

(1) "中文.cn"形式的混合域名。

(2) "中文.中国"等形式的纯中文域名。

目前,中文域名设立"中国""公司""网络"3 个纯中文顶级域名,其中注册".CN"的用户将自动获得".中国"的中文域名,如注册"清华大学.CN",将自动获得"清华大学.中国"。

4. FQDN 全限定域名

FQDN(fully qualified domain name,全限定域名)是一种用于指定计算机在域层次结构中确切位置的明确域名。FQDN 包括两部分:主机名和域名。如 www.bwu.edu.cn 就是一个 FQDN,bwu.edu.cn 是域名;www 是该域中的主机名。www.bwu.edu.cn 可以被 DNS 服务器解析为具体的主机 IP 地址,通常情况下使用 DNS 主机名,技术书籍中一般均使用 FQDN 描述。

7.1.2 域名解析服务

1. 域名解析的概念

有了域名以后,人们便可以通过域名或网址来访问 Internet 资源,但是在 Internet 上,识别主机的唯一依据是 IP 地址,计算机、路由器等设备并不能直接识别域名和以域名构成的网址,因此,必须有一种机制来负责根据用户键入的域名找到对应的 IP 地址,这样一种机制就叫域名系统(Domain Name System,DNS),承担域名解析任务的计算机就叫域名服务器(即 DNS 服务器)。Windows Server 服务器操作系统自带 DNS 组件,而 Linux 操作系统的 DNS 服务依赖 bind 软件实现。

作为 DNS 服务器应该具有以下功能。

(1) 保存主机(网络上的计算机)名称(域名)及其对应 IP 地址的数据库。

(2) 接受 DNS 客户机提出的查询请求。

(3) 若在本 DNS 服务器上查询不到,其应能够自动地向其他 DNS 服务器查询。

(4) 向 DNS 客户机提供查询的结果。

由于 Internet 上主机数量巨大,已注册的域名太多,域名解析服务不可能由一台计算机承担,而是需要一个大的系统,整个域名系统以一个大分布数据库的方式工作,在拥有 Internet 连接的每个网络中,或在图 7-1 所示的每个域中,都应拥有 DNS 服务器,每个 DNS 服务器都负责一定范围内的域名解析任务,这些 DNS 服务器相互协作,最终共同完成解析任务。

有了域名系统后,用户访问网站资源的过程如下(参照图 7-2)。

(1) 用户在自己的计算机上键入网站域名,域名被送往 DNS 服务器。

(2) DNS 服务器在自己的数据库中查询,如果查询不到就请求其他 DNS 服务器查询,然后将查询到的 IP 地址返回给客户机。

(3) 客户机根据 IP 地址去访问目的网站。

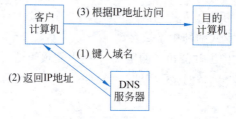

图 7-2 根据域名访问主机的过程

域名解析分为正向解析和反向解析,正向解析是根据域名解析出 IP 地址,反向解析则是根据 IP 地址解析出域名。

2. 域名解析的原理

DNS 担任"域名与 IP 地址的解析(翻译)工作",其具体的解析方法有两种,一种叫递归解析,另一种叫反复解析。下面,以图 7-3 所示的系统为例介绍这两种解析的解析原理。

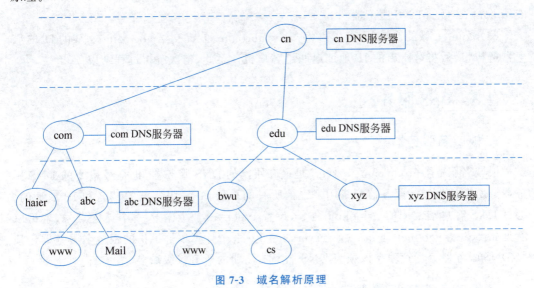

图 7-3 域名解析原理

1) 反复解析的过程

反复解析需要首先向 DNS 服务器发出请求,如果该 DNS 服务器解析不了,则其将给客户机指定另一个 DNS 服务器,直至解析成功。

假设 xyz.edu.cn 域中的一个用户在自己的浏览器中键入一个网址 www.abc.com.cn,那么,此次反复解析过程如下:

(1) 该网址首先会被送到 xyz.edu.cn 的 DNS 服务器,结果该 DNS 服务器无法解析此域名,于是会向用户计算机返回 cn 域的 DNS 服务器 IP 地址。

(2) 客户计算机将 www.abc.com.cn 发送给 cn 域的 DNS 服务器,结果该 DNS 服务器也不能直接解析,但是其会给用户返回 com.cn 域的 DNS 服务器 IP 地址。

(3) 客户计算机将 www.abc.com.cn 送给 com.cn 域的 DNS 服务器,结果 com.cn 域的 DNS 服务器也不能直接解析,但是该 DNS 服务器会给用户返回 abc.com.cn 域的 DNS 服务器 IP 地址。

(4) 客户计算机将 www.abc.com.cn 送给 zbc.com.cn 域的 DNS 服务器,结果 abc.com.cn 域的 DNS 服务器将 www.abc.com.cn 的 IP 地址解析出来,并发回给客户机,客户机根据此 IP 地址访问目的网站。

2) 递归解析

递归解析是用户将域名解析请求发给最近(本域)的 DNS 服务器,然后由该 DNS 服务器负责完成解析任务。

假设 xyz.edu.cn 域中的一个用户在自己的浏览器中键入一个网址 www.abc.com.cn,那么,采用递归解析过程如下:

(1) 该网址首先会被送到 xyz.edu.cn 的 DNS 服务器,结果该 DNS 服务器解析不了,故该 DNS 服务器将 www.abc.com.cn 送给 cn 域的 DNS 服务器。

（2）cn 域的域名服务器也不能直接解析该域名，于是其会再将 www.abc.com.cn 提交给 com.cn 域的 DNS 服务器。

（3）com.cn 域的 DNS 服务器再将 www.abc.com.cn 提交给 abc.com.cn 域的 DNS 服务器解析，最后将解析出的 IP 地址返回给客户机。至此，本次解析过程结束。

7.1.3 DNS 服务器

1. 根域名服务器

根域名服务器（root name server）是最高层次的 DNS 服务器，也是最重要的 DNS 服务器。所有的根域名服务器都是用来维护所有的顶级 DNS 服务器的域名和 IP 地址的。通过 DNS 客户端常用的 nslookup 命令，设置 type＝ns 然后输入一个英文点号，就可以看见 a.root-servers.net 到 m.root-servers.net 等 13 个计算集群维护的根域名服务器。顶级 DNS 服务器负责管理在该顶级 DNS 服务器注册的所有二级域名。

2. 权威应答 DNS 服务器

权威应答就是权威 DNS 服务器给出的域名解析，该权威 DNS 服务器就是这个域名的"源解析服务器"。

理解权威 DNS 服务器的概念首先需要了解子域的概念。例如，qq.com 属于顶级域名.com 下的子域。在创建该子域时要向.com 服务器提交申请。申请成功后，域名管理机构将在.com 顶级 DNS 服务器下指定 qq.com 对应的服务器，假设这台服务器为 X，那么 X 将会全权负责 qq.com 子域下的主机以及其他子域的域名解析。像 mail.qq.com 这样，凡是 qq.com 后缀的任何主机或者域名都需要向 X 申请注册，X 就是 qq.com 这个域的权威 DNS 服务器，而 X 解析 qq.com 下的主机或者子域就是 qq.com 的权威应答。

同样，如果有 test.qq.com 这个子域，那么 qq.com 就会指定某台服务器来（假设这台服务器为 XX）管理 test.qq.com 这个域，此时，XX 就是 test.qq.com 这个域的权威服务器，XX 解析 test.qq.com 下的主机或者子域同样都是 test.qq.com 的权威应答。

在给一台计算配置 IP 地址时需要为其指定默认 DNS 服务器，例如，在北京物资学院的内部网络，通常为计算机指定 ns.bwu.edu.cn 和 ns2.bwu.edu.cn 作为 DNS 服务器地址。位于北京物资学院内部网络的计算机在查询 www.sohu.com 时，这两个 DNS 服务器只能通过本地缓存或.com 权威 DNS 服务器查询 www.sohu.com 对应的 IP 地址，这时系统会汇报该应答为非权威应答。因此，与权威应答不同，所谓的非权威应答就是指需要经过递归解析而得到的域名地址。

3. DNS 中的资源记录

资源记录是 DNS 的基本信息单元，常见类型如 A、MX、NS 等，每条记录都拥有一个生命周期（time-to-live，TTL），每当这个生命周期耗尽后，它们就必须从一个权威的 DNS

服务器上得到更新的信息。

1) NS 记录和 SOA 记录

DNS 服务器的可靠性要求很高,因为一旦 DNS 服务器不工作,整个域的域名解析都会失败,无法把域名转换为 IP,所以域名解析一般由 2 台以上的服务器负责维护,即使域名中只有几个主机地址也需要由 2 台以上 DNS 服务器主机,其中一台为主 DNS 服务器,负责维护一个区域的所有域名信息,是特定的所有信息的权威信息源,其数据可以被修改,并负责区域的版本维护,其他的 DNS 服务器被称为辅助 DNS 服务器,辅助 DNS 服务器中的区域数据是从主 DNS 服务器中复制过来的,是不可以被修改的。多数情况下他们共同负责解析该域的域名。也有一些 DNS 域很繁忙,需要设置主 DNS 服务器仅仅维护域信息,同步辅助 DNS 服务器,主要由辅助 DNS 服务器提供解析服务。举例来说 bwu.edu.cn 由 ns.bwu.edu.cn、ns2.bwu.edu.cn 维护,其中 ns.bwu.edu.cn 是主域名服务器。在 DNS 服务器中 bwu.edu.cn 的数据文件包含 2 条 NS(name server)记录,其被称为域名服务器记录。1 条 SOA(start of authority)记录,其被称为起始授权机构记录,用于指明主 DNS 服务器。实际生产中经常使用 NS、SOA 等描述方式。

2) A 记录

A(address)记录是用来指定主机名对应 IP 地址的记录。举例简单地说,在 bwu.edu.cn 中增加 A 记录 WWW 对应 IP 112.17.252.39,也就是 FQDN 为 www.bwu.edu.cn 的主机 IP 地址为 112.17.252.39)。AAAA 记录(AAAA record)是用来将域名解析到 IPv6 地址的 DNS 资源记录。

3) MX 记录

邮件交换记录(mail exchange record,MX 记录)用于指定负责处理发往收件人域名的邮件服务器,常见的邮件协议如 SMTP 会根据 MX 记录的值来决定邮件的路由过程。MX 记录的机制允许为一个邮件域名配置多个服务器,并且允许管理员通过优先级指定尝试连接这些服务器的先后顺序。这对于配置由多个邮件服务器构成的高可用性集群而言是非常有用的。互联网上很多应用为了保障可靠,通常都使用多台主机处理业务。@bwu.edu.cn 的邮件会被送到哪台服务器处理?MX 记录显示优先级高的是 mxbiz1.qq.com,优先级低的是 mxbiz2.qq.com。原来@bwu.edu.cn 的邮件系统租用的是腾讯邮箱系统。

7.1.4 域名注册

1. 域名的管理和注册

域名的管理由两种类型的机构负责:一种叫做 Registry,指域名系统管理者,是非营利机构;另一种叫做 Registrar,指域名注册服务机构,是营利性公司。域名系统管理者(registry)面向域名注册服务机构(registrar)收取域名费用,用于维护域名数据库和开展相关研究,收费标准由各个国家制定。Registrar 面向最终用户收取域名费用,费用由各个服务商根据其市场竞争策略制定。

典型的 Registry 如 ICANN、CNNIC 等。其中,ICANN 是一个非营利性的国际组织,其除了负责 IP 地址的空间分配,另外也负责协议标识符的指派、通用顶级域名(gTLD)以及国家和地区顶级域名(ccTLD)系统的管理、根服务器系统的管理。CNNIC 是经我国国家主管部门批准,于 1997 年 6 月 3 日组建的国内管理和服务机构,行使我国国家互联网络信息中心的职责,承担我国 DNS 域名管理服务。Registrar 的职能往往是由多家公司竞争代理,这样做的好处是可以通过竞争降低域名注册费用,最终使用户受益。在 CNNIC 的网站上可以查询当前的注册服务机构[①]。目前国内的 Registrar 有阿里云、腾讯云、新网等。

域名注册流程、资质文件在 CNNIC、注册服务机构(比如阿里云 https://wanwang.aliyun.com/)的网站上均有介绍,在此将不再赘述。

2. 域名保护

随着网络对社会生活的全方位渗透,域名这个互联网世界里虚拟的地址也开始被赋予了越来越多的含义,甚至出现了专门的域名经济。由于域名具有唯一性,所以其成为许多投资客的投资对象。在国内,2009 年 pptv.com 域名以 180 万元成交,同年在美国 Insure.com 这个域名更是卖出了 1600 万美元的天价。在利益驱动下,许多企业或名人的域名被肆无忌惮地注册,企业的商标等品牌要素本是企业花费大量资源打造而成,名人姓名更是其公民权的一部分,但域名"投资客"却利用法律法规不完善的漏洞,利用其对互联网"规则"的熟悉,利用企业或个人的域名保护意识不强,进行恶意地注册,而企业要想要回自己的域名就需要打官司,虽然一些企业和个人依据名称权,借用了专利权和商标权保护的优先权、驰名标识保护权和专用权等原则,将域名作为一种商标在互联网领域使用的延伸,通过诉讼或仲裁手段要回了自己被抢注的域名,但这种维权并不是所有人都能成功的,这时,企业就要花大价钱买回本应属于自己的域名。在这方面不乏例子,国内一些知名企业在域名被抢注后,因企业与抢注者价格谈不拢,而被链接至一些垃圾网站上。因此,要有域名保护意识,及早注册自己的域名。

域名作为互联网的一项基础性资源,在世界各国均存在着不同程度的被侵权、被抢注等问题。从国际组织以及各国的域名管理措施来看,从事前预防和事后个案处理着手,不断地补充和完善域名管理法规。世界知识产权组织(World Intellectual Property Organization,WIPO)发表了《因特网域名和地址的管理:知识产权问题》,主要提出的就是域名抢注,尤其是侵犯商标权的恶意域名注册问题。2017 年 8 月 16 日,我国工业和信息化部第 32 次部务会议审议通过并公布了《互联网域名管理办法》,新办法于 2017 年 11 月 1 日起施行,同时废止了 2004 年 11 月 5 日公布的《中国互联网络域名管理办法》(原信息产业部令第 30 号)。2018 年 8 月 25 日,国务院公布了《国务院办公厅关于加强政府网站域名管理的通知》,这些管理政策都在不断补充和完善我国的域名保护机制。

---

① http://www.cnnic.cn/jczyfw/CNym/CNymzcfwjgsq/

7.2 WWW 服务与 HTTP

万维网 WWW 是 World Wide Web 的简称,也被称为 Web、3W 等。WWW 是基于客户机/服务器方式的信息发现技术和超文本技术的结合。客户端也被称为浏览器(Browser)、Web 客户,服务器端通常被称为 WWW 服务器、Web 服务器。浏览器和 WWW 服务器之间采用 HTTP(Hype Text Transmission Protocol,超文本传输协议)传输 Web 文件,当然最重要的是传输网页。

网页是一个包含 HTML(Hyper Text Markup Language,超文本标记语言)标签的纯文本文件,通常文件扩展名为 html 或 htm,纯文本文件的好处是在 UNIX、Linux、Windows 等不同的操作系统上的不同软件上都能够得到很好的处理。纯文本文件显然不可能包含图片、动画,网页中的图片、动画、视频都是通过链接对应的文件,这些文件将被一同下载到用户计算机上,由浏览器按照 HTML 语法组装并显示在用户的浏览器中。

7.2.1 HTTP 请求响应模型

1. 浏览器简介

常见的 Web 浏览器有 Netscape Warigator、Internet Explorer、Mozilla Firefox、Google Chrome 以及 Microsoft Edge 等。

Netscape Navigator 又称导航者,是网景公司开发的网络浏览器,其于 1994 年公布最初的 0.9 版,1995 年 2.0 版上市并搭载 Cookie、CSS 和 JavaScript 等功能。Internet Explorer(简称 IE)是微软公司推出的一款网页浏览器,中文直译为"网络探路者",曾是最流行的 Web 浏览器之一,在 IE 7 以后官方便直接俗称"IE 浏览器"。1995 年 8 月微软发布 IE 10,1998 年 6 月集成 IE 4.01 的 Windows 98 上市,之后 IE 彻底集成在 Windows 系统中,成为其默认浏览器。由于 Windows 的广泛使用,Windows 集成 IE 浏览器,浏览器市场份额绝大部分被 IE 占领,IE 也极大影响了 HTML4 标准的制定和实现,使 Netscape Navigator 逐渐失去影响力。

Mozilla Firefox 中文俗称"火狐",是一个由 Mozilla 开发的免费及开放源代码的网页浏览器,支持 Windows、macOS 及 Linux 等多种操作系统。Google Chrome 是一款由 Google 公司开发的网页浏览器。Microsoft Edge 是由微软公司开发的新型浏览器,2015 年 4 月 30 日公布名称,2018 年 3 月,微软公司宣布 Edge"登陆"iPad 和 Android 平板。这意味着 Edge 浏览器已经覆盖了桌面平台和移动平台。其他常见的 Web 浏览器还有 360 安全浏览器等。

2. WWW 服务器简介

常见的 WWW 服务器软件有 3 种,分别为 Apache HTTP Server、Nginx 和 IIS 等。

Apache HTTP Server(简称 Apache)是 Apache 软件基金会的一个开放源码的网页服务器软件,其可以在大多数计算机操作系统中运行,由于其多平台支持和安全性好等原因而被广泛使用,是当前主流 Web 服务器端软件之一。

Nginx(engine x)是一个高性能的 HTTP 和反向代理 Web 服务器软件,其由伊戈尔·赛索耶夫为俄罗斯 rambler.ru 开发,第一个公开版本 0.1.0 发布于 2004 年 10 月 4 日。后软件作者将源代码以类 BSD 许可证的形式发布,它以稳定性好、功能集的丰富、占有内存少、并发能力强、系统资源消耗低等特性而闻名,并发能力在同类型的网页服务器中表现较好。Nginx 可以在大多数 UNIX、Linux 系统上编译运行,并有 Windows 移植版,其 1.19.2 稳定版已经于 2020 年 8 月 11 日发布。

IIS(Internet Information Server)是微软公司主推的 WWW 服务器,其最初被作为 Windows NT 4 的 Option Pack 发布,自 Windows 2000 开始成为 Windows 的组件(后来被称为服务器角色),IIS 与 Windows Server 完全集成在一起,借助 NTFS(NT File System)内置的安全特性可以建立强大、灵活而安全的 Internet 和 Intranet Web 发布服务。IIS 的一个重要特性是支持 ASP、ASP.NET 应用程序。

3. 请求响应模型

浏览器在地址栏输入 http://www.bwu.edu.cn 时,实际上是发送了一个 HTTP 请求。当 Web 服务器接收到该 HTTP 请求,如果用户请求的是静态页面,服务器就返回用户所请求的页面文件;如果该 HTTP 请求的是一个动态的页面,Web 服务器就会将访问请求委托给一些其他的程序如 CGI 脚本,JSP 脚本,ASP 脚本等服务器端脚本程序,通过这些程序访问后台数据库服务器,然后动态生成一个 HTML 的页面文件再将之发送给用户,让用户用浏览器来浏览,这是 Web 服务器响应 HTTP 的过程,如图 7-4 所示。

图 7-4 Web 服务器响应 HTTP 的过程

7.2.2 HTTP 与 TCP 的关系

1. HTTP 使用 TCP 作为支撑协议

HTTP 定义了 Web 客户向 Web 服务器请求 Web 页面的方式,以及服务器向客户传送 Web 页面的方式。HTTP 使用 TCP 作为它的支撑传输协议,工作在 TCP80 号端口,HTTP 客户首先发起一个与服务器的 TCP 连接,一旦连接建立,该浏览器和服务器进程就可以通过套接字接口访问 TCP。图 7-5 是 TCP 三次握手，成功后，22 信包是 HTTP 请求的过程，25 信包是响应过程，200OK 是 HTTP 响应代码，该代码表示成功找到 Web 页，并传送给了 Web 客户。

No.	Time	Source	Destination	Protocol	Length	Info
19	19.897534	192.168.241.1	192.168.241.100	TCP	66	50195 → 80 [SYN] Seq=0 Win=64240 Len=0 MSS=1460 WS=256 SACK_PERM=1
20	19.899256	192.168.241.100	192.168.241.1	TCP	66	80 → 50195 [SYN, ACK] Seq=0 Ack=1 Win=65535 Len=0 MSS=1460 WS=256 SACK_PERM=1
21	19.903071	192.168.241.1	192.168.241.100	TCP	54	50195 → 80 [ACK] Seq=1 Ack=1 Win=131328 Len=0
22	19.903285	192.168.241.1	192.168.241.100	HTTP	435	GET / HTTP/1.1
23	19.920283	192.168.241.100	192.168.241.1	TCP	54	80 → 50195 [ACK] Seq=1 Ack=382 Win=2102272 Len=0
25	20.086565	192.168.241.100	192.168.241.1	HTTP	450	HTTP/1.1 200 OK (text/html)

图 7-5　HTTP 使用 TCP 作为支撑协议

HTTP 非持续连接（non-persistent connection）是一种 HTTP 请求方式，在该方式下，每个请求/响应都需要由一个单独的 TCP 连接发送，每个 TCP 连接在服务器发送完某一个单独的对象后就会被关闭，不会因其他的对象仍需要发出请求而持续下来。换句话说，即每个 TCP 连接只能传输一个请求和一个响应。

HTTP 非持续连接的缺点在于程序必须为每一个请求对象建立和维护一个全新的 TCP 连接，每个 TCP 连接都要在客户端和服务器端分配 TCP 缓冲区，并保持 TCP 变量，这将加大 Web 服务器的负担。另外，在 HTTP 非持续连接方式下每一个对象都需要经受两倍往返路程时间（round trip time，RTT），一个 RTT 用于创建 TCP 连接，另一个 RTT 用于请求和接收一个对象。基于以上原因，HTTP 非持续连接极大地降低了网络传输效率。例如，下面的简易网页就至少由 3 个文件组成，包括 HTML、bwu152H.png、bwu02.jpg，HTML 链接的相对路径表明这三个文件在同一台服务器上。为了传输这个网页，Web 服务器和客户端计算机需要重复地进行 TCP 握手→传输→TCP 连接关闭这个过程进行 3 次。

```
<body>
BWU 测试网站图一 <br> < img src=img/bwu152H.png> < br>
图二<br><img src=img/bwu02.jpg>
</body>
```

HTTP/1.1 协议较好地解决了这个问题，它实现了 HTTP 持续连接。所谓持续连接就是 Web 服务器在发送响应后仍然在一段时间内保持这个连接，使同一个客户（浏览器）和该服务器可以继续在这个连接上传送后续的 HTTP 请求报文和响应报文。具体到上例中该过程可能就变成了 TCP 握手→传输→传输→传输→TCP 连接关闭。在 Apache 配置文件中，过去常用 Keep-Alive on 的配置来声明 HTTP 持续连接（中文版为"保持 HTTP 连接"设置项，如图 7-6 所示）。当前的 Web 服务器、Web 浏览器基本都是默认持续连接的，而无需额外设置。Apache 2.0 的默认连接过期时间仅仅是 15s，对于 Apache 2.2 而言其只有 5s。短的过期时间优点是能够快速地传输多个 Web 页组件，而不会过多消耗服务器资源，如图 7-6 所示。

2. HTTP 是无状态协议

服务器向客户端发送被请求的 Web 文件后，假如，某个特定的用户在短短的几秒内

图 7-6 在 TCP 上保持 HTTP 连接

两次请求同一个对象，服务器会再次响应该用户的请求，服务器根本不知道这是同一个用户的第二次请求，还是另外一个用户的请求，因为 HTTP 服务器并不保存关于用户的任何信息，所以说 HTTP 是一个无状态协议（stateless protocol）。该协议的无状态特性简化了服务器的设计，使服务器更容易支持大量并发的 HTTP 请求。

虽然 HTTP 不保存用户状态，但 HTTP 头部可以包含 cookie、Session ID 等信息，配合应用服务器建立与用户的连接。cookie 是一个保存在客户端中的简单的文本文件，这个文件与特定的 Web 文档关联在一起，保存了该客户端访问这个 Web 文档时的信息，当客户端再次访问这个 Web 文档时这些信息可供该文档使用。cookie 是一段不超过 4KB 的小型文本数据，由键值对（名称 name、值 value）组成。举例来说，一个 Web 站点可能会为每一个访问者产生一个唯一的 ID，然后这个 ID 以 cookie 文件的形式被保存在每个用户的机器上。下次 HTTP 请求时，客户端可以把 cookie 中的键值对（比如 ID）包含在 HTTP 请求头部送达服务器端，这样，服务器就知道某 ID 用户是再次访问了。

HTML 5 的 Web 存储提供了 session storage 对象、local storage 对象等支持浏览器本地存储的对象，几乎所有主流浏览器均支持这一 Web 存储特性，这些浏览器包括 Firefox、Chrome、Safari、Opera 和 Microsoft IE 8.0 以上版本。session storage 对象负责存储一个会话的数据。如果用户关闭了页面或浏览器，则会销毁这些已存储的数据；local storage 对象负责存储长期的数据，当 Web 页面或浏览器被关闭时，其仍会保持数据的存储状态，当然这还取决于浏览器设置的存储量。HTML 5 的 Web 存储机制是明显优于早期 cookie 的一种存储方式。

3. 统一资源定位系统

URL（uniform resource locator，统一资源定位器）被称为统一资源定位系统，其在

Internet 上被用于指定信息位置的表示方法，其统一格式如下。

<通信协议>://<主机 FQDN 或 IP 地址>:<端口号>/<路径>/<文件名>

URL 表示的是在 Internet 上访问什么资源，使用什么协议，到哪儿去获取资源，要指定的是哪个主机地址，访问什么资源要指定哪个路径和文件名。

例如，以下列出的都是 URL。

ftp://ftp.bwu.edu.cn/pub/dos/readme.txt，即通过 FTP 的连接来获得一个名为 readme.txt 的文本文件。

http://news.sina.com.cn/zt/index.shtml，即通过 HTTP 访问主机 news.sina.com.cn 下 zt 目录下的网页文件 index.shtml。

telnet://username:password@192.168.241.61:23，即使用指定的用户名、用户密码远程登录 IP 为 192.168.241.61 的主机。也可以简单写为 telnet://192.168.241.61，由于没有提供用户名和密码，所以在连接过程中系统会提示输入用户名、密码。

当人们在浏览器输入 www.bwu.edu.cn 的时候，其实质上是省略了 HTTP、80 端口号、资源路径和文件名。没有申明路径的时候，Web 服务器会响应默认的首页给 Web 客户端。首页是一个网站的起始页，在 Web 服务器中管理员可以设置或更改服务器默认的首页，如图 7-7 所示。

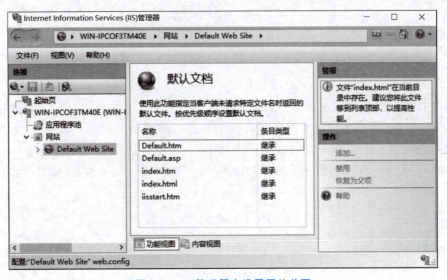

图 7-7　IIS 管理器中设置网站首页

4. HTTP 头部

HTTP 有两类报文，分别是从 Web 客户端向 Web 服务器发送的请求报文，以及从 Web 服务器到 Web 客户端的响应报文。庆幸的是当前 Web 应用开发极大普及，众多浏览器都提供了强大的附加功能，人们无需借助复杂的工具就可以查看 HTTP 的请求头部和响应头部。比如，Firefox→【菜单】→【Web 开发者】→【网络】。然后，打开 www.bwu.edu.cn，选择如图所示的默认首页行,就可以在图 7-8 左部清晰看见首页中包含的 css 样式表文件、js 脚本文件、图片、动画等页面组件逐个被下载到本地,被浏览器组装成人们能看见的网页过程。右边可以看见请求方法、请求头部、响应头部的信息,也可以看见刚刚提到的 cookie 等信息。

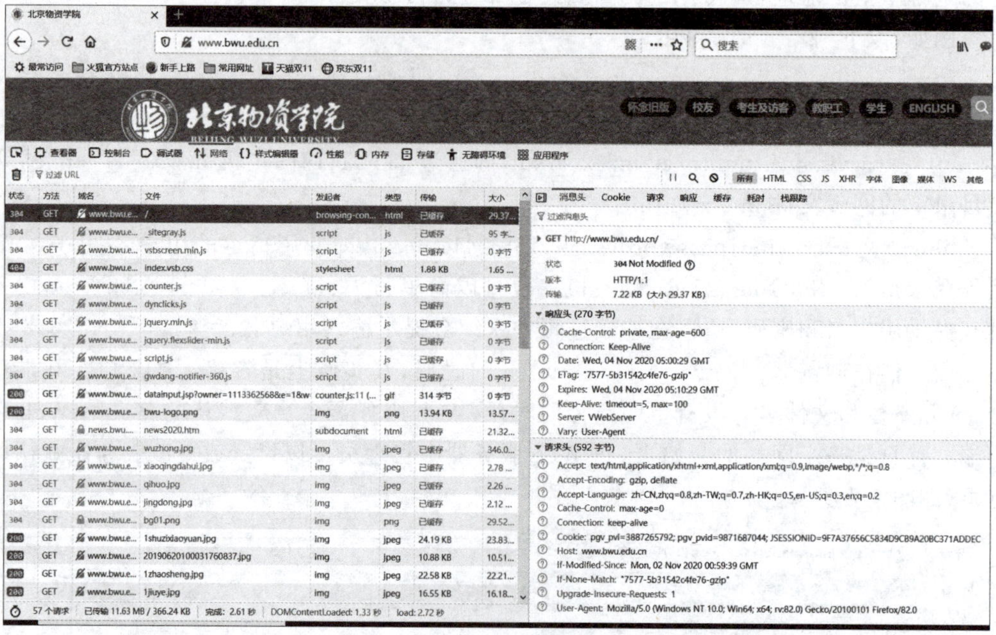

图 7-8 HTTP 首部

本例中默认的请求方法是 get,响应的状态是 304 Not Modified,HTTP 请求报文有很多方法,如表 7-3 所示。因为这是笔者在很短的时间内第二次打开该网页,如果关心 304 代码的含义,可以单击右边的"?",系统自动打开帮助知识库 https://developer.mozilla.org,并定位到状态码 304 的含义、对应的 HTTP 标准版本号、浏览器兼容性等细节的页面。

表 7-3 HTTP 请求报文的一些方法

方法(操作)	意　义
GET	请求由 URL 所标志的 Web 文档
HEAD	请求读取由 URL 所标志的信息的首部
POST	发送表单数据到表单 action 属性所指定的页面
CONNECT	要求在与代理服务器通信时建立隧道,主要与 SSL 和 TLS 相关
PUT	在指明的 URL 下存储一个文档
DELETE	删除指明的 URL 所标志的资源
OPTION	请求一些选项的信息
TRACE	用来进行环回测试的请求报文

在 HTTP 头部,可以轻松发现 Connection：Keep-Alive、Keep-Alive：timeout＝5,max＝100 这种持续连接和持续连接的时间参数,也可以看见 Accept-Language 声明国别语言、Accept-Encoding 声明压缩传输的压缩编码方式。最重要的事情是左边都有一个"?",借助这些问号可以很轻松地查询到这个 HTTP 头部参数的含义。

5. Web 内容的缓存与隐私模式

如图 7-8 所示,当访问 http://www.bwu.edu.cn 时,实际上 Web 浏览器会首先获取首页的 HTML 文件,然后分析 HTML 中链接的 CSS、JS、图片、动画等,再逐个对这些 Web 内容发起 get 请求,将其下载到本地,保存在本地计算机的磁盘缓存文件夹。在 HTTP 头部,可以看见很多时间、过期时间字样的信息。当用户在过期时间前再次打开网页 http://www.bwu.edu.cn 时,浏览器将发送本地缓存中该 Web 文件的时间戳给 Web 服务器,如果没有变化,就不再重复下载,这对包含图片、动画等多媒体文件的网页来说可以极大加快其页面响应的速度,相当于去服务器比对了一下版本号过期时间,并没有真正下载这些图片、动画文件,而是直接利用了本地磁盘缓存文件。

浏览器为了提供友好的使用体验,会保存过去一段时间用户访问过的 URL 的历史记录,甚至表单提交的数据(例如,用户名和加密存储的密码、cookie 等)信息,用户可以在浏览器中轻松查看这些隐私信息和 Web 文件磁盘缓存。如果需要避免用户访问痕迹保留在本地计算机,则可以使用当前主流浏览器都提供的隐私模式,例如,IE 和 Edge 菜单→新【InPrivate 窗口】、Firefox 菜单→【新建隐私窗口】等。在这种模式下,Web 内容、历史记录、表单信息等都不会被缓存和记录,关闭浏览器窗口后就将被清除。

7.2.3 超文本标记语言

超文本标记语言(HTML)是 Tim Berners Lee 在 1990 年设计的,是一种标记性的语言。它包括一系列标签。通过这些标签可以将网络上的文档格式统一,使分散的 Internet 资源连接为一个逻辑整体。HTML 文本是由 HTML 命令组成的描述性文本,其可以描述文字、图形、动画、声音、表格、链接等。自 1990 年以来,HTML 就一直被用作 WWW 的信息表示语言。标签是 HTML 语言中最基本的单位,除特定标签外都需要小写,是由尖括号包围的关键词,如<html>
<img src="a01.jpg" />等。

1. 超链接

所谓的超链接是指从一个网页指向一个目标的连接关系,这个目标可以是另一个网页,也可以是相同网页上的不同位置,还可以是一个图片、一个电子邮件地址、一个文件,甚至是一个应用程序。网页中的超链接对象可以是一段文本或者一个图片。当浏览者单击已经链接的文字或图片后,链接目标将显示在浏览器上。例如,下面的 HTML 代码就是一个超链接。

```
<a href="http://xxxy.bwu.edu.cn" target="_blank">欢迎访问信息学院</a>
```

这段 HTML 代码如被包含在网页中，就会显示一个"欢迎访问信息学院"的超链接，单击后将在浏览器中新的窗口打开 http://xxxy.bwu.edu.cn 的首页。

2. 文档对象模型

文档对象模型(document object model，DOM)是 W3C 组织推荐的处理可扩展标记语言(extensible markup lauguage，XML)的标准编程接口。简单地说＜img src＝"a01.jpg" /＞可以被看作是一个对象，其具有很多属性，比如，对象名称、对象 ID、图片宽度、图片高度、图片名等；也有很多事件比如 onfocus、onclick、ondblclick、onmouseover 等，通过代码可以很方便地操作这类 Web 文档中的对象。

3. HTML 编辑器

HTML 文档是纯文本文件，可以使用记事本这种纯文本编辑器编辑，只是效率比较低下。Adobe 开发的 Dreamweaver(简称 DW)，中文名称为"梦想编织者"，最初为美国 Macromedia 公司的产品，2005 年被 Adobe 公司收购。Dreamweaver 是集网页制作和网站管理于一身的"所见即所得"网页编辑器。利用其对 HTML、CSS、JavaScript 等内容的支持，设计师和程序员可以在几乎任何地方快速制作网页文档和进行网站建设。

4. 动态网页技术与 Web 应用开发

所谓动态网页并不是说网页上有动画效果，而是指这类网页能够支持 Web 服务器端根据 Web 客户端的请求，动态生成 HTML，并呈现给用户。比如通过用户名、密码登录邮箱、淘宝账户，服务器会在数据库查询用户信息、订单信息、消息信息并生成用户信息界面，通过 HTML 响应输出至 Web 浏览器。动态网页一般特指 Web 服务器端动态生成，满足 Web 用户与 Web 服务器的用户信息交互，可以根据用户的请求临时生成的网页。

动态网页具有以下特点。

(1) 网页根据用户请求临时生成，在 Web 服务器上并不永久保存该网页文件。

(2) 动态网页一般以数据库技术为基础，其页面中的关键数据由数据库提供，这样可以大大降低网站维护的工作量。

(3) 动态网页有交互功能，如用户注册、用户登录、在线调查、用户管理、订单管理等。

(4) 动态网页的扩展名不再是 htm 或 html，而是 php、aspx、jsp、cgi 等动态网页脚本文件，其运行依赖特定的应用服务器软件，比如 Tomcat 可以运行 JSP 文档。

实现动态网页的技术主要有以下几种。

(1) CGI 技术。早期的动态网页主要采用 CGI 技术，CGI 即 common gateway interface(公用网关接口)。开发者可以使用不同的编程语言编写适合的 CGI 程序，如 Visual Basic、Delphi 或 C/C++等。虽然 CGI 技术已经发展成熟而且功能强大，但由于其编程困难、效率低下、修改复杂，所以在 21 世纪初其就已经逐渐被新技术取代。

(2) ASP 技术。ASP 即 Active Server Pages，它是微软公司开发的一种类似 HTML、Script(脚本)与 CGI 的结合体，它没有自己专门的编程语言，而是允许用户使用许多已有的脚本语言如 VBScript、JavaScript 编写，微软 IIS 提供 WWW 功能的同时并提供 ASP 的解析运行环境。但 ASP 仅局限于微软的操作系统平台之上,主要工作环境是微软的 IIS,所以 ASP 技术不能在跨平台 Web 服务器上工作。其改进版 asp.net 技术主要使用 C♯编程语言。

(3) JSP 技术。JSP 即 Java Server Pages,它是由 Sun Microsystem(当前已被 Oracle 公司收购)公司于 1999 年 6 月推出的技术,是基于 Java Servlet 以及整个 JEE 体系的 Web 开发技术。JSP 部署于应用服务器上,可以响应客户端发送的请求,并根据请求内容动态地生成 HTML、XML 或其他格式文档的 Web 网页,然后返回给请求者。JSP 技术以 Java 语言作为脚本语言,所以 JSP 文件在运行时会被其编译器转换成更原始的 Servlet 代码。JSP 编译器可以把 JSP 文件编译成用 Java 代码写的 Servlet,然后再由 Java 编译器来编译成能快速执行的二进制机器码,也可以直接编译成二进制码,运行输出 HTML。JSP 继承了 Java 的跨平台优势,实现"一次编写,处处运行",在不同的操作系统上都有对应的运行环境支持。

(4) PHP 技术。PHP 即 Hypertext Preprocessor(超文本预处理器),其可以很轻松地结合 Apache 服务器运行,是一种专用的 Web 脚本技术。PHP 解释器的源代码是公开的,运行环境的使用也是免费的,支持 UNIX、Linux、Windows 等多种操作系统,语法借鉴了 C、Java、Perl 等语言,具有简单易学的特点,这些特征使它一度成为 Internet 上最为火热的脚本语言。但伴随着 Web 应用大型化、JEE 架构的不断发展,PHP 市场份额正逐步下滑。

7.2.4　Web 2.0

Web 2.0 是相对于 Web 1.0 而言的新概念,指的是一个利用 Web 平台,由用户主导而生成内容的互联网产品模式。传统 Web 内容建设包含规划 Web 栏目、内容、导航等,然后制作网页、上传网页作品到 Web 服务器发布,当时的 Web 文档多是静态的、网站主导生成的内容,早期的互联网用户连一个点评发言的机会都没有。在 Web 2.0 中用户参与网站内容制造,与 Web 1.0 的网站单向信息发布的模式不同,Web 2.0 的网站内容通常是用户发布的,用户既是网站内容的浏览者也是网站内容的制造者,这也就意味着 Web 2.0 网站为用户提供了更多参与的机会。从早期的 BBS、网上同学录校友录、会员注册后对网页内容留言评价、口碑点评类网站等等,Web 2.0 逐渐风靡开来,例如,博客网站、播客、百科网站、微信朋友圈就是典型的用户创造内容的互联网产品。

Web 2.0 模式下的互联网应用具有以下显著特点:去中心化、开放、共享。在 Web 2.0 模式下,用户可以不受时间和地域的限制分享各种观点,可以得到自己需要的信息也可以发布他人需要的信息。Web 2.0 能够实现信息聚合,使信息在网络上不断积累,不会丢失。以兴趣为聚合点的社群在 Web 2.0 模式下聚集的是对某个或者某些问题感兴趣的群体,可以说,在无形中已经产生了细分市场。Web 2.0 的平台对于用户来说是开放的,而且可以使用户因为兴趣而保持比较高的忠诚度,使他们积极地参与其中。当然 Web 2.0 时代网络对信息监管提出了新的挑战。

1. 博客

"博客"一词是从英文单词 Blog 音译而来，又被译为网络日志、部落格等，其是一种通常由个人管理、不定期张贴新文章的网站，人们通常用"博文"来表示"博客文章"。一个 Blog 其实就是一个网页，Blog 用户登录后，可以在一个特定的表单中书写博文、博文标题等项目，通过表单将文章提交到服务器（通常都是 POST 提交）。服务器端通过动态网页技术生成 HTML 网页给 Blog 访问者看。博客技术上来说应用到了服务器端动态网页技术，理念上来说用到了 Web 2.0 中用户参与 Web 内容制作的思想。用户 Blog 通常是由一篇篇博文组成，这些博文都会按照年份和日期倒序排列。许多博客专注热门话题并提供评论，或专注自己的技术领域，更多的博客被作为个人的日记、随感发表在网络上。博文中可以包含文字、图像、音乐、以及其他博客或网站的链接。博客能够让访问者以互动的方式留下意见，目前一些知名网站如新浪、搜狐、网易等网站都开展了博客服务。

微博就是微型博客，也被人戏称为"围脖"。微博的博文通常在 140 字内，只书写片段、三言两语、现场记录、发发感慨、晒晒心情，或针对一个问题简单回答。相比长博文，写微博简单得多，微博不需要标题，不需要段落，字数也少。2009 年是国内微博蓬勃发展的一年，相继出现了新浪微博、139 说客、9911、嘀咕网、同学网、贫嘴等微博。根据统计从 2010 年 3 月到 2012 年 3 月共两年的时间内，新浪微博的覆盖人数从 2510.9 万增长到 3 亿人，而其中 90％的用户认为微博改变了他们与媒体接触的方式。现在微博也是电子政务信息发布的手段之一，政府可以通过政务微博及时公布政情、公务、资讯等，与民众更多、更直接、更快地沟通，特别是在突发事件或者群体性事件发生的时候微博往往能够成为政府新闻发布的一种重要手段。

2. 播客

播客的英文名称为 Podcast，中文直译为"播客"。早期播客是 iPod＋broadcasting，是数字广播技术的一种，播客最初借助一个叫"iPodder"的软件与一些便携播放器相结合而实现。Podcasting 录制的是网络广播或类似的网络音频节目，网友可将网上的广播节目下载到自己的 iPod、MP3 播放器等播放设备中随身收听，享受随时随地的自由。随着网络带宽、播放设备的不断发展，如今播客已不再局限于音频节目，视频节目已成为常见形式，软件平台也日益多样化。用户可以自己制作音频、视频节目，并将其上传到网上与广大网友分享。目前主播、抖音、电子商务网站的直播带货等等从播客发展而来的互联网应用已成为主流。

3. 社交网站

社交网站（social networking site，SNS）是近年来发展非常迅速的一种网站，其作用是为一群拥有相同兴趣的人创建在线社区。社交网站的功能非常丰富，如电子邮件、即时消息（在线聊天）、博客、共享相册、上传视频、网页游戏、创建社团等，也有企业产品运维的粉丝群。如今，社交网站已对现实社交结构形成了巨大冲击，BBS、博客、微博、微信、视频分享（优酷、土豆等）等等都是其重要的组成部分。

7.3 电子邮件服务

早期 Unix 主机为用户提供邮件服务，每个 Unix 用户在其用户目录下都有邮件文件夹，Unix 主机收到邮件后会把邮件放到各个用户的邮件文件夹下，邮件地址格式为用户名@主机名。1982 年 ARPAnet 的电子邮件问世后，其很快就成为最受广大网民欢迎的互联网应用。当前邮件服务器为邮件用户提供存放邮件的空间，被称为邮箱（mail box），标识邮箱的邮件地址为用户名@DNS 域名，域名中处理邮件的主机使用 DNS 的 MX 记录指明。用户只要能与 Internet 连接，具有能收发电子邮件的程序及个人的 E-mail 地址，就可以与 Internet 上具有 E-mail 所有用户方便、快速、经济地交换电子邮件，也可以向多个用户发送同一封邮件，或将收到的邮件转发给其他用户。

7.3.1 电子邮件系统

电子邮件的两个最重要的协议是简单邮件传送协议 SMTP（simple mail transfer protocol）、邮局协议 POP3（post office protocol）。早期的 E-mail 系统是纯文本且不支持附件（图片、声音、压缩文件等）的，早期的 E-mail 系统也不是实时在线的，Internet 连接仅仅在收发邮件的时候才建立，用户在收发完邮件后才借助邮件客户端阅读、管理邮件。

1. 电子邮件地址

如图 7-9 所示，若 bwu.edu.cn 域中有邮件用户 a01，那么他的 E-mail 地址就是 a01@bwu.edu.cn，若 qq.com 域中有邮件用户 b01，那么他的 E-mail 地址就是 b01@qq.com。

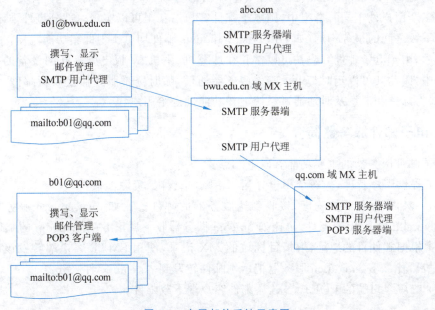

图 7-9　电子邮件系统示意图

2. 电子邮件客户端

电子邮件客户端是用于收发电子邮件的网络应用程序,其允许用户在设置了正确的电子邮件协议、端口、账户和密码等信息后,代理用户的电子邮件功能,并可常驻于计算机、手机、平板电脑的操作系统,实现即时的邮件通信。绝大多数操作系统(如 Windows、macOS、GNU/Linux、Android、iOS、Harmony OS 等)均自带有系统电子邮件客户端,除此之外,还有很多第三方电子邮件客户端可供用户选择使用,如 Microsoft Outlook、Foxmail、Inky、Thunderbird、Spark 和网易邮箱大师等。

电子邮件客户端的功能主要有以下几点。首先是管理在该客户端登记的电子邮件账户,其允许用户为电子邮件客户端配置电子邮件服务的协议(如 SMTP、POP3、IMAP 等)、服务器的地址、电子邮件账户名、密码,以方便该客户端实现电子邮件通信服务。

其次,电子邮件客户端还能够通过上述的几种电子邮件协议或 Exchange 服务在线收发电子邮件,并管理电子邮件服务器上的发件箱、收件箱、草稿箱、寄件箱(已发送邮件)、垃圾箱(已删除邮件)和各种用户自定义的邮件箱(邮件文件夹),有些电子邮件客户端(如 Windows 邮件)甚至还可以管理 RSS 订阅功能,允许用户通过 RSS 协议订阅互联网上的新闻/讨论组内容。电子邮件客户端通常还具有离线功能,即便用户的网络连接被断开,电子邮件客户端也依然可以为用户提供已离线存储的邮件和 RSS 订阅内容的阅读/浏览服务。

再次,电子邮件客户端还可以从电子邮件服务器上获取并管理用户的联系人,实现联系人的增加、删除、修改,以及制作电子名片等功能。

此外,如果用户使用的是一些面向商务客户的电子邮件服务,则电子邮件客户端往往可以与服务器的日程管理功能连接,通过日历的方式管理用户的日程、事件、提醒等(如微软公司的 Outlook 邮箱、腾讯公司的 QQ 邮箱都可以通过电子邮件客户端实现这些功能),如多个用户处于同一群组中,则电子邮件客户端甚至可以实现一部分事件委派功能,方便上下级之间的事务沟通(如 Outlook、Windows 邮件均可实现此类功能)。

最后,由于电子邮件客户端可以常驻在计算机、手机、平板电脑等联网设备的操作系统内存中,因此其可以定时与电子邮件服务器通信,随时登录服务器接收新邮件、日程消息等,并将邮件和消息及时地通过系统通知功能推送给用户。

3. 电子邮件服务器简介

电子邮件服务器的主要功能有以下几点。

(1) 提供用户管理,为每个用户分配邮箱账户、权限、资源。

(2) SMTP 服务器端程序,接收到达服务器的邮件。比如 bwu.edu.cn 服务器收下 a01@bwu.edu.cn 发出的邮件,再比如 qq.com 服务器收下属于 b01@qq.com 的邮件。

(3) 根据邮件目的地址,解析目标域的 MX 记录,使用 SMTP 客户端转发该邮件到目标主机。比如 bwu.edu.cn 服务器把示例邮件转发到 qq.com 邮件服务器。

(4) 响应客户端的 POP3 请求,让邮件客户端下载邮件。

7.3.2 电子邮件系统相关协议

SMTP 使用 TCP 25 号端口,主要用于客户端与邮件服务器之间传输邮件信息。SMTP 规定了命令和应答信息,其每条命令由几个字母组成,而每一种应答信息一般则只有一行信息,由一个 3 位数字的代码开始,后面附上(也可不附上)很简单的文字。ESMTP(extended SMTP)是扩展 SMTP,就是对标准 SMTP 进行扩展。使用 SMTP 发信不需要验证用户账户,而用 ESMTP 发信时,服务器会要求用户提供用户名和密码以便验证身份。在所有的验证机制中,ESMTP 信息全部采用 Base64 编码,其验证之后的邮件发送过程与 SMTP 方式没有两样。如图 7-9 所示的电子邮件系统示意图,如果不要求身份认证,a01@bwu.edu.cn 虽然不是 abc.com 的有效用户,但其仍是可以使用 abc.com 的邮件主机发送邮件,这也是垃圾邮件的重要来源。使用终端工具连接 MX 主机 TCP 25 号端口,可以看到 ESMTP 工作示例。

```
Host 'mail.189.cn' resolved to 183.61.185.85.
Connecting to 183.61.185.85:25...        注释:TCP25 号端口
Connection established.
To escape to local shell, press 'Ctrl+ Alt+ ]'.
220 smtp                                  注释:应答信息 220 smtp 就绪
helo smtp                                 注释:命令 HELO
250 OK                                    注释:应答
auth login                                注释:命令 auth login 登录
334 VXNlcm5hbWU6                          注释:响应码 334,VXNlcm5hbWU6 为 Username:的
                                                Base64 编码,提示客户端输入用户名
                                          注释:yuepuxiu@189.cn 的 Base64 编码
                                          注释:Password:
eXVlcHV4aXVAMTg5LmNuCg==
                                          注释:密码的 Base64 编码
334 UGFzc3dvcmQ6                          注释:登录成功
ZWR1ODk1MzQ3Nj******
235 authentication successful
Mail from:<yuepuxiu@189.cn>
250 OK
RCPT TO:<yue_test@163.com>                注释:邮件正文
250 OK
data
354 End data with <CR> <LF> .<CR> <LF>    结束,开始发送邮件
subject: 欢迎来到测试 本例邮件安全性被服务器深度怀疑。

543 suspected spams or account(IP) exception
```

现在常用的邮件读取协议有两个,即 POP3 和网际报文存取协议(Internet Message Access Protocol,IMAP)。POP 是一个非常简单、功能有限的邮件读取协议,最初公布于 1984 年,在 1996 年发布的版本 POP3 成为互联网的正式标准。POP3 协议也使用

客户/服务器的工作方式,它规定用户计算机如何连接到互联网上的邮件服务器读取邮件的协议。POP3 协议允许用户从服务器上把邮件收取到本地主机(即自己的计算机)上,同时根据客户端的配置决定是否删除邮件服务器上的邮件,而 POP3 服务器则是遵循 POP3 协议的邮件服务器,用来响应邮件客户端的 POP3 请求,服务器端的 POP3 使用 TCP 端口 110。

IMAP 也用于读取电子邮件,现在常用的是 2003 年 3 月修订的 IMAP 版本 4,在使用 IMAP 时,需要在用户的计算机上运行 IMAP 客户程序,然后与邮件服务器上的 IMAP 服务器程序建立 TCP 连接。用户在自己的计算机上就可以操纵邮件服务器的邮箱,就像在本地操纵一样,因此 IMAP 是一个联机协议。当用户计算机上的 IMAP 客户程序打开 IMAP 服务器的邮箱时,用户就可看到邮件的首部。当且仅当用户需要打开某个邮件时,该邮件才会被传到用户的计算机上。在用户未发出删除邮件的命令之前,IMAP 服务器邮箱中的邮件将一直保存着。

当前 SMTP 依然是邮件传输的关键协议,尤其是邮件服务器主机之间。用户与自己所属的邮件主机之间一般使用 ESMTP,ESMTP 下密码经 Base64 编码后在网络传输,很容易被信包分析软件抓取分析,POP3 协议干脆是明文密码。所以很多邮件服务器虽然运行 POP3、IMAP、SMTP,但默认对用户不绑定,如果用户确定使用邮件客户端工具,使用 POP3、IMAP、SMTP 等协议,则需要在设置中明确开启,如图 7-10 所示。

图 7-10 默认对用户不绑定的邮件协议

7.3.3 多用途互联网邮件扩展

SMTP 设计之初限于传送 7 位的 ASCII 码,无法传送许多其他非英语国家的文字(如中文、日文、俄文等),也不能传送可执行文件或其他的二进制对象(比如图像文件、音频文件、视频文件、压缩文件、Word 文件等)。于是人们在这种情况下就提出了多用途 Internet 邮件扩展(Multipurpose Internet Mail Extensions,MIME),MIME 并没有改动或取代 SMTP,只是增加了邮件主体的结构,定义了邮件系统传送非 ASCII 码的编码规则,其在 1992 年被最早应用于电子邮件系统。通过查看邮件的源码,可以很容易看见 MIME 的工作过程,也可以在邮箱中导出邮件,使用记事本这种纯文本文件编辑器打开 eml 后缀的导出邮件,查看邮件源码,如图 7-11 所示。

下面是 MIME 增加的 5 个新的邮件头部的名称及其意义(有的是可选项)。

```
Subject: 经济学院 111 李阳 0694011119
Date: Wed, 10 Oct 2007 21:50:26 +0800
Mime-Version: 1.0
Content-Type: multipart/mixed;
    boundary="----=_NextPart_NwR62hvtT9k74Xn"

This is a multi-part message in MIME format.

-----=_NextPart_NwR62hvtT9k74Xn
Content-Type: text/plain;



-----=_NextPart_NwR62hvtT9k74Xn
Content-Type: application/vnd.ms-excel;
    name="工资 0694011119.xls"
Content-Transfer-Encoding: base64
Content-Disposition: attachment;
    filename="工资 0694011119.xls"

0M8R4KGxGuEAAAAAAAAAAAAAAAAAAPgADAP7/CQAGAAAAAAAAAAAABAAAAGwAAAAAAAAA
EAAA/v///wAAAAD+////AAAAABoAAAD//////////////////////////////////
```

图 7-11 多用途 Internet 邮件扩展 MIME 示例

（1）Mime-Version：标志 MIME 的版本，示例中为 1.0。若无此行则为英文文本。

（2）Content-id：邮件的唯一标识符。

（3）Content--type：说明邮件主体的数据类型和子类型。示例中显示其是一个由多段混合的内容组成，其中第一段的类型显示是 Excel 文件类型，文件名为"工资 0694011119.xls"。

（4）Content-Transfer-Encoding：邮件内容编码，示例中显示为 Base64 编码。

（5）Content-Description：说明此邮件主体是否是图像、音频或视频，示例中显然有附件，附件的文件名为"工资 0694011119.xls"。

MIME 的 Content-Transfer-Encoding 项指明的 Base64 编码可以把任意的二进制文件编码为类似 ASCII 的文本文件。这种编码方法是先把二进制代码划分为一个个 24 位长（3B）的单元，然后把每一个 24 位单元划分为 4 个 6 位组，每个组按 Base64 码表转换成字符。Base64 码表从 0 到 63，先后是 A～Z、a～z、0～9、＋、/。每单元 24 位，不是所有文件的 B 长度数都是 3 的倍数，一定会有除不尽的情况，如果仅仅 8 位补两个等号"＝＝"，如果只有 16 位补"＝"凑够 24 位。

多用途互联网邮件扩展 MIME 后来也被应用到 Web 浏览器。服务器会将它们发送的多媒体数据的类型告诉 Web 浏览器，而通知手段就是说明该多媒体数据的 MIME 类型，从而让 Web 浏览器知道接收到的信息中哪些是 MP3 文件，哪些是 Shockwave 文件等。服务器通过将 MIME 标志符放入传送的数据中来告诉 Web 浏览器使用哪种插件读取相关文件。

7.3.4 在网页中收发邮件

早期的用户使用电子邮件都是安装邮件客户端，他们使用 SMTP 发送邮件，POP3 接收邮件，仅仅在收发时才需要连接 Internet。阅读、撰写都是在邮件客户端，这限定了用户使用电子邮件时，需要使用特定的安装邮件客户端的计算机。为了解决这个问题，在 20 世纪 90 年代中期，众多邮件服务商实现了 WebMail，今天几乎所有的邮件系统都提供了 WebMail。比如，在浏览器中输入 http://mail.bwu.edu.cn 就可以进入 bwu.edu.cn 的邮箱，相当于其有一个基于 Web 界面的邮件客户端，负责邮件的阅读、撰写、管理等功能，WebMail 使用 HTTP，但各邮件服务器之间传送邮件时，则仍然使用 SMTP。HTTP 也是明文传输的，当用户在 Web 界面输入用户名、密码登录邮箱时，所有的信息可以轻松地被信包分析软件抓取分析，用户名密码也就没啥意义了，后来为了弥补这个安全缺憾，众多 WebMail 服务商逐渐转向 HTTPs。

课程思政：我国短视频发展现状分析

短视频时长短、内容集中、表现力强，契合了普通人碎片化的观看习惯，深入渗透至大众日常生活。同时，短视频也满足了人们个性化、视频化的表达意愿和分享需求，越来越多的用户群体养成了拍摄/上传短视频的习惯。

近年来，我国短视频用户规模快速增长，由 2016 年的 1.9 亿人增长至 2020 年的 8.7 亿人，网民使用率也由 2016 年的 26％增长至 2020 年的 88.3％。

与此同时，用户使用短视频的时长也在不断增加。2020 年我国短视频用户月度人均使用时长达 42.6 小时，相比 2018 年增长近一倍，同时短视频用户黏性持续提升。此外，过去短视频平台的营收主要以直播互动打赏为主，但是近年来短视频平台也逐渐上线直播带货功能，目前直播带货已经成为了短视频平台的普遍功能。与此同时，越来越多的品牌方在短视频平台上进行营销宣传，广告在短视频平台的营收占比不断提升。

据统计，2020 年头部平台电商导流营收占比由 2019 年的 0.8％增长至 6.3％；广告营收占比也由 2019 年的 18.9％增长至 37.2％。

伴随着短视频平台用户规模地不断增长，其商业模式被进一步挖掘及探索，2020 年我国短视频市场规模已经突破 1500 亿元。

习题

一、选择题

1. Internet 的前身是（　　）。

A. ARPAnet　　　B. Ethernet　　　　C. CERNET　　　　D. intranet
2. 在Internet上,大学或教育机构的类别域名中一般包括(　　)。
　　A. edu　　　　　B. com　　　　　　C. gov　　　　　　D. org
3. DNS协议主要用于实现下列哪种网络服务功能(　　)。
　　A. 域名到IP地址的映射　　　　　　B. 物理地址到IP地址的映射
　　C. IP地址到域名的映射　　　　　　D. IP地址到物理地址的映射
4. 域名解析可以有两种方式,分别是(　　)。
　　A. 直接解析和间接解析　　　　　　B. 直接解析和递归解析
　　C. 间接解析和反复解析　　　　　　D. 反复解析和递归解析
5. 下面的服务中,(　　)不属于Internet标准的应用服务。
　　A. WWW服务　　B. E-mail服务　　C. FTP服务　　　　D. NetBIOS服务
6. 用于电子邮件的协议是(　　)。
　　A. IP　　　　　B. TCP　　　　　　C. SNMP　　　　　D. SMTP
7. 在Internet上浏览信息时,WWW浏览器和WWW服务器之间传输网页使用的协议是(　　)。
　　A. FTP　　　　B. HTTP　　　　　　C. SNMP　　　　　D. SMTP
8. 编写WWW网页文件用的是(　　)语言。
　　A. Visual Basic　B. Visual C++　　C. HTML　　　　　D. Java
9. 下列(　　)不属于动态网页实现技术。
　　A. ASP　　　　B. HTML　　　　　　C. PHP　　　　　　D. CGI
10. 下列协议中(　　)提供将邮件传输到用户计算机,而在服务器端又不删除的邮件服务。
　　A. IMAP　　　　B. SMTP　　　　　C. POP3　　　　　D. MIME
11. 目前在邮件服务器中使用的邮局协议是(　　)。
　　A. SMTP　　　　B. POP3　　　　　C. MIME　　　　　D. BBS
12. 在Internet中能够提供任意两台计算机之间传输文件的协议是(　　)。
　　A. WWW　　　　B. FTP　　　　　　C. Telnet　　　　D. SMTP

二、填空题

1. Internet的发展大致经历了四个阶段:分别是_____、_____、_____和_____。
2. Internet网络信息中心的主要职责是_____,Internet赋号管理局的职责是_____。
3. 在Internet上的主机都有三种地址,应用层的地址叫_____,网络层的地址叫_____,数据链路层的地址叫_____。
4. 域名解析分为正向解析和反向解析,正向解析是根据_____解析出_____,反向解析是根据_____解析出_____。
5. DNS系统担任域名与IP地址的解析工作,具体的解析方法有两种,一种叫

_____,另一种叫_____。

6. _____解析是一次请求一个服务器,如果本服务器解析不了,就给客户机指定另一个域名服务器,直至解析成功;_____解析是用户将域名解析请求发给最近(本域)的域名服务器,然后由该域名服务器负责完成解析任务。

7. 超文本是一种_____的组织方法;网页文件是用_____语言编写的;客户端浏览器或其他程序与 Web 服务器之间的应用层通信的协议叫_____。

8. 实现动态网页的技术主要有 CGI、_____、_____和_____。

9. 网络电话有三种实现方式,分别是_____、_____和_____。

三、简答题

1. 在 Internet 发展的四个阶段中,各个阶段主要解决了哪些主要问题?
2. 为什么要引入域名的概念?
3. 简述用户通过域名访问 Internet,直至看到网页的过程。
4. IMAP 和 POP3 协议都可以从邮件服务器读取电子邮件,二者之间有什么区别?
5. 简述 DNS 服务器的安装过程和主要设置内容。
6. 简述 WWW 服务器的安装过程和主要设置内容。
7. 如何在一个服务器上部署多个站点?

第 8 章 计算机网络安全

计算机网络的开放和共享给人们的信息交流带来方便,但是,开放与安全、共享与保密是天然的矛盾关系,如何在开放的情况下确保主机和信息的安全?如何使其不受人为的攻击和病毒的破坏?如何在开放的网络中保证传输的信息不被别人窃取?随着网络应用的范围日益扩大,安全问题越来越受到人们的重视,也成为网络用户最为担心的一个问题,从应用角度看,安全问题已经成为阻碍网络应用向纵深发展的瓶颈。本章讨论网络安全问题,首先给出网络安全的定义,然后分析影响网络安全的因素,重点介绍几种网络安全技术,包括数据加密技术、数字证书与身份认证技术、防火墙技术、虚拟专网技术等。

8.1 网络安全概述

8.1.1 网络安全的概念

1. 网络安全定义

网络安全是指网络系统的硬件、软件及其系统中的数据受到保护,不因偶然原因或者恶意攻击而遭到破坏、更改、泄露,系统连续、可靠、正常地运行,网络服务不中断的状态。

网络安全主要有两个方面的安全,一是网络系统自身的安全,二是信息的安全,具体地说,网络安全的含义如下。

(1) 运行系统的安全。即保证信息处理和传输系统的安全。
(2) 信息存储的安全。指在数据存储过程中不被他人窃取。
(3) 信息传播的安全。即信息传播过程中不被他人窃取。
(4) 信息内容的安全。即信息在传输过程中不被他人篡改。

2. 网络安全的特征

一个安全的网络应该具有以下特征。

(1) 信息保密性。信息在存储和传输过程中,不会被泄露给非授权用户、实体,不会被其利用。
(2) 信息完整性。非授权用户不能对数据进行改变,即信息在存储或传输过程中保持不被修改、不被破坏和丢失。

（3）服务可用性。网络可以被授权实体访问并按需求使用，当授权用户需要时能存取所需的信息。

（4）访问可控性。对不同的用户进行认证，对传输给不同用户的信息内容具有控制能力。

（5）可审查性。网络能够记录各种访问事件，当出现的安全问题时能够为安全分析提供依据与手段。

8.1.2 网络面临的威胁与应对措施

要解决网络安全问题首先要了解威胁网络安全的要素，然后才能采取必要的应对措施。网络安全的主要威胁来自以下方面。

1. 网络攻击

网络攻击就是攻击者恶意地向被攻击对象发送数据包，导致被攻击对象不能正常地提供服务的行为。网络攻击分为服务攻击与非服务攻击两种。

服务攻击就是直接攻击网络服务器，造成服务器"拒绝"为合法用户提供服务，使正常的访问者不能访问该服务器。

非服务攻击则是攻击网络通信设备，如路由器、交换机等，使其严重阻塞或瘫痪，导致一个局域网或几个子网不能正常工作。

阻止网络攻击的主要对策是安装防火墙，防火墙可以过滤不安全的服务，从而降低风险。由于只有经过精心选择的应用协议才能通过防火墙，所以防火墙可以使网络环境变得更安全。

2. 网络安全漏洞

网络是由计算机硬件和软件以及通信设备、通信协议等组成的，各种硬件和软件都不同程度存在漏洞，这些漏洞可能是由于设计时的疏忽导致的，也可能是设计者出于某种目的而预留的。例如，TCP/IP 在开发时主要考虑的是开放、共享，在安全方面考虑很少。于是，网络攻击者就研究这些漏洞，并通过这些漏洞对网络实施攻击。

这就要求网络管理者必须主动了解网络中硬件和软件的漏洞，并主动地采取措施，打好"补丁"。

3. 信息泄露

网络中的信息安全问题包括信息存储安全与信息传输安全。

信息存储安全问题是指静态存储在联网计算机中的信息可能会被未授权的网络用户非法使用；信息传输安全问题是信息在网络传输的过程中可能被泄露、伪造、毁灭和篡改。

保证信息安全的主要技术是数据加密解密技术。将数据进行加密存储或加密传输后，即使非法用户获取了信息，也不能读懂信息的内容，只有掌握密钥的合法用户才能解密数据并使用信息。

4. 网络病毒

网络病毒是指通过网络传播的病毒，网络病毒的危害是十分严重的，其传播速度非常快，而且一旦染毒清除困难。

网络防毒一方面要使用各种防毒技术，如安装防病毒软件、加装防火墙；另一方面也要加强对用户的管理。

5. 来自网络内部的安全问题

主要指网络内部用户有意无意做出的那些危害网络安全的行为，如泄露管理员口令；违反安全规定、绕过防火墙与外部网络连接；越权查看、修改、删除系统文件和数据等危害网络安全的行为。

解决方法应从两个方面入手，一方面是在技术上采取措施，如专机专用，对重要的资源加密存储、严格论证用户身份、设置访问权限等，另一方面要完善网络管理制度。

6. 数据备份与恢复

不管采用了哪些安全措施，网络的故障都是难免的，一旦发生故障后果将是灾难性的，因此，要及时地做好重要数据的备份，以便在出现故障时，通过备份恢复数据。

8.1.3 网络安全体系

一个完整的网络信息安全体系包括三类措施，一是国家的法律政策和企业的规章制度、以及网络安全教育等外部措施；二是技术方面的措施，如防火墙技术、数据加密技术、防毒技术、身份验证技术等；三是审计与管理措施等。下面将主要从技术角度分析网络安全体系。

从技术上看，在 OSI 参考模型的每一层都可以采取一定的措施来防止某些类型的网络入侵事件，在一定程度上保障数据的安全。如在物理层采用防止窃听的措施；在数据链路层可以采取链路（点到点）加密，一个结点将帧加密发送，另一结点接收后再解密；在网络层可以对报文分组进行过滤；在传输层可以采用端到端的加密技术等。

要构建全方位的网络安全体系，一般包括应包含以下技术措施。

（1）访问控制。通过对特定网段、特定服务建立的访问控制体系阻止非法访问，这样可以将绝大多数攻击阻止在到达攻击目标之前。

（2）定期检查安全漏洞。对安全漏洞进行周期性检查并及时采取补偿措施，这样即使攻击可到达攻击目标，绝大多数攻击也将无效。

（3）攻击监控。通过对特定网段、特定服务建立的攻击监控体系，可实时检测出绝大多数攻击，并采取相应的行动（如断开网络连接、记录攻击过程、跟踪攻击源等）。

（4）加密通信。对传输的信息加密，可使攻击者即使窃取到信息也不能阅读、修改。

（5）认证。良好的认证体系可防止攻击者假冒合法用户。

（6）备份和恢复。良好的备份和恢复机制，可在攻击造成损失时，尽快地恢复数据和系统服务。

(7) 多层防御。设多层防御措施,延缓或阻断攻击者到达攻击目标。

(8) 隐藏内部信息。采用代理、地址转换等技术隐藏内部信息,使攻击者不能了解系统内的基本情况。

(9) 设立安全监控中心,为信息系统提供安全体系管理、监控保护及紧急情况服务。

8.2 数据加密技术及其应用

8.2.1 数据加密的概念

1. 数据加密的基本概念

加密就是将信息通过一定的算法转换成不可读的形式,加密前的数据叫明文,加密后的数据叫密文,用于实现加密的算法叫加密算法,算法中使用的参数叫加密密钥,用于将密文转换成明文的算法被称为解密算法,算法中使用的参数叫解密密钥。数据加密解密模型如图 8-1 所示。

图 8-1 数据加密解密模型

2. 密钥及其作用

加密算法和解密算法的操作通常都是在一组密钥控制下进行的。密码体制是指一个系统所采用的基本工作方式以及它的两个基本构成要素,即算法和密钥。

加密算法通常是相对稳定的不能经常变化。而密钥可以被视为加密算法中的可变参数。从数学的角度来看,改变密钥,实际上也就改变了明文与密文之间等价的数学函数关系。在这种意义上,可以把加密算法视为常量,即运算法则是基本不变的,而密钥则是一个变量。每次加密可以使用不同的密钥,可以事先约好,发送每一个新的信息都改变一次密钥,或者是定期更换密钥。加密算法实际上很难做到绝对保密,因此现代密码学的一个基本原则是:一切秘密寓于密钥之中。

在一个加密系统中,加密算法是可以公开的,真正需要保密的是密钥,而密钥只能由通信双方来掌握。如果在网络传输过程中,传输的是经过加密处理后的数据信息,那么即使有人窃取了这样的数据信息,由于不知道相应的密钥,也很难将密文还原成明文。这一机制可以保证信息在传输与储存中的安全。

对于同一种加密算法而言,密钥的位数越长,破译的难度也就越大,安全性也就越好。

3. 加密通信的过程

假设用户 A 想用密文和用户 B 通信,那么,用户 A 可以先生成一个密钥,或者双方通过秘密途径协商一个密钥。然后用户 A 将要发送的数据用这个密钥按照一定的算法加密,生成一个密文。然后,用户 A 将密文通过网络传输给用户 B,同时,也要将密钥通过秘密的途径传送给用户 B。用户 B 收到密钥和密文后,用密钥和解密算法解密密文,得到明文,从而实现密文通信。在这个过程中,即便有窃听者也收到了用户 A 给用户 B 的密文,由于窃听者不掌握密钥,所以其并不能理解密文的真正含义。

8.2.2 数据加密方法

加密技术分为两类,即对称加密和非对称加密。如果密码体制所用的加密密钥和解密密钥相同或由一个密钥能够推导出另一个密钥,则其被称为对称密码体制。如果加密密钥和解密密钥不相同,则其将被称为非对称密码体制。

1. 对称加密

对称加密即信息的发送方和接收方用相同或具有相关性的密钥去加密和解密数据。它的最大优势是加/解密速度快,适合对大数据量进行加密,但密钥管理困难,如果第三方获取密钥就会造成失密。如果通信的双方能够确保专用密钥在密钥交换阶段未曾泄露,那么就可以保证数据传输的机密性,如果发送方在发送数据的同时随报文一起发送报文摘要或报文散列值,则接收方用同样的算法就可以验证报文的完整性。

对称加密的机密性强,而且密钥长度越长加密的强度越强,但是其需要一个安全的渠道来传输密钥,一旦密钥失窃就无秘密可言。对称密钥的代表是数据加密标准 DES,它是将明文经过一系列分段、乘积、叠代后得到密文,其加密和解密采用同一密钥。

对称加密的特点如下。

(1) 加密密钥和解密密钥相同或具有数学相关性,用什么密钥加密就用什么密钥或相关密钥解密。

(2) 加密速度快,抗破译性强。

(3) 可以多次使用 DES 对文件重复加密。

(4) 密钥使用一定时间就得更换,每次启用新密钥时均需要经过秘密渠道将密钥传递给对方。

(5) 密钥量大,与 N 个人通信要保存 N 个密钥,N 个人彼此通信,密钥量将达到 $N(N-1)/2$ 个密钥。

(6) 无法满足不相识的双方进行加密通信的保密要求。

(7) 不能解决数字签名、身份验证问题。

2. 非对称加密

非对称加密又称公钥加密,其需要使用一对密钥来分别完成加密和解密操作,用一个密钥加密,但该密钥不能被用于解密,只能用另一个密钥解密。两个密钥中一个叫公钥,可以像电话簿一样公开发布,另一个叫私钥,由用户自己秘密保存。根据加密密钥不可能推出解密密钥,也不可能解密密文。典型非对称密钥体制是 RSA。

使用非对称密钥加密传输数据的过程如下。

(1) 通信双方各自先生成一对密钥,公钥送给传送给另一方,私钥自己保存。

(2) 发送方用接收方的公开密钥对信息加密,传送给接收方。

(3) 接收方用自己的私有密钥对文件进行解密,得到文件的明文。

非对称密钥的特点如下。

(1) 密钥分配简单,公开密钥可以向电话簿一样分发给用户。

(2) 密钥保存数量少,N 个成员相互通信,只需 N 个密钥。

(3) 互不相识的人可以进行保密通信。

(4) 可以实现数据传输的机密性、数字签名、身份验证、防抵赖、防伪造,通过与对称加密相结合也可以验证数据完整性。

8.3 数字证书与身份认证

8.3.1 数字摘要

在电子商务类的应用中,为了实现身份认证、鉴别数据完整性和防止抵赖,人们在信息加密技术的基础上使用非对称数据加密技术,实现了数字摘要(数字指纹)、数字签名、数字时间戳等技术,用这些技术代替现实生活中的常用的个人手写与印章签名、纸质防伪、身份证或营业证书。

1. 数字摘要技术

数字摘要(digital digest)是一种对传输的数据进行某种散列运算以得到固定比特的摘要值的技术,该摘要比较短,但它与原始信息报文之间有一一对应的关系。也就是说,每个信息报文按照某种散列运算都会产生一个特定的数字摘要,就像每个人都有自己独特的指纹一样,所以,数字摘要又称数字指纹或数字手印(digital thumbprint)。依据这个"指纹",接收方可以验证数据在传输过程中是否被篡改,就像人类可以通过指纹来确定某人的真实身份一样。数字摘要技术是检验数据完整性的有效手段。

数字摘要是由哈希(hash)算法计算得到的,所以其也称哈希值。哈希算法是一个单向的、不可逆的数学算法,信息报文经此算法处理后,会产生数字摘要,但不可能由此数字摘要再用任何办法或算法来还原原来的信息报文,这样就保护了信息报文的机密性。

2. 用数字摘要验证数据完整性

通信双方先约定一种哈希算法,发送方将发送的数据经哈希算法处理后,得到数字摘要,将这个摘要和原始报文一起发送给接收者,接收者收到数据和摘要后,用同样的哈希算法对报文进行运算,也算出一个摘要,然后将该摘要和收到的摘要做比较,若结果相同就说明数据在传输过程中没有被篡改,或者说数据是完整的。

8.3.2 数字签名技术

在生活中人们用笔签名或盖章,这个手工的签名或印章的作用是表明文件中所包含的内容是签名者认可的,是真实而不是伪造的,具有法律效力。在网络中传输文件时可以使用类似手工签名功能的数字签名。

1. 数字签名的定义

所谓数字签名(digital signature),也被称为电子签名,指在利用电子信息加密技术实现在网络传送信息报文时,附加一个特殊的、唯一代表发送者身份的标记,以起到传统手书签名或印章的作用,表示确认、负责、经手、真实等。或者说,数字签名就是在发送的信息报文上附加一小段只有信息发送者才能产生而别人无法伪造的特殊个人数据标记(数字标签),而且这个特殊的个人数据标记是由原信息报文数据加密转换生成的,用来证明信息报文是由发送者发来的。

数字签名技术从原理上说是利用了公开密钥加密算法和数字摘要技术,主要是为了解决电子文件或信息报文在通过网络传送后的可能产生的被否认与真实性问题。

2. 带数字签名的数据传输过程

带数字签名的数据传输过程如图 8-2 所示,其传输过程如下所述。

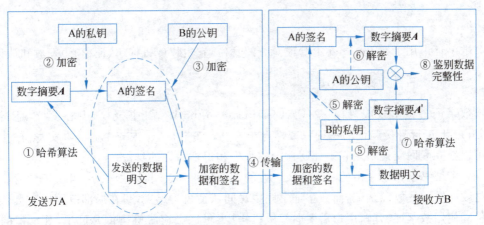

图 8-2 带数字签名的数据传输过程

(1) 发送方借助数字摘要技术,使用公开的单向哈希函数(如 SHA1)对报文 M 进行数学变换,得到报文的数字摘要 A。

(2) 发送方用自己的私有密钥对数字摘要 A 进行加密,得到一组加密的比特串,由于私有密钥只有自己才有,所以这个加密的比特串被叫做数字签名。

(3) 发送方把产生的数字签名附在信息报文 M 之后,用接收方的公钥对数据进行加密,然后通过网络将之发给接收方。

(4) 接收方收到加密的数字签名和信息报文。

(5) 接收方利用自己的私有密钥进行解密,得到数字签名 A 和数据报文 M。

(6) 接收方用发送方的公钥解密数字签名,得到发送方的消息摘要 A,这同时也证明了发送方的身份,令发送方不能抵赖(因为公钥私钥对是权威机构发放的,公钥是众所周知的)。

(7) 接收方再将得到的报文 M 用与发送方相同的单向哈希函数进行数学变换,产生数字摘要 A'。

(8) 接收方将数字摘要 A 与数字摘要 A' 进行比较,如果相同,说明报文 M 在传输过程中没有被篡改。

3. 电子签名法

2004 年 8 月 28 日,全国人大通过了《中华人民共和国电子签名法》,《中华人民共和国电子签名法》中明确规定:电子签名是指数据电文中以电子形式所含、所附用于识别签名人身份并表明签名人认可其中内容的数据。而数据电文是指以电子、光学、磁或者类似手段生成、发送、接收或者储存的信息。

这部法律规定,可靠的电子签名与手写签名或者盖章具有同等的法律效力,届时消费者可用手写签名、公章的"电子版"秘密代号、密码或指纹、声音、视网膜结构等方式安全地在网上"付钱""交易""转账"。

8.3.3 数字证书

数字证书用于在 Internet 上验证对方的身份,它由权威机构(认证中心)发放和认证。

1. 数字证书的概念和类型

数字证书是由权威机构——CA(certificate authority,证书授权)中心发行,是能在 Internet 上进行身份验证的一种权威性电子文档,它捆绑了个人或企业的真实身份,使人们可以在互联网交往中用它来证明自己的身份和识别对方的身份。

数字证书就像生活中的身份证或企业的营业执照,其不同之处在于,身份证和营业执照是政府统一发放和认证,而数字证书则由民间认证机构颁发,只在局部范围代表自己的身份。使用数字证书前,用户需要向权威机构申请,这个权威机构可大可小,其承担的责任也与证书的适用范围相关。目前数字证书有个人数字证书、企业数字证书、代码签名数字证书和服务器数字证书等几种。

2. 数字证书的内容

数字证书的格式必须包括以下内容。

(1) 证书的版本号,相当于身份证的第 X 代。
(2) 数字证书的序列号,相当于身份证上的身份证号。
(3) 证书拥有者的姓名,相当于身份证上的姓名。
(4) 证书拥有者的公开密钥,在申请数字证书时,权威机构会随机产生公钥私钥对,用户须通过该对密钥进行加密数据传输,私钥自己保留,公钥则随自己发送的信息送给接收方,对方可以利用此公钥创建密文与自己通信。
(5) 公开密钥的有效期,为了保证密钥的安全性,一般经过一段时间就需要更换密钥,该有效期确定此公钥/私钥的使用期限。
(6) 签名算法,就是进行数字签名时使用的加密算法。
(7) 办理数字证书的单位,相当于身份证中的发证机构。
(8) 办理数字证书单位的数字签名,相当于身份证中发证机构的盖章。

3. 数字证书的使用

1) 数字证书的申请

用户要携带有关证件到各地的证书受理点,或者直接到证书发放机构(CA 中心)填写申请表并接受身份审核,审核通过后交纳一定费用就可以得到装有证书的相关介质(磁盘或 Key)和一个写有密码口令的密码信封。

2) 数字证书的使用

用户在进行需要使用证书的网上操作时,必须先准备好装有证书的存储介质。如果用户是在自己的计算机上进行操作,操作前必须先安装 CA 根证书。一般所访问的系统如果需要使用数字证书会自动弹出提示框要求用户安装根证书,用户直接选择确认即可。当然,也可以直接登录 CA 中心的网站下载安装根证书。操作时,一般系统会自动提示用户出示数字证书或者插入证书介质(IC 卡或带有私有秘钥的存储介质),用户插入证书介质后系统将要求用户输入密码口令,此时用户需要输入申请证书时获得的密码信封中的密码,密码验证正确后系统将自动调用数字证书进行相关操作。使用后,用户应记住并取下证书介质,妥善保管。当然,根据不同系统数字证书会有不同的使用方式,但系统一般会有明确提示,用户使用起来都较为方便。

数字证书一般是与业务信息内容一起发送的,信息接收方在网上收到发送方发来的业务信息的同时,还会收到发送方的数字证书。通过对数字证书的验证,接受方可以确认发送方的真实身份。同时,数字证书中还包含发送方的公开密钥。借助证书上数字摘要验证,接受方将能够确信收到的公开密钥肯定是发送方的,就可以利用这个公开密钥,完成数据传送中的加/解密工作。

8.3.4 身份认证

1. 身份认证的概念

身份认证技术用于在计算机网络中确认操作者身份。计算机网络世界中一切信息包括用户的身份信息都是用一组特定的数据来表示的,计算机只能识别用户的数字身份,所有对用户的授权都是针对用户数字身份的授权。

那么,如何保证以数字身份进行操作的操作者就是这个数字身份合法拥有者,也就是说保证操作者的物理身份与数字身份相对应,这是一个至关重要的问题,身份认证技术就是为了解决这个问题而设计的。

2. 身份认证方法

在真实世界,对用户的身份认证基本方法可以分为3种。

(1) 根据用户所知道的信息来证明用户的身份,如个人掌握的口令、密码等。

(2) 根据用户所拥有的东西来证明用户的身份,如个人的身份证、护照、钥匙、驾驶证等。

(3) 直接根据用户独一无二的身体特征来证明用户的身份,如人的指纹、声音、视网膜、笔迹、血型、面貌等。

在网络世界中,身份认证手段与真实世界中一致,有时为了达到更高的身份认证安全性,会从上面3种方法中至少挑选2种混合使用,即所谓的双因素认证。

以下罗列几种常见的认证形式。

1) 静态密码

在网络登录时输入正确的密码,计算机可以认为操作者就是合法用户。这种方法简单,但是容易被猜测、截取或泄露。

2) 智能卡(IC 卡)

智能卡是一种内置集成电路的芯片,芯片中存有与用户身份相关的数据,智能卡由专门的厂商通过专门的设备生产,是不可复制的硬件。智能卡由合法用户随身携带,登录时用户必须将智能卡插入专用的读卡器读取其中的信息,以验证其身份。但是每次从智能卡中读取的数据都是静态的,通过内存扫描或网络监听等技术还是能够很容易地截取用户的身份验证信息,因此还是存在安全隐患。

3) 短信密码

短信密码是一种动态密码,登录时身份认证系统以短信形式发送随机的 n 位密码到用户的手机上。用户在登录或者交易认证时输入此动态密码,从而帮助系统进行身份认证。

4) 动态口令牌

目前最为安全的身份认证方式之一,也是一种动态密码。动态口令牌是客户手持的用来生成动态密码的终端,主流的动态、口令牌是基于时间同步方式的,每 60s 变换一次动态口令,口令一次有效,它产生若干位动态数字进行一次一密的方式认证。由于它使用起来非常便捷,85% 以上的世界 500 强企业都运用它保护登录安全,其被广泛应用在 VPN、网上银行、电子政务、电子商务等领域。

5) USB 钥匙(USB key)

基于 USB key 的身份认证方式采用软硬件相结合、一次一密的强双因子认证模式,很好地解决了安全性与易用性之间的矛盾。USB key 是一种 USB 接口的硬件设备,它内置单片机或智能卡芯片,可以存储用户的密钥或数字证书,利用 USB key 内置的密码算法实现对用户身份的认证。目前其被运用在电子政务、网上银行中。

6) 数字签名

数字签名又称电子加密,其可以区分真实数据与伪造、被篡改过的数据。数字签名可以利用发送方的公钥对传输数据的真实性进行验证。

7) 生物识别技术

生物识别技术是通过可测量的身体或行为等生物特征进行身份认证的一种技术。生物特征分为身体特征和行为特征两类。身体特征包括指纹、掌纹、视网膜、虹膜、人体气味、脸型、手的血管和 DNA 等;行为特征包括签名、语音、行走步态等。生物识别技术是最有前途的身份识别技术,因为一个人的特征是无法被模仿和复制的,而且这些特征是"随身携带"的。

8.4 防火墙技术及其应用

8.4.1 防火墙的概念

1. 防火墙的概念

防火墙的概念起源于中世纪的城堡防卫系统,那时人们为了城堡的安全,在城堡的周围挖一条护城河,每一个进入城堡的人都要经过吊桥,并且还要接受城门守卫的检查。人们借鉴了这种防护思想,设计了一种网络安全防护系统,这种系统被称为"防火墙"。

"防火墙"是一种计算机硬件和软件的组合,是在网络之间执行安全策略的系统,它被布置在内部网络与外部网络之间,通过检查所有进出内部网络的数据包,分析数据包的合法性,判断这些数据包是否会对网络安全构成威胁,在外部网与内部网之间建立起一个安全屏障,从而保护内部网免受非法用户的侵入,其位置如图 8-3 所示。

图 8-3　防火墙的位置

防火墙的主要功能包括以下几点。

(1) 检查所有从外部网络进入内部网络的数据包。
(2) 检查所有从内部网络流出到外部网络的数据包。
(3) 执行安全策略,限制所有不符合安全策略要求的数据包通过。
(4) 具有防攻击能力,保证自身的安全性。
(5) 记录通过防火墙的信息内容和活动。

2. 防火墙的实现技术

防火墙的实现技术一般分为两类。

（1）网络级防火墙。主要是用来防止内部网络出现外来非法入侵。属于这类的技术有分组过滤路由器和授权服务器。前者检查所有流入内部网络的数据包，然后将不符合事先制定好的准则的数据包拒绝在防火墙之外，而后者则是检查用户的登录是否合法。

（2）应用级防火墙。以限制用户对应用程序访问的方式来进行接入控制，其通常使用应用网关或代理服务器来区分各种应用。例如，可以只允许访问内部网络的 WWW 服务器的数据包通过，而阻止访问 FTP 应用的数据包通过。

8.4.2 数据包过滤型防火墙

1. 数据包过滤路由器

这种防火墙被实现在路由器上，在路由器上运行，其将对通过路由器的 IP 分组，检查它们的 IP 分组头，检查内容可以是报文类型、源 IP 地址、目的 IP 地址、源端口号、目的端口号等，再根据事先确定好的规则，决定哪些分组被允许通过，哪些分组被禁止通过。

其基本原理如下。

1）设置分组过滤规则

在路由器上先设置分组过滤规则，该规则可以用源 IP 地址、目的 IP 地址、源端口、目的端口、协议类型等参数，根据数据包进出方向来设置是允许通过还是阻止通过；设置规则时可以使用两种默认安全策略：一种是授权策略，凡是过滤规则表中没有被列出的服务都是被允许的；一种是阻止策略，凡是分组过滤规则表中没有被列出的服务都是被禁止的。对于安全性要求较高的网络应该执行阻止策略。

2）检查通过路由器的分组

当有 IP 分组进出数据包过滤路由器时，路由器从数据包中提取相关参数，如 IP 地址、端口号、协议类型等，然后对照规则表中的规则逐条检查，符合转发规则的分组可以通过，符合阻止规则的分组将被丢弃。如果既不符合转发规则，也不符合阻止规则，就执行默认规则。数据包过滤型防火墙的原理如图 8-4 所示。

图 8-4 数据包过滤型防火墙的原理

规则是按顺序执行的，如果符合了列在前面的某项规则，检查工作就停止，后面的规则就不会得到执行，正因为如此，在设置访问控制规则时，规则的次序非常重要，如果次序安排不当,可能会使某些规则的功能丧失。例如:规则 1:阻止 IP 地址 135.201.12.100 的主机访问内部网络;规则 2:允许所有的主机访问内部网络的 WWW 服务器。如果先执行规则 1,再执行规则 2,就可以阻止主机 135.201.12.100 对内部网络的一切访问,反之,先执行规则 2 后执行规则 1,规则 1 就失去了意义。

2. 数据包过滤规则举例

某内部网络拟执行如下安全策略:设内部网络有 WWW 服务器,其 IP 地址是 202.112.16.2,TCP 端口号为 80,该服务器允许所有外部用户访问;内部网有电子邮件服务器,其 IP 地址 202.112.16.3,TCP 端口号为 25,允许 IP 地址为 60.1.1.2 的外部用户访问,阻止主机 ABC 进入内部网络;默认规则:阻止。根据上述安全策略,可以建立过滤规则如下。

规则 1:阻止主机 ABC 访问内部主机。
规则 2:允许 IP 地址为 60.1.1.2 的主机用户访问内部网络的邮件服务器。
规则 3:允许内部网络用户访问外部网络的 WWW 和电子邮件服务器。
规则 4:允许外部网络用户访问内部 WWW 服务器。
默认规则:阻止一切访问。
根据上述规则,配置访问控制规则表如表 8-1 所示。

表 8-1 访问控制规则表

规则号	方向	动作	源主机地址	源端口	目的主机地址	目的端口号	协议
1	进入	阻止	ABC	*	*	*	*
2	进入	允许	60.1.1.2	*	202.112.16.3	25	TCP
3	输出	允许	*	*	*	80	TCP
4	输出	允许	*	*	*	25	TCP
5	进入	允许	*	*	202.112.16.2	80	TCP
6	进入	阻止	*	*	*	*	*
7	输出	阻止	*	*	*	*	*

3. 数据包过滤型防火墙的特点

(1) 允许外部网络与内部网络之间直接交换数据包。
(2) 网络安全性依赖于"地址过滤",非常脆弱。
(3) 不能甄别非法用户,利用 IP 地址欺骗等手段可以突破防火墙。
(4) 访问控制规则容易配错。

8.4.3 应用级网关

应用级网关能够在被保护网络的主机与外部主机之间过滤和传递数据,防止内部网络主机与外部主机间直接建立联系。应用级网关可以记录并控制所有的进出通信,并对Internet 的访问做到内容级的过滤,对过往的通信具有登记、日志、统计和报告功能、审计功能,还可以在应用层上实现对用户的身份认证和访问控制。

应用级网关通常是通过在特殊的主机上安装软件来实现的,这个主机通常要有两个网络接口,一个连接内部网,另一个连接外部网,这种主机又叫"双宿主主机"。

应用级网关有两种类型,一种是电路型网关,另一种则是代理服务器型网关。

1. 电路型网关

电路型网关可以在应用层过滤进出内部网络特定服务的用户请求与响应,它在应用层"转发"合法的应用请求,丢弃非法请求的数据包。如果电路型网关认为用户身份与服务请求、响应是合法的,它就会将服务请求与响应转发到相应的服务器或主机;如果电路型网关认为服务请求与响应是非法的,它就将拒绝用户的服务请求,丢弃相应的数据包,并且向网络管理员报警。对于外部用户来说,电路型网关就是服务器,对内部受保护的主机说,电路型网关就是客户机。电路型网关安全性高,但是它不能检查应用层的数据包,无法消除对应用层的攻击。电路型防火墙的原理如图 8-5 所示。

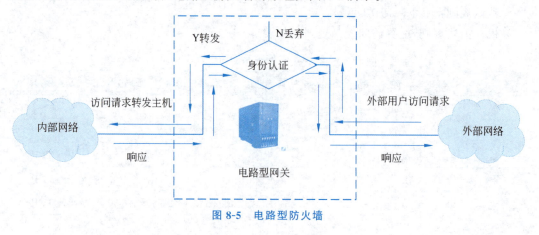

图 8-5 电路型防火墙

2. 代理服务器

代理服务器也作用在应用层,同样是一台双宿主主机。代理服务器上能够运行应用服务代理程序模块,提供对应用层服务的控制。代理服务器上运行了哪种应用代理,就可以提供相应的代理服务,但对于不支持的服务,代理服务器,则无法提供相应的代理。代理服务器完全接管了用户与服务器的访问,隔离了用户主机与被访问服务器之间数据包的交换通道,当外部用户向受保护网络的主机提出访问请求时,由应用代理代替外部用户访问内部主机,然后将访问的结果转发给外部用户。例如,当外部网络主机用户希望访问内部网络的 WWW 服务器时,代理服务器将截获用户的服务请求,如果检查后确定为合法用户,就允许其访问该服务器,并代替该用户与内部网络的 WWW 服务器建立连接,完成用户所需要的操作,然后再将检索的结果反馈给请求服务的用户,如图 8-6 所示。对于外部网络的用户来说,它好像是"直接"访问了该服务器,而实际访问服务器的是应用代理。应用代理应该是双向的,它既可以作为外部网络主机用户访问内部网络服务器的代理,也可以作为内部网络主机用户访问外部网络服务器的代理。代理服务器一般都具有日志记录功能,能够记录网络上所发生的事件,管理员可以根据这些日志来监控可疑的行为并做相应的处理。

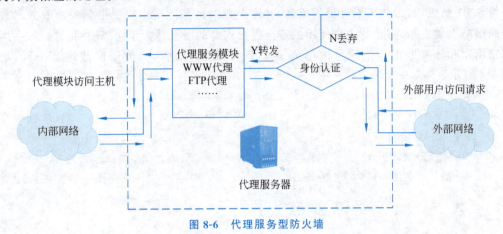

图 8-6　代理服务型防火墙

8.4.4　防火墙的实现

简单的数据包过滤路由器、电路型网关和代理服务型网关都可以作为防火墙使用,但是他们各有优势和劣势,在实际应用中常需要根据内部网络安全策略与防护目的,将几种防火墙技术结合起来使用。下面介绍几种常见的防火墙结构。

1. S-B1 防火墙

这种防火墙由一个数据包过滤路由器和一个应用级网关组成,如图 8-7 所示。该结构下,当有外部用户访问内部主机时,访问请求数据包将先交给数据包过滤路由器,数据包过滤路由器检查其源 IP 地址、源端口、目的 IP 地址、目的端口等信息,对照事先设置好的访问控制规则表,如果不允许通过就丢弃,如果允许通过就将数据包转发给应用级网关,由应用级网关进行身份验证,如果身份合法,就将访问请求发送到内部网络的服务器或用应用代理访问内部服务器;同样,如果内部用户要访问外部网络也要经过应用网关和

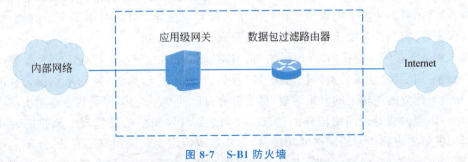

图 8-7　S-B1 防火墙

数据包过滤路由器的审查。

2. S-B1-S-B1 型防火墙

对内部网络安全性要求更高的网络可以在 S-B1 防火墙的基础上，为内部网络再增加一级 S-B1 防火墙，以此来对外提供服务，并将企业对外部网络用户提供服务的服务器置于两级防火墙之间，将企业内部使用的安全性要求高的服务器置于内部子网。这样，在内部路由器和外部路由器之间可以形成一个子网，人们称之为过滤子网或屏蔽子网，如图 8-8 所示。

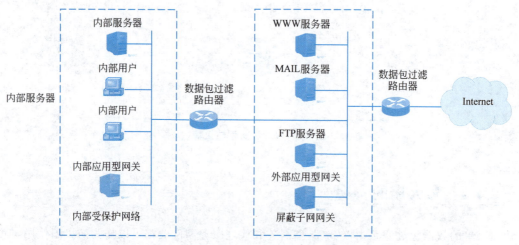

图 8-8 S-B1-S-B1 防火墙

在这种结构的防火墙保护之下，外部用户访问内部网络需要经过两级过滤路由器和应用型网关的审查，安全性将大大提高。

*8.5 虚拟专网技术

1. 虚拟专网的概念

虚拟专网（virtual private network，VPN）是将物理分布在不同地点的网络通过公用骨干网连接而成的逻辑上的虚拟子网。为了保障信息安全，VPN 技术采用了鉴别、访问控制、保密性、完整性等措施，以防止信息被泄露、篡改和复制。

VPN 是针对传统企业的"专用网络"而言的。传统的专用网络往往需要企业建立自己的物理专用线路，使用昂贵的长途拨号以及长途专线服务，而 VPN 则是利用公共网络资源和设备建立的逻辑上的专用通道，尽管没有自己的专用线路，但是这个逻辑上的专用通道却可以提供和专用网络同样的功能。换言之，VPN 虽然不是物理上真正的专用网络，但却能够实现物理专用网络的功能。VPN 是被特定企业或用户私有的，并不是任何公共网络上的用户都能够使用他人已经建立的 VPN 通道，而是只有经过授权的用户才可以使用。在该通道内传输的数据经过了加密和认证,使得其通信内容既不能被第三方修改,又无法被第三方破解,以此保证了传输内容的完整性和机密性。因此,只有特定的企业和用户群体才能够利用该通道进行安全的通信。

2. VPN 的特点

1) 低成本

VPN 利用了现有的 Internet 或其他公共网络的基础设施为用户创建安全隧道,不需要使用专门的线路(如 DDN 和 PSTN),这样就节省了专门线路的租金。而传统基于物理的专线模式下,需要采用远程拨号进入内部网络,访问内部资源,还需要支付长途话费;采用 VPN 技术,用户只需接入当地的 ISP 就可以安全地使用内部网络,这样也节省了线路费用。

2) 易扩展

如果采用专线连接,实施起来比较困难,当企业不同的地域扩展其业务部门、或内部网络结点增多时,扩展专用网络将使现有网络结构趋于复杂,费用昂贵。如果采用 VPN,只需要在结点处架设 VPN 设备,就可以利用 Internet 建立安全连接,如果有新的内部网络想加入安全连接,只需添加一台 VPN 设备,改变相关配置即可。

3) 保证安全

VPN 技术利用可靠的加密认证技术在内部网络之间建立隧道,能够保证通信数据的机密性和完整性,保证信息不被泄露或暴露给未授权的实体,保证信息不被未授权的实体改变、删除或替代。

3. VPN 技术

VPN 的关键技术是安全技术,其采用了加密、认证、存取控制、数据完整性鉴别等措施,相当于在各 VPN 设备间形成一些跨越 Internet 的虚拟通道——"隧道",使得敏感信息只有预定的接收者才能读懂,以此来实现信息的安全传输,使信息不被泄露、篡改和复制。

目前 VPN 主要采用 4 项技术来保证安全,这 4 项技术分别是隧道技术(tunneling)、加解密技术(encryption & decryption)、密钥管理技术(key management)、使用者与设备身份认证技术(authentication)。

1) 隧道技术

隧道技术是 VPN 的基本技术,其类似于点到点连接技术,它在公用网建立一条数据通道(隧道),让数据包通过这条隧道传输,如图 8-9 所示。隧道是由隧道协议形成的,其被分为第二、三层隧道协议。第二层隧道协议是先把各种网络协议封装到 PPP 中,再把整个数据包装入隧道协议中。这种双层封装方法形成的数据包靠第二层协议进行传输。第二层隧道协议有 L2F、PPTP、L2TP 等。L2TP 是目前 IETF 的主流标准,其由 IETF 融合 PPTP 与 L2F 而形成。

第三层隧道协议是把各种网络协议直接装入隧道协议中,形成的数据包依靠第三层协议进行传输。第三层隧道协议有 VTP、IPSec 等。

图 8-9　利用公共网络开凿隧道

2）加解密技术

加密技术分为对称加密和非对称加密，两种方法在 VPN 中都有使用，在双方大量通信时其往往采用对称加密算法，而在管理、分发密钥环节则采用非对称加密技术。

3）密钥管理技术

密钥管理技术主要任务是在公用数据网上安全地传递密钥，防止其被窃取。现行密钥管理技术又分为 SKIP 与 ISAKMP/OAKLEY 两种。SKIP 主要是利用 Diffie-Hellman 的演算法则，在网络上传输密钥；而在 ISAKMP 模式中，双方都有两把密钥，分别用于公用、私用。

4）身份认证技术

最常用的是使用者名称/密码或卡片式认证等方式。

4. VPN 的工作过程

VPN 的基本工作过程如下。

（1）要保护的主机发送明文信息到其 VPN 设备。

（2）VPN 设备根据网络管理员设置的规则，确定是对数据进行加密还是直接传送。

（3）对需要加密的数据，VPN 设备将其整个数据包（包括要传送的数据、源 IP 地址和目的 IP 地址）进行加密并附上数字签名，加上新的数据包首部（包括目的地 VPN 设备需要的安全信息和一些初始化参数），重新封装。

（4）将封装后的数据包通过隧道在公共网上传送。

（5）数据包到达目的 VPN 设备，将数据包解封，核对数字签名无误后，对数据包解密。

课程思政：我国网络安全发展现状

我国网络安全行业发展迅速，近年来国家网信办加大了对违法违规 APP 等平台的监测和整改力度。总体来看，我国网络安全行业有三大主要监测对象，分别为网络病毒、网络漏洞和网络黑产诈骗。

监测对象的第一大类型网络病毒，从对其的拦截情况来看，2015—2020 年，病毒样本数量均呈上升状态。2020 年瑞星"云安全"系统共截获病毒样本总量 1.48 亿个，病毒感染次数 3.52 亿次，病毒数量比 2019 年同期上涨 43.7%。由于利益的驱使，更多领域的犯罪分子投入挖矿病毒与勒索病毒领域,同时,病毒与杀毒软件的对抗越来越激烈,攻击者持续更新迭代病毒,导致病毒有了极大的增长。

近年来,我国对网络电信诈骗的打击力度加大,随着"国家反诈中心 APP"的推广,我国国民的反诈骗意识正在加强。

垃圾短信是网络黑产诈骗的主要类型之一。根据腾讯手机管家数据显示,2015—2020 年,垃圾短信数量呈逐年递减趋势。随着有关部门对垃圾短信监管力度不断加大,手机号码实名制认证举措不断推进,从源头打击了垃圾短信的进一步扩张,对于违规发送垃圾短信的手机号码,运营商将采取停机(停止通信服务)、列入垃圾短信黑名单(不能发短信)、停短信功能(不能收发短信)等处置方式,对于违规发送垃圾短信的端口,运营商将关闭端口、为用户屏蔽或业务整改等,因此垃圾短信泛滥的问题有所好转。

另一种网络黑产诈骗手段是骚扰电话诈骗。随着信息通信业的发展和提速降费工作的深入推进,电话营销成为了推广业务、吸引客户的重要手段,骚扰电话泛滥严重影响用户的正常生活。2018 年 6 月,工信部联合十三部委制定了《综合整治骚扰电话专项行动方案》,重点对商业营销类、恶意骚扰类和违法犯罪类骚扰电话进行整治,规范通信资源管理。2015—2020 年,随着对骚扰电话整治力度的加大,骚扰电话数量也出现了明显下降,2020 年手机骚扰电话拦截次数为 224.3 亿次,同比下降 14%。

恶意网址亦是网络黑产诈骗的手段之一。2020 年,腾讯安全实验室拦截恶意网址 3000 亿次左右,平均每天拦截恶意网址超过 8 亿次。其中,色情网址和博彩网址为主要恶意网址类型。

综合来看,近年来随着国家对网络安全的建设布局加快,企业、政府等有关单位的网络安全软硬件设施逐渐完善,整体网络安全漏洞总量增速在放缓,病毒拦截能力在增强。另外,随着国家对电信网络诈骗的打击力度加大,国民对网络诈骗的警惕性逐步增强。我国网络安全行业的监测情况较为乐观。

习题

一、选择题

1. 网络安全不包括(　　)。
   A. 信息处理和传输系统的安全
   B. 在数据存储和传输过程中不被别人窃取
   C. 软件、硬件、数据被共享
   D. 信息在传输过程中不被人篡改
2. 信息完整性是指(　　)。
   A. 信息不被篡改　　　　　　　　B. 信息不泄露
   C. 信息部丢失　　　　　　　　　D. 信息是真实的
3. 下列(　　)不是对称密钥的特点。

A. 加密密钥和解密密钥相同,用什么密钥加密就用什么密钥解密

B. 加密速度快,抗破译性强

C. 保存的密钥量大

D. 可以满足不相识的人进行私人谈话的保密要求

4. 下列(　　)不是非对称密钥的特点。

　　A. 密钥分配简单　　　　　　　　B. 密钥保存数量少

　　C. 互不相识的人可以进行保密通信　D. 无法保证数据的机密性和抵赖

5. 数字签名是(　　)实现的。

　　A. 用自己的私钥加密数字摘要　　B. 用自己的公钥加密数字摘要

　　C. 用对方的公钥加密数字摘要　　D. 用对方的私钥钥加密数字摘要

二、填空题

1. 加密就是通过一定的算法将信息转换成不可读的形式,加密前的数据叫_____,加密后的数据叫_____,用于实现加密的算法叫_____,算法中使用的参数叫_____,用于将密文转换成明文的算法被称为_____,算法中使用的参数叫_____。

2. 密码体制是指一个系统所采用的基本工作方式以及它的两个基本构成要素,即_____和_____。

3. 加密技术分为两类,即_____加密和_____加密。

三、简答题

1. 简述计算机网络面临的主要安全问题。
2. 简述带数字签名的数据传输过程。
3. 身份认证有哪些方法?
4. 简述数据包过滤防火墙的原理及注意问题。
5. 简述代理型应用网关的原理。
6. 简述电路型网关的原理。
7. 简述虚拟专网(VPN)的工作原理。

参考文献

[1] 吴功宜.计算机网络[M].5 版.北京:清华大学出版社,2021.
[2] 冯博琴,陈文革.计算机网络[M].3 版.北京:高等教育出版社,2016.
[3] 王达.网络工程师必读:接入网与交换网[M].北京:电子工业出版社,2006.
[4] 刘远生.计算机网络教程[M].2 版.北京:清华大学出版社,2007.
[5] 张基温.计算机网络技术[M].北京:高等教育出版社,2004.
[6] 沈金龙.计算机通信与网络[M].北京:北京邮电大学出版社,2002.
[7] PRICE R.无线网络原理与应用[M].冉晓旻,王彬,王锋,译.北京:清华大学出版社,2008.
[8] 王相林.IPv6 网络——基础、安全、过渡与部署[M].2 版.北京:电子工业出版社,2022.
[9] 余青松.网络实用技术[M].北京:清华大学出版社,北京交通大学出版社,2006.
[10] 中国互联网络信息中心.中国互联网络信息中心[EB/OL].[2020-01-01]. http://www.cnnic.net.cn.
[11] 百度百科.百度百科_全球领先的中文百科全书[EB/OL].[2020-01-01]. https://baike.baidu.com.

图书资源支持

感谢您一直以来对清华版图书的支持和爱护。为了配合本书的使用,本书提供配套的资源,有需求的读者请扫描下方的"书圈"微信公众号二维码,在图书专区下载,也可以拨打电话或发送电子邮件咨询。

如果您在使用本书的过程中遇到了什么问题,或者有相关图书出版计划,也请您发邮件告诉我们,以便我们更好地为您服务。

我们的联系方式:

地　　址:北京市海淀区双清路学研大厦 A 座 714

邮　　编:100084

电　　话:010-83470236　010-83470237

客服邮箱:2301891038@qq.com

QQ:2301891038(请写明您的单位和姓名)

资源下载: 关注公众号"书圈"下载配套资源。

资源下载、样书申请

书　圈

图书案例

清华计算机学堂

观看课程直播